"十三五"江苏省高等学校重点教材(编号：2020-2-308)

普通高等教育"十四五"规划教材

化学化工实验安全教程

陈海群 陈 群 主编

中国石化出版社

·北京·

内 容 提 要

本教材包括绪论、实验室安全基础、实验室危险化学品安全、实验室仪器设备安全、实验操作安全及实验室安全管理等6章，分别介绍了实验室公用工程（水、电、气、真空）设施安全，危险化学品申购、管理及使用，化学化工实验室常用仪器设备安全，典型化学实验操作、化工综合实验及仪器分析实验操作安全，化学化工实验室安全管理现状、措施、体系及实验室安全风险评估等知识。

本教材以物的本质安全为基础，以人的规范操作作为前提，再上升到全面、规范、科学的实验室安全管理，全书内容逐层递进、环环相扣，旨在帮助化学化工专业的学生树立安全意识、掌握安全知识、提升安全技能、养成安全习惯，在安全、环保、舒适的实验室环境中顺利完成学业。本教材适用于高等教育本科生及研究生作为教材使用，也可供科研院所相关实验人员参考。

图书在版编目（CIP）数据

化学化工实验安全教程 / 陈海群，陈群主编．
北京：中国石化出版社，2024.7. —（普通高等教育
"十四五"规划教材）．—ISBN 978-7-5114-7585-5

Ⅰ．O6-37

中国国家版本馆 CIP 数据核字第 2024BQ9810 号

中国石化出版社出版发行

地址：北京市东城区安定门外大街 58 号
邮编：100011 电话：(010)57512500
发行部电话：(010)57512575
http://www.sinopec-press.com
E-mail:press@sinopec.com
北京科信印刷有限公司印刷
全国各地新华书店经销

*

787 毫米×1092 毫米 16 开本 14.75 印张 346 千字
2024 年 7 月第 1 版　2024 年 7 月第 1 次印刷
定价:45.00 元

高等学校的实验室是进行实验教学和科学研究的重要场所，肩负人才培养、技术创新及社会服务的重要使命。实验教学是大学生素质养成、能力强化的重要环节，通过实验可以培养学生严谨的科学态度、严密的逻辑思维和优良的学术品德。实验教学质量的好坏直接关系到人才培养质量的高低。加强实验室建设，提高实验教学质量，培养高素质创新人才已成为新形势下高等学校的紧迫任务。化学化工实验室因其学科特点，通常涉及水、电、气、化学品的使用和仪器设备、实验装置的操作，实验条件包括高温、低温、高压、真空、高电压、高频磁场、X射线和强(激)光等。危险重重、危机四伏的实验环境使操作人员的安全面临严峻挑战。

近年来，高校实验室承担的教学实验和科研任务越来越多，安全事故时有发生，这不仅严重威胁师生的生命健康，而且扰乱了学校正常的教学科研秩序，影响了社会的和谐稳定。据统计，造成安全事故的主要因素是物的不安全状态、人的不安全行为和管理不到位。因此，实验安全的要素主要包括物(试剂、材料、仪器、设备、工艺)的本质安全、人的规范操作和对实验室的科学管理。人是实验安全的第一要素，在确保物的本质安全的前提下，每位师生秉持严谨慎重的态度、严格遵守规章制度和操作规程，基本可以实现实验安全这一目标。因此，加强人员的安全教育和培训，使其树立安全意识、熟悉安全知识、掌握安全技能、养成安全习惯，对实验安全意义重大。

常州大学历来高度重视师生实验安全工作，在实验室的规划与设计、硬件设施的管理和使用、管理体系的建立和完善、安全意识的培养和强化、安全习惯的养成和保持等方面均积累了一定的经验。为了帮助高校化学化工专业师生更好树立安全理念、规范实验操作、提升安全技能并养成良好习惯，我们编写了《化学化工实验安全教程》。本教材包含绪论、实验室安全基础、实验室危险化学品安全、实验室仪器设备安全、实验操作安全及实验室安全管理等章节，内容涵盖物的安全状态、人的安全行为和实验室的安全管理。本教材可作为高校理工科相关专业的实验室安全课程配套教材，或作为高校各专业学生学习实验室安全知识及安全技术的参考书，也可供科研人员、实验技术人员和实验管理人员参考使用。

　　本书由常州大学陈海群、陈群主编，周永生、黎珊、毛麾辉、彭勇刚等参与编写，全书由周永生统稿。本书在编写过程中还得到了常州大学教务处的大力帮助，在此谨向他们致以诚挚的谢意。本书所用素材部分来自作者多年来从事化学化工实验教学和科研的体会及实验室建设与管理的经验积累，部分来自近年来公开出版的教材、标准、期刊及技术手册，在此对原著作者和出版社表示衷心感谢。

　　尽管全体编者都尽了最大努力，但由于水平有限，疏漏之处在所难免，在此恳请广大专家和读者给予批评指正。

CONTENTS | **目录**

第4章　实验室仪器设备安全　　98

第1章　绪论

　　高等学校的实验室是开展实践教学的重要场所，承担着培养学生实验能力、专业技能、创新精神和科研素质的重要任务，同时也肩负科学研究和技术创新的重要使命，是人才培养和科技攻关的重要阵地。随着我国高等教育事业的飞速发展，高校规模不断扩大，学生人数日益增多，实验室承担的教学和科研任务越来越重，实验室安全问题也日益严峻。高等学校实验室人员和仪器设备相对密集，一旦发生事故将干扰正常的教学计划和科研进度，对师生生命健康和国家财产造成巨大损失，高校实验室管理者必须高度重视实验室安全工作。通过加强对高校师生的实验安全教育和培训，提升实验人员的操作技能和安全素养，可有效降低实验室安全风险、保障实验室安全高效运行。

1.1　实验室基本知识

　　实验室是根据不同的实验性质、任务和要求，设置相应的实验装置以及其他专用设施，由进入实验室的人员相互协作，有计划、有控制地进行教学、科研、生产、技术开发等实验的场所。从古代时期，中国、希腊、埃及就做了大量的科学实验，到当今世界利用现代科学技术开展各种实验研究和教学，实验室都是从事科研、教学、生产和技术开发实验活动的关键场所，承担着建设社会物质文明和精神文明的任务。高等学校的实验室是开展实践教学、科学研究和技术开发等活动的重要载体，承担人才培养、技术创新和社会服务等任务。高校学科种类齐全、实验室开展的教学和科研活动涉及面广，因此高校实验室最具有代表性。若无特别强调，本书所述实验室均指高校实验室。

1.1.1　实验室分类

　　按照学科来划分，高校实验室大致可分为化学化工实验室、生物实验室、医学实验室、机械实验室、电气实验室、核科学实验室等。按照功能可分为教学实验室和科研实验室。按照等级可分为国家级、省部级、市级和校级。按照实验室场景虚实可分为实体实验室和虚拟仿真实验室。经典的化学化工实验室是实体实验室，但随着公众安全和环保意识的提高，传统的实体实验室已不能完全满足新时代大学生的学习需求。在人工智能、大数据、物联网等信息技术飞速发展的时代背景下，绿色化、智能化和数字化正成为未来实验室建设的发展方向。本节重点介绍绿色实验室和虚拟仿真实验室。

　　1. 绿色实验室

　　绿色实验室是指在实验室规划建设阶段以及建成后投入运行时，充分考虑安全、消防等因素，并保持最低的能耗及污染物排放。绿色实验室包括安全无事故和绿色环保两方面。首先，实验人员不仅要有高水平的专业技术素养，能消除试剂材料、仪器设备等硬件设施的安全隐患，消除"物"的不安全状态，还应具备良好的安全意识和行为习惯，严格遵守安全操作规程，杜绝"人"的不安全行为，从而防止事故的发生。其次，实验室还应该具备能源和水资源消耗低、碳排放量少、废弃物生成量少、资源循环利用率高等特征，属于资源节约、环境友好型实验室。

（1）绿色实验室的建设

绿色实验室的主要特点有对环境友好、对人员和设备无危害、节约能源、低碳排放等。在建设绿色实验室过程中，实验仪器设备、安全环保设施、实验试剂、能耗、废弃物等均要纳入考核范围。化学试剂及实验废弃物是化学化工实验室的重要危险源和污染源，从原料申购到废弃物收集处置，实现化学试剂的全流程闭环管理，是绿色实验室的重要指标。除此之外，建设绿色实验室还应考虑以下几点：

① 实验大楼在建设过程中，选用的建材尽量为废弃物再生材料。

② 实验室的采光充分利用日光，对向阳门窗采取多重遮挡设计，避免室内温度升高；充分利用冷热气体的对流，实现楼体内部的空气循环，降低室内温度。

③ 屋顶种植绿色植被，防止屋顶吸收过多热量；设计雨水回收装置，节约水资源。

④ 通风系统良好，废气排放达标。通风柜单位时间换气次数及通风系统产生的噪声均应符合相关规定，风机出口应安装气体处理设施，并定期更换吸附剂。

⑤ 气体钢瓶入柜，超限自动报警。室内使用的钢瓶应放入钢瓶柜内，若气体易燃易爆，应安装气体泄漏报警和强制排风联锁装置，在气体发生泄漏时排风系统自动开启。

⑥ 采集运行数据，异常自动切断。实时采集实验室用水、用气、用电及通排风系统运行数据，若出现用水、用气异常，系统将自动关闭水阀和气阀，在降低能源消耗的同时也阻止了跑水、漏气事故的发生。

⑦ 借助技术手段，强化安全管理。在危化品库房、废液暂存区、气瓶室等安全重点区域安装可视化报警系统，若发生危险立刻将报警信号传送至保安室，值班人员第一时间到达现场进行处置。

⑧ 使用低毒试剂，减少试剂用量。若实验用到有毒有害试剂，在达到教学目标的前提下用无毒无害或低毒低害试剂替代；在不影响实验结果的前提下减少试剂用量，在降低实验成本的同时也减少了废弃物总量。

⑨ 分类收集存放，规范处理废弃物。按要求分类收集实验废弃物，并存放在指定地点，及时通知专业人员转移和处理。

（2）绿色实验室的使用

① 精心设计实验，采用无毒原料，降低安全风险。

传统的化学化工实验中物料毒性大、安全风险高、实验废物处理难度大的实验占比较高，教师在实验教学过程中不仅要完成学科知识的传授，还要在实验开始前对学生进行安全培训，重点讲解具有安全风险的关键操作要领，确保学生在实验中做到"不伤害自己，也不伤害他人"。为了加强实验教学的本质安全，从根本上杜绝实验安全事故，必须重新设计实验项目，尽量采用无毒无害或低毒低害试剂，用常温常压反应替代高温高压反应，用绿色环保工艺替代高能耗高污染工艺。

无机化学实验中"含氰化合物电镀"和"砷酸盐的性质测定"两个实验均用到剧毒化学试

剂，学生操作稍有不慎即有中毒风险。有机化学实验中"合成喹啉"和"合成溴苯"两个实验用到苯胺和溴苯，两种试剂对人体均有毒害作用，可用"合成肉桂酸"和"合成溴乙烷"两个实验代替，不仅可减少对人体健康的损害，而且避免了对环境的污染。在化工原理实验中，"气体吸收"实验以氨气为原料，可用二氧化碳或氧气替代。

② 开发微型实验，降低试剂用量，减少环境污染。

微型化学实验是一种以尽可能少的化学试剂来获取所需实验数据的实验方法与技术，其试剂用量通常是常规实验的几十分之一甚至几千分之一。微型化学实验并非常规化学实验的简单缩小，而是现代科研方法革新和实验技术进步的体现，它将有机物合成与结构鉴定融为一体，利用红外光谱、质谱、核磁共振波谱等现代分析仪器对实验制得的微量产物进行定性定量分析。将常规实验改革为微型实验，学生在教师指导下自主设计、改造和使用各种仪器装置，以获得良好的实验结果。微型化学实验为学生提供了更多的动手操作机会，可以激发学生的学习兴趣、培养学生的创造思维、提升学生的操作技能。

微型化学实验把合成产物的量控制在一定范围，既满足结构鉴别的要求，又大幅降低原料用量，减少化学试剂对环境的污染。同时，减少试剂用量可缩短反应时间，实验现象更容易观察，教学效果更好。微型化学实验具有安全、环保、节约经费等优点，教师可大胆开展实验教学改革，设计更多的开放型和探索型微型实验。例如，为了合成某一化合物，可设计多种不同的路线由学生选做，改变过去实验内容和实验要求过于统一的格局，充分调动学生的学习积极性，由"被动接受"转变为"主动探索"。

2. 虚拟仿真实验室

为了保证实践教学工作的正常实施，实体实验室必须配备相应的仪器设备、药品试剂以及水电气等基础设施及安全防护装备等。虚拟仿真实验室作为实体实验室的重要补充，实验过程主要依靠虚拟现实软、硬件平台，并嵌入高性能图像生成及处理系统、立体沉浸式虚拟三维显示系统、虚拟现实交互系统、集成应用控制系统等现代技术手段来完成。一些工艺流程复杂、安全风险性高、投资成本大的实验，可通过虚拟仿真手段来开展和实施。

虚拟仿真实验室只需要计算机、实验装置模型及配套的虚拟仿真软件，不需要其他硬件设施。在演示型实验教学时学生作为观众，在计算机上观看实验现象和结果。在操作型实验教学时学生是参与者，在计算机上按流程输入各种参数，仿真软件根据指令进行数据处理和运算，并输出实验结果。操作型虚拟仿真实验是以真实实验场景为模型开发的，学生的操作体验接近于现实中的实验室或生产车间。

与实体实验室相比，化学化工虚拟仿真实验室主要有以下优点：

（1）建设费用低。虚拟仿真实验室不需要仪器设备、药品试剂或防护装备等，建设成本远低于实体实验室。

（2）安全系数高。仿真实验过程中只用到计算机，不会因使用水、气、化学试剂而发生跑水、火灾、爆炸等安全事故。

（3）运行消耗少。仿真实验过程不涉及实验原料和耗材，即使多次重复实验，运行费用也仅限于电费。

在服务实验教学方面，虚拟仿真实验室的主要功能有：

（1）可开展远程教学。学生学习和教师授课的场所不再局限于实验室，每人只需一台计算机就可以组建网上课堂，实现实验课程的在线教学。网上学习系统建立了"课前预习""上课点名""课堂提问""复习与答疑""课后作业"及"在线考试"等模块，为学生自主学习提供了便利。

（2）沉浸式工厂体验。由于大型化工生产装置自动化程度高、安全风险大，化工专业学生进入企业动手操作的机会较少，而虚拟仿真实验室的建立近似于把化工生产装置搬进校园，学生实习不再是"走马观花"，可以完整体验每个车间和工段的操作，实习内容更加细致、全面，实习效果更好。

（3）可完成特殊实验。一些特殊的化学化工实验，比如微观实验、危险实验、高污染实验、高消耗实验以及探索创新型实验，尤其是实体系统并不存在、现实中不可能完成的高难度实验（如物理化学中所假设的孤立系统、理想状态等），可在虚拟仿真实验室完成。

虽然化学化工虚拟仿真实验室具有诸多优点，但它也存在以下不足：

（1）实验时学生只是按照操作规程在计算机上点击按钮，与在实体实验室中的教学效果存在一定差距。

（2）如果实验所用软件升级滞后，内容新颖的创新性实验可能超出软件的适用范围，从而无法得到理想的实验结果。

（3）若软件的数学模型选择不当，将影响实验数据的准确性，甚至得到错误的结果。

（4）要求学生具有良好的学习自觉性。

因此，在使用仿真软件时须与实践操作有机结合、互相补充，才能更好地适应新形势下化学化工专业人才的培养需求。目前，在基础实验教学和研究型创新实验教学中，依靠仿真软件建设的虚拟仿真实验室都不能完全取代实体实验室。本书中除明确指出虚拟仿真实验室外，所述实验室均为实体实验室。

1.1.2　实验室的重要性

实验室是高校开展实验教学和科学研究的必备条件，是实施综合素质教育、提升科技创新水平、培养专业技术人才的重要场所，是具有一定规模的软硬件设施，是对学生有组织、有计划地开展实验教学和科学研究的主要基地。教师、学生可以充分利用实验装置、仪器设备、信息资源等完成实验教学和科学研究任务，对巩固学生的理论知识、强化知识的实际应用、启迪学生的创新思维、培养学生的治学精神都起着非常重要的作用。

随着计算机技术的飞速发展和多学科交叉融合，计算机在化学化工领域的应用越来越多，也取得了一定的理论成果，但化学和化工学科都具有很强的实践性，理论成果必须经过实验验证和鉴别，实验数据与理论计算结果相吻合的技术成果才具备可行性和可靠性。无论是化学学科理论体系的修正、完善和补充，还是化工技术路线的革新、优化和升级，在实验室开展理论的验证和工艺的实践不可或缺。由此可见，化学化工学科的理论创新和技术进步都离不开实验室。

高等学校化学化工专业开设实验课程的主要目标任务有：（1）加深学生对所学理论知识的理解，掌握实验原理和方法并能熟练应用；（2）培养学生自觉遵守实验室规章制度、规范操作、实验安全的良好习惯，并使其终身保持严谨的科学态度；（3）培养学生综合分析和独立解决实际问题的能力。上述目标任务的达成必须以实验室为载体，因此实验室对高校人才培养和科学研究的重要性不言而喻。

1.1.3　实验室的功能

高校实验室是新形势下培养高素质人才、出高水平成果、服务经济社会发展的主要场所，是反映高校教学质量、学科发展、科研实力、管理水平的重要标志。从某种意义上说，一个学校的实验室建设和管理水平体现了学校整体的教学、科研和管理水平。因此，实验室在培养学生的实验技能、创新精神、科研素养等方面具有不可或缺的作用。高校实验室通过实验教学培养创新人才，通过科技创新服务经济发展，促进人才链、创新链、产业链深度融合，是新质生产力的"孵化器"。

1. 培养创新人才

随着高等教育的发展，培养理论与实践并重、具有较高综合素质与创新能力、适应社会发展需要的人才，是高等学校在新形势下面临的新任务。习近平总书记强调"创新是引领发展的第一动力，是建设现代化经济体系的战略支撑"。国家的创新能力是决定其在国际竞争和世界格局中地位的重要因素。创新是科技进步的第一动力，而人才是第一资源。高等教育肩负培养创新人才的重要使命。实验室开展的教学、科研活动可以有效培养学生严谨求实的科学态度、激发学生探索创新的欲望、提高学生综合能力。

学生在实验室进行实验的过程，是学习和培养的统一。通过实验，学生可巩固和加深对所学理论知识的理解。同时，学生可以通过实验来认识自然规律、学习新的知识。通过操作实验、观察现象、测量数据、分析问题、排除故障等过程，培养学生的观察能力、操作能力、创造能力；通过处理数据、统计分析、编写报告和反思总结，培养学生的逻辑思维能力、总结归纳能力和沟通协调能力。学生在整个实验教学活动中，知识、能力和素质得到全面协调发展。因此，高校实验室是培养创新人才的重要基地。

2. 服务经济发展

实验室的另一个功能是服务地方经济社会发展。一方面，实验室对学生的实践能力和科学思维进行了系统训练，为社会培养大批创新型、应用型人才，这些优秀人才在各自岗位上为经济建设服务，推进经济社会快速发展。另一方面，实验室是科学研究和技术攻关的重要基地。国家和地方各级政府支持的重大项目、重点项目、支撑项目、自然科学基金等课题的研究均离不开实验室。

作为原始创新的发源地，实验室在科学研究、技术开发和科技攻关中都起到关键支撑作用。实验室以企业需求为研究课题，为企业的技术创新、产品升级、产线改造等提供技术支持，包括技术开发、检验检测、人员培训、标准制定等服务。企业利用自身的市场和应用优势，将实验室研究成果及时转化为经济效益，实现"产、学、研、用"良性循环，推动新技术、新方法、新工艺、新产品不断诞生。实验室与行业产业深度融合，为企业培训技术人员，提升职工的业务水平，促进企业新技术、新产品的吸收、引进和转化，从而推动技术进步、社会发展和经济繁荣。此外，高校实验室利用自身人才优势，与行业企业密切合作，聚焦关键技术难题，加强高水平科技创新，加快培育新兴产业、改造传统产业，促进人才链、创新链、产业链和资金链深度融合，为地方政府发展新质生产力提供关键要素支撑。

1.2　实验安全基本知识

1.2.1　实验安全的定义

所谓实验安全，是指在确保实验原料、器材、设备及周边环境均处于安全状态的前提下，实验人员严格按照规范操作实验并顺利得到结果的全过程。实验安全首先应确保人的安全，其次是物的安全，体现"以人为本，生命至上"的核心理念。

1.2.2　实验安全的要素

要确保实验安全须具备三个条件，即物的本质安全、人的规范操作和科学高效的实验室管理。物的安全是实验安全的前提，人的规范操作是实验安全的关键，高效管理是实验安全的保证，三者相辅相成、缺一不可。实验室的"物"包括实验装置、仪器设备、实验试剂、辅助材料，以及实验室供水、供电、供气、真空系统、通风系统及消防设施等。实验操作人员在实验过程中必须严格执行仪器操作规程和实验操作步骤，对实验的潜在危险性进行准确评估，做好自我防护，确保人身安全。在确保硬件安全和规范操作的前提下，建立和完善实验室管理制度，强化实验安全意识，养成实验安全习惯，才能确保实验安全。通过制度化、规范化和标准化的管理来建立长效机制，保证实验安全的程序化和常态化，实现实验安全的全覆盖和可持续。

1.2.3　实验安全教育的重要性

安全生产是民生大事，事关人民福祉，事关经济社会发展大局，一丝一毫不能放松。习近平总书记在党的二十大报告中明确指出："坚持安全第一、预防为主，建立大安全大应急框架，完善公共安全体系，推动公共安全治理模式向事前预防转型。"事前预防主要包括加强人员教育和培训、安全隐患排查和整治、安全设施改造和升级等。如果说人民安全是国家安全的基石，那么师生员工的安全就是学校事业发展的前提。对化学化工学科的师生而言，常怀敬畏之心、掌握安全技能、熟悉操作要领，才能实现实验安全这个目标。

随着我国高等教育事业的飞速发展，高校规模不断扩大，学生人数日益增多，实验室的教学和科研任务也越来越重，实验室安全问题也越发凸显。调查发现，近年来高校安全事故频出，其中相当一部分是发生在实验室。实验室中人员和设备资产相对集中，一旦发生安全事故，既干扰正常的教学秩序和科研计划，也给国家财产带来巨大损失，更对师生健康乃至生命安全造成重大威胁。惨痛的教训和严酷的事实时刻提醒我们，实验室安全问题不容忽视。当前，高校本科生和研究生的学位论文工作大多在导师的具体指导下进行，学生自主设计实验方案能力、独立思考和解决问题能力未能得到充分训练，贯穿整个实验过程的安全教育也存在不同程度的缺位。

与普通实验室相比，化学化工实验室对水、电、气用量大，使用时间长，发生安全事故风险更高。由于学科的特殊性，实验中可能使用易燃、强氧化、有毒、剧毒、腐蚀性或放射性化学品，高能辐射（激光、X光、紫外光、钴60、加速器等）、微波、强磁场、高频、中频等能源，高压或高真空条件，高温或低温条件。上述实验条件均存在不同程度的危险，操作人员若处理不当易发生安全事故，造成人员伤亡和财产损失。因此，加强实验安全教育、保障师生人身安全是高校实验室管理的重要内容。

1.2.4　实验安全教育的必要性

实验室工作人员是实验室的灵魂，在实验室各项工作中占主导地位，他们通常包括实验任课教师、教辅人员、科研人员及学生等。称职的实验室工作人员应该具备宽广扎实的专业知识、系统全面的实验室安全知识、熟练规范的实验操作技能、高度的责任心和使命感，同时还应养成自觉遵守实验室规章制度、安全规范开展实验的良好习惯，并能始终保持严谨的科学态度。系统的实验安全教育可以唤起实验室人员的安全意识和责任感，赋予其相关的安全知识和技能，促使其养成科学、健康、安全的实验室行为习惯。

1. 实验安全教育是保证师生安全的必要手段

高等教育"以人为本"，高校的一切工作都以学生为中心，学校以学生为主体，以教师为主导，"以人为本"是教学和科研工作的中心主旨和根本遵循。高校实验室的主体是人，实验安全是尊重个体、尊重生命、满足人的安全感的基本需要。在高校实验室安全建设中，保障人员的生命安全与健康是一切工作的出发点和立足点。因此，实验室必须首先建立安全可靠的实验环境，减少实验过程中发生灾害的风险，加强实验安全教育和培训，确保师生的生命安全与身体健康。

国家高度重视高校实验室安全，教育部每年组织开展高等学校实验室安全检查工作，检查分为四个阶段：(1)高校自查自纠阶段，各高校对照《高等学校实验室安全检查项目表》自查自纠；(2)现场检查阶段，教育部组织专家对全部高校开展现场检查；(3)整改阶段，各单位收到书面整改通知书后，完成全部整改工作，形成本单位《高校实验室安全整改总结报告》；(4)回头看阶段，教育部根据前期检查情况，在全国范围内组织安全检查入校回头看，重点检查隐患整改落实情况。虽然目前国内很多高校开设了化学化工实验室安全知识课程，但高校实验室安全事故仍然屡有发生。我国高校的安全教育，特别是对操作人员的实验安全教育依然任重道远。

2. 实验安全教育是高等教育改革发展的需要

随着我国高等教育事业的迅猛发展和高等教育经费的不断增加，高校实验室仪器设备升级换代加快，功能先进、技术复杂，对操作人员的要求也越来越高。高校招生规模扩大导致进入实验室的学生人数大幅度增加。在办学规模迅速扩张的大背景下，高校实验技术人员配备严重滞后，实验室安全管理人员空缺更多，现有从业人员素质良莠不齐。此外，还存在安全设施更新不及时、安全管理制度不健全等问题。可见，高校实验安全教育面临的形势非常严峻。

在发展新质生产力过程中，创新是第一要素，人才是第一资源。工科高校开设实验课程的目的是培养学生的创新思维、工程能力、职业精神和安全素养，学校的任务不仅是让学生修完学分、达到培养目标并顺利毕业，更重要的是培养学生的综合素养，在面对复杂问题时具备应对和解决能力。实验安全教育旨在培养学生的安全素养，使学生树立良好的安全意识，养成规范的安全操作习惯，毕业后能很好地胜任工作岗位。

3. 实验安全教育是国家法律法规的要求

针对我国经济社会飞速发展过程中出现的安全事故，相关国家机关和部门颁发了系列文件和通知。教育部颁发的《学生伤害事故处理办法》指出："学校应当对在校学生进行安全教育和自护自救教育。"

为保证公民人身安全和保护环境，国家还出台了一系列安全环保政策法规，如《中华人民共和国安全生产法》《中华人民共和国放射性污染防治法》《中华人民共和国固体废弃物污染环境防治法》《危险化学品安全管理条例》《易制毒化学品管理条例》《生物安全实验室建筑技术规范》《实验室生物安全通用要求》等。教育部(原国家教委)还颁布了《高等学校实验室工作规程》《国家教育委员会关于加强学校实验室化学危险品管理工作的通知》等章程及通知。这些法律法规为高等学校实验室安全与环境治理工作提供了法律依据，也为高等学校制定相应的规章制度及实施细则提供了重要指南。

4. 实验安全教育是提升国民安全素养的需要

高等教育是国民教育的重要组成部分，高等学校是安全教育的主要阵地。学生在校期间接受实验安全教育，可以避免实验室安全事故发生或减轻事故所造成的后果，学生毕业后，面对的安全内容由"实验安全"转变为"安全生产"。在工作中时刻牢记"安全第一"理念，严格遵守安全管理规定，认真执行安全操作规程，无论何时何地何种条件下开展工作，首先考虑安全问题，将安全"内化于心、外化于行"。

1.2.5　实验室安全事故典型案例

尽管高等院校和科研院所日益重视实验安全，逐步加大安全设施投入，不断完善安全管理体系建设，但是实验人员的安全意识还需加强，对实验安全缺少敬畏，认为安全事故与自己无关。很显然，这种侥幸态度非常可怕，很多事故正是由实验人员的疏忽造成的。下面是近年来高校实验室发生的事故案例：

（1）2022 年 4 月 20 日，长沙某大学材料与工程学院一实验室发生爆炸事故，一名博士研究生被烧伤。

（2）2021 年 10 月 24 日，南京某大学材料科学与技术学院一材料实验室爆燃引发火情。学校第一时间将 11 名受伤人员送往医院救治，其中 2 人经抢救无效死亡。

（3）2021 年 7 月 27 日，广州某大学药学院 505 实验室在清理通风柜时发现之前毕业生遗留在烧瓶内的未知白色固体，一博士研究生用水冲洗时发生炸裂，产生的玻璃碎片刺破该生手臂动脉血管，经治疗无生命危险。

（4）2021 年 7 月 13 日，深圳某大学化学系 302 实验室在实验过程中发生火情，现场一名博士后头发着火，被第一时间送往医院检查，诊断为轻微烧伤，经处置后无大碍，现场未造成其他损失。

（5）2020 年 12 月 21 日，成都某大学材料科学与工程学院一研究生在分析测试中心准备 XRD 测试时，违规用塑料样品袋携带金属粉末样品，粉末氧化放热造成塑料袋燃烧事故。该生迅速将样品带出室外，用灭火毯捂灭，未造成人员受伤和财产损失。

（6）2019 年 12 月 26 日，南京某高校六楼实验室私自囤放大量易燃溶剂发生火灾，造成一名学生死亡。

（7）2019 年 2 月 27 日，南京某大学一实验室发生火灾。消防人员接警后迅速赶赴现场，现场明火被扑灭，未造成人员伤亡。火灾烧毁 3 楼 312 二维材料实验室内办公物品，并通过外延通风管道引燃 5 楼楼顶风机及杂物。

（8）2018 年 12 月 26 日，北京某大学东校区 2 号楼实验室内学生进行垃圾渗滤液污水处理实验时发生爆炸，2 号楼起火造成 3 名参与实验的学生死亡。

（9）2018 年 11 月 11 日，泰州某大学一实验室在实验过程中发生爆燃。强烈的冲击波将实验室大门炸飞，玻璃碴儿到处飞溅，造成实验室内多名师生受伤。

（10）2017 年 3 月 27 日，上海某大学一化学实验室发生爆炸，一名学生手被炸伤。

（11）2016 年 9 月 21 日，上海某大学 3 名研究生在该校合成实验室制备氧化石墨烯时发生爆炸，造成 1 人轻伤、2 人重伤。

（12）2016 年 1 月 10 日，北京某大学一化学实验室突然起火，并伴有刺鼻气味的黑烟冒出。起火时室内无人，未造成人员伤亡。

（13）2015 年 12 月 18 日，北京某大学化学系实验楼发生火灾爆炸事故，共 3 个房间起火，过火面积 80 平方米。事故造成 1 名实验人员死亡。

（14）2015 年 6 月 17 日，苏州某大学物理楼二楼实验室在处理锂块时发生爆炸，苏州消防调集 7 辆消防车参与救援，无人员受伤。

（15）2015 年 4 月 5 日，徐州某大学化工学院一实验室发生爆炸事故，致 5 人受伤，1 人经抢救无效死亡。

（16）2013 年 4 月 30 日，南京某大学校内一废弃实验室拆迁施工发生意外爆炸，现场施工的 4 名工人 2 名重伤、2 名轻伤，其中 1 名重伤人员经医院抢救无效死亡。

（17）2013 年 4 月 1 日，上海某高校医学院研究生黄某遭他人投毒后到医院就诊，后于 4 月 16 日经抢救无效死亡。

（18）2011 年 12 月 7 日，天津某大学 1 名女生在做化学实验时发生了意外，手部受伤严重。

（19）2011 年 10 月 10 日，长沙某大学化工学院实验楼四楼发生火灾。此次火灾过火面积约 500 平方米，所幸无人员伤亡。

（20）2011 年 4 月 14 日，成都某大学化工学院一实验室，3 名学生在常压流化床进行包衣实验，实验物料意外爆炸，导致 3 名学生受伤。

（21）2010 年 12 月 19 日下午，东北某大学应用技术学院动物实验室共 5 个班级的 28 人被查出感染布鲁氏菌病，其中包括 27 名学生、1 名老师。

（22）2010 年 5 月 25 日，杭州某大学一名学生在实验室做化学实验时引发火灾，火势较大，有学生被困。

？【思考题】

1. 简述实验安全的定义及要素。
2. 绿色实验室的定义是什么？如何建设绿色实验室？
3. 虚拟仿真实验室有哪些优点？又有哪些不足？
4. 高校开展实验安全教育的目的是什么？
5. 高校开展实验安全教育的必要性有哪些？
6. 化学化工实验室常见的安全隐患有哪些？

第 2 章　实验室安全基础

实验安全是指操作人员在安全的实验条件下进行实验，实验过程不发生安全事故，不对环境产生危害。安全进行实验的前提包括物(试剂材料、仪器设备、工艺过程、公用设施、建筑物)的本质安全、人(安全意识、安全技能、安全素养)的规范操作和科学高效的管理(管理制度建立与执行、安全责任体系划分、安全隐患排除、应急预案制定等)。安全的实验室应该具备"安全可靠的硬件设施""规范标准的实验操作"和"先进高效的管理机制"三个必要条件，其中硬件设施安全是基础，也是本质安全的重要内容。实验室最基本的硬件设施是供水、供电、供气设施，通排风设施及消防设施等，正确使用这些设施是每个实验室成员必须掌握的技能。除此之外，还应掌握实验室常见安全事故的应急处置方法及预防措施。

2.1　实验室基本要求

实验室建筑在规划、设计时就应根据其功能和使用要求充分考虑安全因素，安全的实验室建筑设计应执行《科研建筑设计标准》(JGJ 91—2019)和《建筑防火通用规范》(GB 55037—2022)的有关规定。

2.1.1　建筑物设计

安全的实验室建筑物的设计应该首先保证建筑物内人员的安全，其次是实验室功能的充分发挥，要满足使用人的要求，最后要保证室内仪器设备正常运行。安全的实验室建筑物应安装防雷设施、有单独的防雷接地线路。建筑物应为钢筋混凝土结构，单面布防的走道净宽不小于 1.50m，双面布防的走道净宽不小于 1.80m。四层及四层以上的安全的实验室建筑物应设置客用电梯，两层及两层以上的实验室应设置货梯。楼梯间应为封闭间，楼梯踏步宽度不小于 0.28m，高度不宜大于 0.16m。实验室的面积以标准单元数计算，教学、科研标准单元开间不小于 6.60m，进深不小于 6.00m。室内净高不设空调不小于 2.80m，设空调不小于 2.60m，走道净高不小于 2.40m。门扇应设观察窗、闭门器及门锁，门锁及门的开启方向宜开向疏散方向。有爆炸可能的实验室，观察窗和门窗玻璃应采用防爆玻璃。实验室门应由 1/2 个标准单元组成的实验室门洞，宽度不小于 1.20m，高度不小于 2.10m。由 1 个及以上标准单元组成的实验室门洞，至少有一个门宽度不小于 1.50m、高度不小于 2.10m。实验室建材应具备防火、防水、耐腐蚀、易冲洗和防渗漏功能；地面除应具备上述功能外，还应易清洗、耐磨损、防滑、耐有机溶剂和易干燥。

实验室墙上应张贴显著的、无阻挡的实验室守则、提示标志和通用安全标识(包括禁止标志、警告标志、指令标志、消防标志等)。可能发生燃烧、爆炸事故的实验室应使用防爆灯和防爆开关。实验室各楼层至少有两个安全通道,至少有两个消火栓箱。用到气体的实验室应安装摄像头和气体泄漏报警装置,根据可能发生的事故配置探头,检测有毒、易燃、易爆或窒息性气体浓度。每层至少配备两套消防用品箱,箱内放置灭火预案需要的灭火器材(如二氧化碳灭火器、干粉灭火器、泡沫灭火器、黄沙或灭火毯等),消防用品箱应放置在通风柜两侧或紧靠实验室门的外侧。实验室应备有与实验人数相匹配的防护用具和应急药箱。机房、资料室和记录储存区不使用传统水喷淋灭火。实验台应具有耐磨、耐腐、耐火、防水及易清洗的性能,台上配备足够的电源插座;在实验台一端或两端配备清洗水槽,在水槽或通风柜两侧设置实验废弃物收集容器,在容器上方安装排风设施。使用强酸、强碱的实验室应就近设置洗眼器和应急喷淋装置。

2.1.2 功能区划分

实验室内部往往分为多个区块,这些区块都有独特的用途,隔离式的构造能够保证各分区互不干扰,同时能避免产生污染。各区块之间的布局要合理,这样才能方便使用和操作。比如不常使用的分室应设置在边角处,而互动较多、使用频繁的分室要设置在居中位置。功能分区主要按照以下原则划分:

(1)实验室、储藏室、仪器室、更衣室、教师办公室、教师休息室应分别设置,各房间门外都应该有明显的功能标志,在门上张贴安全和卫生负责人。储藏室多用于存放近期不使用的实验仪器或材料,储藏室要防止明火、内部不能潮湿、不能有阳光直射,宜将储藏室设置在建筑物背阳面、干燥且通风良好的位置,窗户设置遮阳板,且门朝外开。

(2)药品储藏室内储存的危险化学品的量应符合《建筑防火通用规范》(GB 55037—2022)、《易燃和可燃液体防火规范》(SY/T 6344—2017)和《危险化学品仓库储存通则》(GB 15603—2022)规定。具体如下:

① 腐蚀性试剂应设置单独存放区;存放于距地面不超过 1m 高的架子上。

② 地面有防腐层和防护堤并设置警示牌。

③ 易燃、易爆、极低温、易泄漏等危险液体、气体化学品应设分类的液体室、气体室,应靠外墙设置,并设不间断机械排风及监测报警系统,其信号应传送到本楼的保安室。

④ 危险化学品储藏室应控温、适度照明、避光,并保持 24h 持续通风。

(3)制冷机房、空调机房、排风机房、给水排水及水处理用房、变配电室、强弱电间、弱电机房、液体气体供应室、普通化学品储藏室、危险品储藏室等应独立设置。实验用易燃、易爆、极低温、易泄漏等危险化学品的液体罐、气体罐,应设相应分类的液体室、气体室,宜靠外墙设置,并设不间断机械通风及监测报警系统。

(4)实验室所在大楼设有保安室,集中监控本大楼所有实验室安全,保安室装备本大楼的报警器。各实验室的报警信号和监控影像均显示在保安室的显示屏上;值班保安员应受过专业培训,熟悉楼内各实验室的环境和设施,并掌握一定的应急处置和救援方法。

(5)实验室管道空间可分为管道井、管道走廊和管道技术层三种,其尺寸及位置应按建筑标准单元组合要求、公用设施系统要求、安装及维护检修要求综合确定。实验室内管道宜采用管道井,管道井应设检修门或在管道阀门部位设检修口。当设管道走廊或管道技术层时,应设检修口。

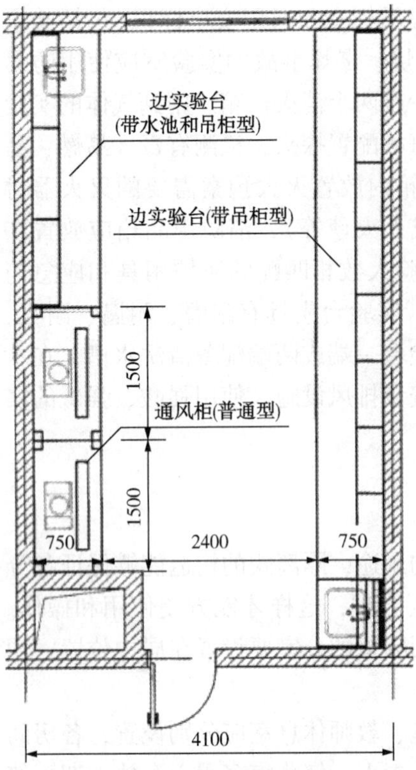

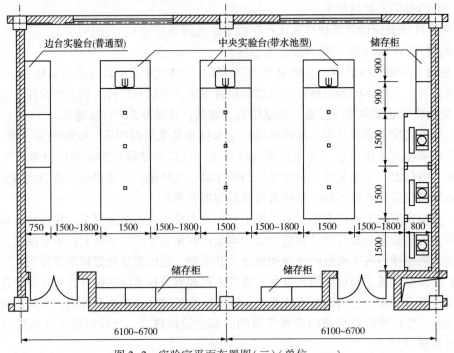

图 2-1 实验室平面布置图(一)
(单位：mm)

2.1.3 实验台布置

由1/2个标准单元组成的教学、科研实验室，若沿两侧墙布置边实验台，其间净距离不应小于1.60m。当一侧墙布置通风柜或实验仪器设备时，其与另一侧实验台之间的净距离不应小于1.50m(见图2-1)。由一个标准单元组成的教学、科研实验室，若沿两侧墙布置的边实验台、通风柜或实验仪器设备与房间中间布置的岛式或半岛式实验台、通风柜或实验仪器设备之间的净距离不应小于1.50m。岛式实验台端部与外墙之间的净距离不应小于0.60m。若在上述教学、科研实验室的一侧墙或两侧墙靠近外墙部位开设通向其他空间的门时，其相应的净距离应增加0.10m。

由一个以上标准单元组成的教学、科研实验室，实验台与实验仪器设备之间的净距离不应小于1.50m(见图2-2)。当连续布置两台及以上岛式实验台时，其端部与外墙之间的净距离不应小于1.00m。实验台与墙平行布置时，与墙之间的净距离不应小于1.20m。与外窗平行布置时，其与墙之间的净距离不应小于1.30m。不宜沿有窗外墙布置边实验台，沿侧墙布置的实验边台的端部与墙之间的净距离不宜小于1.20m。

中央实验台的端部与走道墙之间的净距不应小于1.20m。当教学、科研实验室设置内凹外开门时，实验台端部与内凹门的墙垛之间的净距不应小于1.20m。实验室一侧墙或两侧墙靠近

图 2-2 实验室平面布置图(二)(单位：mm)

走道墙部位开设通向其他空间的门时，实验台端部与走道墙之间的净距离不应小于1.20m。当通风柜的操作面与实验台端部相对布置时，其间的净距离不应小于1.20m。教学、科研实验区宜集中靠建筑物外墙布置。

实验台之间或实验台与放置在地面上的设备之间的距离建议为：实验人员在过道一侧工作，无他人经过时，至少为1.00m；实验人员在过道一侧工作，并有他人经过时，至少为1.20m；实验人员在过道两侧工作，无他人经过时，至少为1.35m；实验人员在过道两侧工作，并有他人经过时，至少为1.80m。安全的实验台高度建议为：实验人员坐着进行操作，实验台高度宜为0.70~0.75m；实验人员站着进行操作，实验台的高度宜为0.80m。

2.1.4 通排风系统

实验室通排风系统是整个实验室设计和建设过程中规模最大的系统之一。通排风系统的完善与否会影响实验室空气质量，从而影响实验设备运行和人员健康。在实验室建筑物新建或改造时，通排风系统应与土建、给排水、消防、电气、暖通、供气等专业一体化设计。规划设计通排风系统时，首先根据房间面积及换气周期确定室内排风设施的排风量，再根据排风量选择楼顶风机功率和管道直径。一个设计合理的通风系统要求通风效果好、噪声低、操作便捷、能耗低。若实验室通风柜气体泄漏、室内噪声过大或负压过高，都将给实验室人员身心健康造成危害。

1. 设计标准

通风系统设计执行的国家标准如下：

（1）《工业建筑供暖通风与空气调节设计规范》（GB 50019—2015）。

（2）《通风与空调工程施工质量验收规范》（GB 50243—2016）。

（3）《风机、压缩机、泵安装工程施工及验收规范》（GB 50275—2010）。

（4）《电气装置安装工程低压电器施工及验收规范》（GB 50254—2014）。

（5）《大气污染物综合排放标准》（GB 16297—1996）。

（6）《环境空气质量标准》（GB 3095—2012）。

（7）《声环境质量标准》（GB 3096—2008）。

（8）《建筑防火通用规范》（GB 55037—2022）。

（9）《公共建筑节能设计标准》（GB 50189—2015）。

2. 设计原则

实验室通排风系统设计首先要保证实验室的安全性，保证单位时间内的换气次数符合规定，采用补风法解决室内负压问题，在满足换气频率和平衡压差条件下控制能耗。具体如下：

（1）根据大楼的结构特点，就近开设风井，划分排风和补风系统，管道系统做到"短、平、顺、直"，减小阻力，降低噪声；采用智能变频控制系统，操作方便、节约能源。

（2）排风和补风系统达到风量平衡，保持室内-5Pa左右的负压，防止有害气体的散逸，保证实验人员的身心健康；夏天补冷风、冬天补暖风，保证室内温度和湿度处于适宜值。

（3）综合考虑各项因素，采用投资少、运行稳定、能耗低、效果好的成熟工艺；所选工艺必须满足现场条件，平面布置简洁、紧凑，空间利用率高，方便操作和维修。

（4）在设计中充分考虑噪声、排风量等关键指标，防止给周围环境造成新的污染；非标设备应符合国家或行业相关规范，并保证性能稳定；气体处理设施应具备一定的抗冲击能力，确保废气达标排放。

（5）宜采用标准的节能型通风柜；通风柜的选择及布置应结合建筑标准单元组合设计确定；通风柜的布置应避开人员主要出入口，并应避开送风口及外窗气流的干扰。

（6）通风柜外壳、内衬板及工作面应具有耐腐、耐火、耐高温及防水等性能，柜内管线应暗敷，向柜内伸出的龙头配件应具有耐腐及耐火性能，各种公用设施的开闭阀、电源插座及开关等应设于通风柜外壳上或柜体外易操作部位；通风柜柜口窗扇及玻璃配件应采用透明度高的防爆玻璃。

（7）通风柜、排风罩等的柜口面风速值应达到所进行实验的要求（一般为 0.25～0.5m/s）；通风柜内有上、下水设施，水龙头应耐腐、耐火；下水应为杯式排水斗；橱外有照明设施和供电插座。

（8）独立的储藏室应设置专门的通风系统，不宜与其他区域共用一个通风系统；在使用和产生易燃易爆物质的房间，应采用防爆型通风设备；排风系统的排风口宜向上排风，并有防雨措施；露天安装的风机，其电机应有防雨措施；当多个房间共用一个排风系统时，应采取措施防止各房间之间发生串通。

（9）排风系统的风机、风管、阀门和附件等应采用阻燃材料制作；应综合考虑有害物对风机、风管、阀门和附件等的影响。

（10）铺设在建筑物室内的竖向排风管应设在排风管井内；水平风管在与竖向排风管连接处应设防火阀；接触强腐蚀性物质的风管应分层设置独立系统，水平风管不跨越防火分隔；竖向风管安装在具有足够耐火极限的管井内时，可不设防火阀。

3. 设计参数

（1）管路风速。支管路内风速一般为 6～8m/s，干管路内风速一般为 8～14m/s。

（2）通风设备设计风量。通风柜面风速一般为 0.3～0.8m/s，单台 1200mm×800mm×2350mm 通风柜设计风量为 1500m³/h，单台 1500mm×800mm×2350mm 通风柜设计风量为 1800m³/h，单台 1800mm×800mm×2350mm 通风柜设计风量为 2200m³/h；万向抽气罩面风速≥0.35m/s，万向抽气罩排风量为 150～350m³/h；原子吸收罩面风速≥0.35m/s，排风量为 350～600m³/h。

（3）换气频率。一般化学实验室的换气频率为 8～12 次/h（每次的体积为实验室空间的总体积）。

（4）噪声。通风系统终端设备噪声一般不高于 62dB。

（5）离心风机材质应耐腐蚀（通常采用玻璃钢），采用变频控制系统，以达到节能和降噪目的。

4. 设计步骤

（1）实验室根据工艺要求和功能布置确定通风柜和局部排风罩数量。通常换气频率为 10～20 次/h，但此频率是按通风柜最大开启面积计算的，还应校核通风柜最小开启面积时的通风量和换气频率，若小于规定，则应增加综合排风系统。

（2）实验室通排风采用补风系统，通风柜排出的气体不在室内循环。因实验室相对其他辅助区域为负压，故设计补风量应为排风量的 70%～80%。

（3）通风柜的风量平衡可以采用定风量控制系统，即排风量恒定，送风量和门窗缝隙补充风量恒定。此方法适用于最大排风量满足最小换气次数要求的实验室。

（4）对于排风量远大于最小通风量要求的房间，还可以采用两段式控制保证风量平衡，此情形即变风量控制系统。

5. 控制方式

（1）定风量控制

定风量控制系统是指每台通风柜的排风由独立的一组风管、阀门和一台风机组成。风机的开关安装于通风设备上，通风柜上方的控制阀为电动阀或手动阀。定风量控制系统通常应用于通风终端设备较少、对换气频率要求不高的实验室。

（2）变风量控制

① 采用静压传感自动变频控制，根据开启通风设备的数量变化，将其感应到的静压转变成 0~10V 的电信号输入变频器，自动调节风机频率，使风机的抽风量与实际所需排风量相匹配，从而确保排风效果，达到节能降噪的效果。

② 在每台通风柜排风管路上安装一只文丘里阀，其控制开关与变频控制系统及风机联动，可实现单台或多台通风设备在不同工况下的控制。文丘里阀可精确调节角度，且带记忆功能，下次打开时自动调到设计角度。

③ 风阀和风机整体联动，实现气流的有序流动，平衡系统风量，防止气流反串或倒流。

6. 排风系统

实验室排风系统可分为集中式和分散式两种。

集中式是把一层楼面的通风柜组成一个或几个系统，特点是风机数量少，节约设备投资，若后期通风柜数量稍有增减或安装位置变更，都具有一定的适应性。由于系统较大，风量不易平衡，此时需要安装变风量控制系统，对同一系统内不同安装位置的通风柜控制阀进行自动调节，保证稳定的面风速和换气频率。

分散式是把一个通风柜或同房间的几个通风柜组成一个排风系统。它的特点是可根据通风柜的工作需要来启闭风机，相互不受干扰。由于分散式布置的每个系统较小，风机的风量、风压都不大，噪声与振动相应也较小。分散式布置的缺点是风机和控制系统的数量多，管路较长，投资较大。

在划分系统时，同一个房间内若有两个以上的通风柜，应划为一个系统。排风机 24h 运行，通风柜在无人使用时处于最低风速状态。若有人使用，将玻璃挡板向上移动，风机转速自动加快，以保持通风柜的面风速恒定。由于所有通风柜均处于运行状态，因此避免了通风柜内气体产生倒流而造成室内空气被污染。

排风系统的风机及气体处理装置一般都安装在屋顶，变频器和开关柜等控制系统安装在专门的控制室，控制室通常也位于楼顶，室内应安装空调。风机安装在屋顶，不仅方便检修，而且易于消声和减振。排风系统有害物质排放高度应按现行的《工业企业设计卫生标准》（GBZ 1—2010）和工业"三废"排放相关标准执行。一般情况下，如果附近 50m 以内没有较高建筑物时，排放高度应至少超过建筑物最高处 2m。

2.1.5 室内环境

实验室的室内环境主要包括温度、湿度、洁净度等空气质量指标以及采光、噪声、振动等，具体要求如下：

（1）实验室地面应坚实耐磨、防水防滑、不起尘、不积尘，墙面应密实、光洁、无眩光、防潮、不起尘、不积尘；顶棚应光洁、无眩光、不起尘、不积尘。

（2）对洁净度、防尘等要求高的实验室及附属空间，其地面、墙面和顶棚应做整体式防水饰面；特殊实验室的内装修应符合国家现行相关标准的要求；室内应减少突出物，加强隐蔽措施。

（3）使用强酸、强碱的实验室地面应具有耐酸、碱腐蚀的性能；用水量较多的实验室地面应设地漏。

（4）除有特殊要求外，实验室内的采光系数标准值宜按现行国家标准《建筑采光设计标准》（GB 50033—2013）的相关规定执行。

（5）产生噪声、振动的房间不宜邻近天平室、精密仪器室、会议室等房间，若相邻则应采取隔音、降噪、减振措施。

（6）实验室内允许噪声应不高于45dB，其他房间应按现行行业标准《办公建筑设计标准》（JGJ/T 67—2019）的有关规定执行。

（7）对噪声控制要求较高的实验室，应结合实验工作噪声和隔声要求，对围护结构、附着于墙体和楼板的传声源部件采取隔声降噪措施。

（8）产生噪声的房间应采取隔声、降噪、吸声等措施。产生大于等于85dB高噪声的房间应设隔声门窗，隔声门窗的空气隔声值应大于30dB，墙面及顶棚宜采取吸声措施。

（9）当建筑物屋顶或其他部位的设备噪声对周边环境产生影响时，应采取隔声减噪措施，确保周边环境及建筑空间满足相应的声学标准。

（10）精密仪器实验室不宜与产生噪声和振动的设备机房毗邻，受条件限制需紧邻布置时，应采取有效的消声、隔振、减振措施。

2.1.6 安全与防护

实验室设计应执行国家现行有关安全、消防、卫生、辐射防护、环境保护的法律法规，具体如下：

（1）各类专用实验室应满足工艺对安全、消防、环保等的特殊规范和规定，对实验人员有潜在危害的实验室应设计逃生、避难路径。

（2）实验室防护内容应包括防潮、防水、防辐射、防日光及紫外线照射、防尘、防污染、防盗、防有害生物等。

（3）对限制人员进入的实验区应设置显著的警示标识。危险化学品的存放和使用区域应有显著标识，并符合现行国家标准《化学品分类和危险性公示通则》（GB 13690—2009）的规定。

（4）实验室使用和储存的危险化学品，其种类和位置严禁擅自更改。使用和储存的危险化学品的量应符合国家现行标准《建筑防火通用规范》（GB 55037—2022）、《易燃和可燃液体防火规范》（SY/T 6344—2017）及《危险化学品仓库储存通则》（GB 15603—2022）的规定。甲、乙类危险物品不应储存在地下室和半地下室内。

（5）当易发生火灾、爆炸、极低温和其他危险化学品引发事故的实验室与其他用房相邻时，必须形成独立的防护单元，并符合下列规定：

① 防护单元的围护结构，应采用耐火极限不低于1.5h的楼板和耐火极限不低于2.0h的隔墙与其他用房分隔。

② 门、窗应采用甲级防火门、窗，并有防盗功能。

③ 易发生火灾、爆炸或缺氧危险的实验室应设置独立的通风系统。

④ 有爆炸危险的实验室应设置泄压设施。

（6）易发生火灾、爆炸、缺氧、极低温和其他危险化学品引发事故的实验室，其房间的门必须向疏散方向开启，并应设置监测报警及自动灭火系统。

（7）使用或储存特殊贵重仪器设备的实验室，应符合现行国家标准《建筑防火通用规范》（GB 55037—2022）的规定。

（8）由两个及以上标准单元组成的通用实验室，疏散门的数量和宽度应符合现行国家标准《建筑防火通用规范》（GB 55037—2022）的规定，且疏散门应不少于两个。

（9）实验室建筑耐火等级应不低于二级，藏品库和陈列区的建筑耐火等级应不低于二级。火灾危险类别为甲、乙类的科研试验建筑应按厂房或仓库的建筑标准进行防火设计。

（10）凡实验工作中产生有毒有害气体、蒸气、粉尘等污染物的实验室，应设置通风柜或其他局部排风设备。

（11）含汞的实验室应设置特制通风柜。该类实验室的地面、楼面、墙面、顶棚、实验台、门、窗等均应采用不开裂、不吸附、不渗漏的材料，并应设有集汞槽、沟、瓶设施。地面、楼面应有不小于1%的坡度，地沟、地漏应具有收集散失汞的功能，室内下部应设排风口。

（12）使用强酸、强碱等有化学品危险隐患的实验室，应就近设置洗眼器及紧急喷淋设备。存放危险化学品的实验室，应设置24h持续排风的专用化学品储存柜。

（13）实验设备周边应设置安全间距及防护措施，确保人员正常活动时不受固定物、运动物和可能飞出物伤害。精密电子仪器实验室，应根据设备技术要求采取电磁屏蔽措施。

（14）使用放射性同位素和射线装置的实验室应符合下列规定：

① 实验室应设置射线屏蔽防护设施，并应设置声光警示、工作状态指示等安全设施。

② 使用Ⅰ类、Ⅱ类、Ⅲ类放射源和Ⅰ类、Ⅱ类射线装置的实验室，应对墙体、顶棚等采取适当的屏蔽防护设计，且宜设置迷路。当迷路设计时，照射室门的防护性能应与同侧墙的防护性能相当，并应设置辐射安全联锁系统。

③ 非密封放射性物质的实验室的地面与墙面交接处应做无缝处理，地面与工作台面应采取易清洗、抗渗透材料。操作粉尘和挥发性物质应在保持负压状态的通风柜中进行，通风柜应有足够的风速。

（15）产生放射性废液的实验室应设置专用的放射性废液收集系统或设施，产生的放射性固体废物应单独使用容器收集存放，并应对放射性废物收集系统或容器进行屏蔽防护。

（16）使用危险化学品的科研实验室应编制使用指南和安全防护手册。产生强烈振动的科研设施的设置应符合国家现行相关管理规定。

2.2 实验室用电安全

电能由于具有输送方便、容易控制、清洁无污染等特点，已经成为使用最广泛的动力能源。电在造福人类的同时，也存在潜在危险。如果缺乏用电安全知识和技能，违反用电安全规律，就会发生人体触电或电气火灾事故，导致人身伤害或设备损坏，造成重大损失。所以必须高度重视用电安全。下面介绍用电线路安全、用电设备安全、用电环境安全三方面内容。

2.2.1 用电线路安全

实验室的电气线路通常是低压配线，必须按照国家标准或行业标准进行设计和敷设。实验室用电线路要分别设置设备用电和照明用电两个独立的供电系统。低压配线线路安全的要求如下：

（1）当低压配电系统无特殊要求时，应采用频率50Hz、电压220V/380V系统。系统接地形式不应为TN-C。当有特殊要求时，应按实验仪器设备的具体要求确定。

（2）用电负荷具有下列情况之一时，宜采用交流不间断电源系统供电：

① 采用备用电源自动投入（BZT）或柴油发电机组应急自启动等方式仍不能满足要求；

② 采用一般稳压稳频设备仍满足不了对稳压、稳频精度要求；

③ 实验或设备需要保证顺序断电操作安全停机；

④ 停电损失大于不间断电源设备的购置费用和运行费用的总和。

（3）当在同一科研建筑内设有两种及以上不同电压或频率的电源供电时，应分别设置配电保护装置并有明显区分或标识。

（4）不同电压或频率的线路应分别单独敷设，不应在同一导管或线槽内敷设。同一设备或实验流水线设备的主回路和无防干扰要求的控制回路可在同一导管或线槽内敷设。

（5）通用实验室的用电设备可由固定在实验台或靠近实验台的固定电源插座供电。电源插座回路应设有剩余电流保护器。对有防干扰要求的设备，宜采用电磁型剩余电流保护器。各实验室电源应设置独立的保护开关。

（6）实验室应选用质量合格的插头和插座，尽量不使用拖线板。大型仪器、电热设备及有保护接零要求和单相移动式电气设备都应使用三孔插座。

（7）垂直线路宜采用管道井敷设，强、弱电管线宜分别设置管道井。在同一管道井内敷设时，应分别敷设在管道井两侧。弱电管道井内应预留实验测控管线通道。

（8）供电回路宜装设有功电能表，且实验用电与非实验用电分别计量。潮湿、腐蚀性气体、蒸气、火灾危险和爆炸危险场所，应选用具有相应防护性能的供配电设备。

（9）单相电供电要求三线制，即相线、零线和地线；三相电供电要求五线制，即三根相线、一根零线和一根地线。不同电压电源供电线路应分别单独敷设并有明显标识。

（10）每个实验室要有独立的配电箱，各实验台的分闸和照明灯的开关设在配电箱内。配电箱应设置在实验室墙上，工作人员伸手即能触及，配电箱前不可堆放任何物品，保证箱门方便打开。

（11）实验室内各组照明用电供电线路、实验台和通风橱柜供电线路都独立配置与容量匹配的空气开关。配电箱内配有与电源容量匹配的总空气开关（各线路分别配有漏电保护器），各空气开关都应贴上永久性标志，注明各自负责的范围。

（12）通风橱的电源开关应安装在工作人员伸手即能触及的位置，实验台上应配备足够数量的供实验人员同时用电的插座，实验台上和通风橱外的插头和插座要符合其安全载流量。

（13）实验室内的电气线路用线应用铜芯线，其安全载流量（导线长期允许通过的电流值，主要取决于线芯的最高允许温度）要大于电器设备的额定电流值。线路绝缘层应采用天然橡胶材质，若采用塑料材质应优先选择无卤阻燃塑料；若绝缘材料老化或某部位金属线芯已裸露在外，应及时更换。

（14）实验室应选用节能高效灯具，有效控制照明功率密度值。并应符合下列规定：

① 通用实验室宜采用开启或带格栅直配光型灯具，开启型灯具的效率应不低于0.75，带格栅型灯具效率应不低于0.65。

② 实验室灯具格栅、反射器不宜采用全镜面反射材料。

（15）通用实验室宜采用细管直管形三基色荧光灯。空间高度高于8m的实验室宜采用金属卤化物灯或高频大功率细管直管荧光灯。无人长时间逗留或只进行检查、巡视和短时操作等工作的场所宜采用 LED 灯。

（16）对识别颜色有要求的实验室，照明光源的显色指数不宜小于 80。电磁干扰要求严格的实验室，不应采用气体放电灯。在潮湿、有腐蚀性气体和蒸气，以及具有火灾危险和爆炸危险等场所，应选用具有相应防护性能的灯具。

（17）重要实验场所应设置应急照明，应急照明的设置应符合现行国家标准《建筑照明设计标准》（GB/T 50034—2024）、《建筑防火通用规范》（GB 55037—2022）和《民用建筑电气设计标准》（GB 51348—2019）的有关规定。国家重点实验室应设置警卫照明，警卫照明可与应急照明共用。

（18）暗室、电镜室等应设单色(红色或黄色)照明。入口处应设工作状态标志灯。有辐射危险的实验区，入口处应设红色警示灯。生物培养室应设紫外线灭菌灯，其控制开关应设在门外并与一般照明灯具的控制开关分开设置，且应有标识。

（19）照明负荷应由单独配电装置或单独回路供电，应设单独开关和保护器。照明配电箱宜分层或分区设置。当电压偏差或波动不能保证照明质量或光源寿命时，可采用专用变压器供电。

（20）实验室应具备良好的接地保护线路。实验室工作接地的接地电阻值应按仪器设备的具体要求确定，无特殊要求时不宜大于 4Ω。供电电源工作接地及保护接地的接地电阻值不应大于 4Ω。实验室特殊防护接地电阻值按具体要求确定；防雷接地电阻值应符合现行国家标准《建筑物防雷设计规范》（GB 50057—2019）的有关规定。

（21）各种接地宜共用一组接地装置。无特殊要求时，接地电阻值不宜大于 1Ω。如防雷接地需单独设置，应按现行国家标准《建筑物防雷设计规范》（GB 50057—2019）的有关规定执行。

（22）实验室工作接地与接地装置，当电子设备频率为 30kHz 及以下时应采用单点式(S 形)连接；当电子设备的频率大于 300kHz 时应采用多点式(M 形)接地。当频率为 30~300kHz 时，宜设置一个等电位接地平面，再以单点接地形式连接到同一接地网，分别满足高频信号多点接地及低频信号单点接地要求。

（23）实验室内各种线路都是按标准敷设的，三相电的负荷平均分配。若需要对线路进行改造，必须报相关部门批准，并由专业电工操作完成。实验室新增仪器设备尤其是大型仪器，要考虑室内配电总容量。若总容量不够，必须增容，以免过载。

2.2.2 用电设备安全

高校化学化工实验室的用电设备种类繁多，近几年又不断增加，尤其是大型仪器，用电设备的安全问题日趋重要。如果出现问题，不仅用电设备本身受损，还有可能造成人身伤害或引发爆炸、着火等恶性事件。用电设备安全主要包括以下三个方面。

1. 仪器设备安装

（1）熟悉仪器设备的各项性能指标，包括主要额定参数(如额定电压、额定电流、额定功率)以及工作环境允许的温度和湿度范围等，这些数据在仪器铭牌上都有注明。仪器设备的额定电压要和电气线路的额定电压相符，工作电流不能超过额定电流，否则绝缘材料易过热而发生危险。

（2）清楚仪器设备的使用方法和测量范围。待测量数值必须与仪器仪表的量程相匹配。若待测量大小不清楚，必须从仪器仪表的最大量程开始测量。

(3) 仪器设备电源不能接错。实验室大部分仪器设备的电源是 220V、50Hz 交流电，但也有少量仪器是 380V 三相交流电源。使用陌生仪器时一定要看准使用哪种电源，并正确连接。

2. 仪器设备使用中

(1) 要严格按照说明书的要求操作仪器设备，这是避免仪器设备损坏和保护使用者人身安全最重要、最关键的方法。实验室绝大多数仪器设备事故是由违规操作引起的。

(2) 仪器设备工作时使用者不能离开现场，更不能长时间处于无人值守状态。

(3) 定期检查仪器设备使用状态，发现问题及时解决。主要检查电源线绝缘和发热情况、插头是否接触良好、保护接地是否正确、仪器设备性能是否正常等。

(4) 需要水冷的仪器设备，在停水时要有报警和保护措施。

3. 仪器设备使用完毕

(1) 仪器设备使用完毕务必要关闭电源，做好清理工作，设备各项指标、参数要恢复到原始状态。

(2) 定期对仪器设备进行维护和保养，尤其是长时间不使用的电器设备更要经常开启、调试和保洁。

2.2.3 用电环境安全

无论是电气线路的敷设或是电气设备的使用，都需要安全、友好、适宜的用电环境，否则，在危险环境中用电极易发生电气火灾事故。安全用电环境的基本要求如下：

(1) 实验室内环境的温度、湿度要合适。一般来讲，室内温度不能超过 35℃，如果室内温度偏高，电气设备将由于散热不好容易烧毁。室内空气相对湿度也不宜超过 75%，空气太潮湿，容易导致电路短路事故，特别是仪器设备的电路板易被击穿。

(2) 实验室内的易燃、易爆品，特别是挥发性大的有机溶剂不要超量存放。如果大量存放易燃、易爆品，这些物质的蒸气浓度达到爆炸极限时，遇电火花会引起爆炸、着火事故。

(3) 实验室内的导电粉尘(如金属粉末等)浓度不能过高。超细的导电粉尘易渗透到仪器设备内部，在静电作用下附着在电路板上引起短路事故。

(4) 实验室要有良好的通风、除湿、散热条件，保证实验室的温度、湿度处于合适的范围。

2.3 实验室用水安全

水是实验室必不可少的实验条件之一，不同等级的水在实验室有不同的用途。自来水被用来洗涤器皿、用作冷却介质或加热介质，去离子水被用于配制标准溶液、润洗容量瓶和移液管等，高纯水被用作色谱流动相和电化学反应等。漏水、跑水是最常见的实验室安全事故，安全用水、节约用水、科学用水是实验室人员必须遵守的原则。实验室用水安全主要包括管道布置、给水安全、排水安全和纯水系统安全等。

2.3.1 管道布置

1. 给水总管引入

实验室给水通常设一根引入总管，若用水要求较高(水压稳定、不能断水)、用水量较大，应设置两根引入管。若实验室用水量不大，给水总管可从建筑物中部引入室内；若实验室用水量大且用水点分散，或对水压有特殊要求，此时应设两根引入管，分别从建筑物两端引入。

2. 室内管道布置

在布置实验室内用水管道时既要考虑管道水力条件因素，又要做到供水安全可靠，尽可能使管线最短，减少管线交叉，同时还要方便维修。给水和排水管道应沿墙柱、管井、实验台夹腔、通风柜内衬板等部位布置，不应明敷在恒温恒湿房间或贵重仪器设备上方。遇水易分解、燃烧或爆炸的化学品的储存区不得布置给、排水管道。库房内不应设置除消防以外的给水点，给、排水管道不应穿越库区；给水、排水立管不应安装在与陈列区相邻的内墙上。

管道敷设方法可分为明装和暗装两种，选用何种方法敷设应根据使用要求、工艺特点、卫生标准确定。通常实验室管道都采用明装敷设，明装敷设对施工安装和维修管理都较方便，造价也相对较低，缺点是影响室内美观和卫生保洁。若对房间有特殊要求，可考虑暗装敷设，此时管道应尽可能暗设在地下管沟、管道竖井或天棚内。暗设在管槽、管道竖井和天棚内的管道，在阀门位置应留有检修门或检修孔。管道暗设能使室内整齐美观，但造价较高，施工安装和运行维护都较困难。已建成使用的实验室若无特殊要求，一般都采用明装方式。

3. 室内消防给水系统设计

室内消防给水系统设计应符合现行国家标准《建筑防火通用规范》（GB 55037—2022）的规定，并应符合下列规定：

（1）实验用房的消火栓宜设置在洁净区的楼梯出口附近或走廊，若必须设置在洁净区内，应满足洁净区的洁净要求。

（2）设置自动喷水灭火系统的洁净室和清洁走廊宜采用隐蔽式喷头。

（3）设置自动喷水灭火系统的科研建筑，其洁净室宜采用预作用式自动喷水灭火系统。

（4）贵重精密仪器室、资料室、机房以及其他特别重要的设备室应设置气体灭火系统。

2.3.2 给水安全

1. 给水系统

实验室的给水任务主要是从室外给水管网引入进水管道，在保证按所需压力、水质、水量的前提下将水输送到水龙头、实验用水设备、辅助用水设备和消防设备等，以满足日常用水、实验用水和消防用水需要。

在设置系统时，应视实验室规模、设备、实验过程对水质、水量、水压和水温的要求，并结合室外给水系统情况，综合考虑技术和经济因素确定。一般情况下实验和消防用水独立设置给水系统，有时还根据实验用水的特殊要求，将实验给水再划分为几个不同系统。若实验需要较高标准的水质，可设置纯水给水系统；若水资源不足，需节约用水，应设置冷却水回收利用系统。

消防给水系统应尽可能单独设置，尤其是高层实验室和对水压、水质有特殊要求的建筑物。实验设备或辅助设备不允许间断供水时，可将其他给水系统与实验给水系统连通，作为备用给水系统，但要确保两个系统的水质、水压等参数一致。实验室内部供水系统利用室外给水管网压力直接供水。就高层实验室而言，当室外管网压力不能满足要求时，低层部分应充分利用室外管网中的压力直接供水，上层部分可设置局部加压设备。当室外管网压力经常或周期性不足时，应考虑设置屋顶水箱和水泵。

2. 给水方式

选择给水方式时要充分考虑实验室性质、建筑物高度、用水设备和消防设施等，还要结合室外给水管网的水压情况。常用给水方式有以下几种：

（1）直接供水。在室内无加压水泵前提下，室外给水管网每天24h均能保证供给用水设备和水龙头连续工作所需要的水压和水量，此种方式为直接供水。在实验室层数不高、水压、水量均能满足要求的情况下，通常采用直接供水。

（2）设高位水箱。在用水高峰时间段，由于用水量增加将导致室外管网内水压下降，从而造成室内高楼层给水的水压和流量不足，此时可考虑在楼顶设置高位水箱，在高峰时段对高楼层供水。此外，若有实验设备要求安全供水时，也可设置储存水箱。在设计规划安装高位水箱时，应查看建筑设计图纸，确保楼顶的载重负荷，避免发生楼顶坍塌事故。

（3）设加压水泵和水箱。当室外管网的水压经常低于实验或消防用水要求，且用水量不均匀时，可采用这种方式。水泵将管网水大量抽吸至水箱时，易导致室外管网压力大幅度波动，甚至影响其他单位正常用水，此时应在进水口处设置缓冲水池。此供水方式投资大，运行维护成本也较高。

3. 用水点设置

（1）实验室应根据实验需要，设置能提供不同纯度等级水的制水装置和储存容器。

（2）实验室应单独设置用于清洁、打扫卫生用的龙头和水槽。

（3）药品储藏室、仪器室、教师办公室应配备用于清洗的水龙头、清洗池和排水口。

（4）教师休息室应设置供清洁、打扫卫生使用的水龙头、水槽和排水口。

4. 其他注意事项

（1）实验室化验水嘴及其他用水器具给水的额定流量、当量、连接管的管径和最低工作压力，应符合现行国家标准《建筑给水排水设计标准》（GB 50015—2019）的有关规定。

（2）仪器设备所需冷却水宜采用循环冷却水系统。循环冷却水水质除满足仪器设备要求外，还应符合现行国家标准《工业循环冷却水处理设计规范》（GB/T 50050—2017）的有关规定。严寒及寒冷地区冷却水系统应设置防冻措施。

（3）无菌室应有热水供应，并应配有热水淋浴装置。热水的水量、水温、水压应按工艺要求确定。无菌室的洗手盆应安装感应式或延时自闭式水嘴。

（4）根据实验室的布局和功能设置应急喷淋及应急洗眼器。室内消火栓应设置在放射性实验工作场所的控制区外。

（5）若设置纯水制备室，需对该房间做防水处理。

（6）从给水干管引入实验室的每根支管上应装设阀门，有计量要求的应安装计量水表。每楼层设置给水总阀并安装智能水表，设置用水量上限，当非工作时间段用水量超额时总阀自动切断，并通过短信同步推送至实验室管理员和值班保安，第一时间阻止跑水事故发生。

2.3.3 排水安全

排水系统是指将实验设备、辅助设备使用后的废水、器皿洗涤水、生活污水以及雨水汇集后排往室外管网的系统。实验室应根据废水的成分、性质和受污程度设置相应的排水系统。实验设备的冷却水排水或其他仅含一些无害悬浮物或胶状物、受污不严重的废水可直接排至室外排水管网。若废水需重复使用，则应做相应处理。

1. 排水管道布置

实验室排水管道应布局合理,适当集中,以便维修。敷设时应尽量沿墙、柱角、天棚、走廊,避免经过安全卫生要求较高的场所(如贵重精密仪器室)。排水主干管道应靠近排水量较大、杂质较多的设备。实验室专用排水管的通气管应与卫生间通气管分别设置。排水管道应选用耐腐蚀、耐有机溶剂材质。废水管道直径应根据最大流量来确定。实验室地面至少应设置两个地漏,其总排水速度应大于发生跑水事故时的排水速度。有洁净要求的场所应设可开启式密闭地漏。排水设施应保障实验室污水、废水和雨水及时排放。屋面雨水可直接外排。

2. 常规废水排放

排水系统应根据废水的性质、组成、浓度、水量等,并结合室外排水条件和环境保护要求,经技术经济比较后确定。实验室废水主要指实验器具洗涤废水,根据废水所含污染物不同可分为有机废水和无机废水,两类废水应单独收集、分别处理,达标后方可排入管网。腐蚀性废水的排水系统应采取防腐措施。实验室污水是指卫生保洁产生的废水,此类废水不含污染物,可直接排放至管网。实验室废水和污水管道应分别敷设。实验室应对实验产生的废液进行分类收集和存储,特别是有毒有害废液,应委托有处理资质的专门机构来收集和处理。对于较纯的废溶剂或贵重试剂,应在确保安全的前提下,经提纯处理后再回收利用。

3. 放射性废水排放

若放射性废水量小但浓度较高,须用专门容器单独收集,送至专用储存区,并委托有资质的机构处理。严禁将放射性废液直接排入公共排水管道和城市排水系统。若放射性废水量大,需由实验室排至专门收集池,应由洁净区流向受污区,不得贯通洁净区,以防扩散污染。若放射性水平较高,应设专用排水管沟、管槽和竖井,并采取必要的防护措施。对于有腐蚀性的放射性废水,必须选用合适的耐腐蚀材料制作管料。管沟一般可用砖砌,若地下水位较高或因防护需要,可用混凝土砌筑。管沟覆面可用水泥抹面,不锈钢、碳钢覆面加刷防锈漆。

2.3.4 纯水系统安全

1. 纯水概述

自来水是将天然水经过初步净化处理制得的,含有盐、有机物、颗粒和微生物等,只能用于初步洗涤、冷却或加热浴用水等,不能用于配制溶液及分析工作,因此需对自来水进行纯化处理。市场上销售的净水器制得的饮用纯净水不能直接作为化验室的分析用水,因为这类装置对水的纯化目的仅是除去对人体有害的物质,比如重金属、有机物、细菌和病毒等,保留对人体有益的微量元素和矿物质。而实验室制备纯水的目的是除去水中的干扰物。例如,一般的化学分析要求除去的杂质是阳离子和阴离子,对微生物未设过高限制。因此,生活饮用纯净水不能替代用于化学分析的高纯水。

2. 纯水的质量和标准

水对大多数无机物的溶解能力都很强,经处理的高纯水在分析化学中用量较大,主要用于洗涤仪器、溶解样品、配制溶液等。随着分析检测技术的进步,分析化学对水质的要求越来越高。在高纯物质制备和痕量元素含量检测领域,为了保证产品质量、提高分析方法的准确度和灵敏度、减低实验空白,都对水的纯净度提出更高要求。例如,采用等离子体发射光谱、原子吸收光谱测定钠、钾、钙、镁、铁、硼、硅等元素,采用高效液相色谱、液相色谱-质谱联用、紫外吸收光谱等测定有机物，都对水的纯净度有较高的要求。因此，在开发分析检测方法、提高分析技术水平的同时，纯水的水质问题不容忽视。

理论纯水是很难达到的，经过纯化处理后的纯水中仍含有微量杂质，主要包括无机物、有机物、微生物和溶解气体四类。纯水中的这些杂质对分析技术并不都是有害的，不同的分析方法、分析对象、分析标准对纯水的要求也不尽相同。为了排除水质对分析结果的影响，必须建立统一的纯水质量标准。国际标准化组织(ISO)于1983年制定了纯水标准，将纯水分为三个等级。美国材料试验学会(ASTM)纯水标准将纯水分为四个等级。我国国家标准《分析实验室用水规格和试验方法》(GB/T 6682—2008)将分析实验室用水分为三个级别：一级水、二级水和三级水。三级水用于一般化学分析试验，二级水用于无机痕量分析试验，一级水用于有严格要求的分析试验(如高效液相色谱-三重四级杆质谱法测定痕量有机污染物)。

2.4 实验室用气安全

气路系统是现代实验室必不可少的辅助设施。在仪器分析实验中，为气相色谱-质谱联用仪、液相色谱-质谱联用仪、等离子发射光谱仪、原子吸收光谱仪、X射线荧光光谱仪等仪器提供安全可靠的气源，保证了分析仪器的正常工作；在化学实验中，氢气和氧气常被用作反应气，氮气和氩气常被用作保护气，确保反应的正常进行。因此，气体和气路系统在现代实验室中占有举足轻重的地位。

实验室用气主要包括气瓶中的压缩气体和气体发生器产生的气体，这类气体带有压力并具有一定的危险性或危害性。实验室供气分为分散供气和集中供气两种方式，不论是分散供气还是集中供气，从安全的角度考虑，一般情况下气瓶应放置在实验室的工作区外，且应放置在专门的钢瓶柜中，通过金属管道连接到实验室内的用气仪器或装置，气瓶柜和用气区应加装气体监测和报警装置。

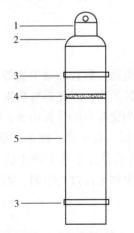

图2-3 气瓶的结构示意图
1—瓶帽；2—瓶肩；3—防震圈；
4—色环；5—瓶身

2.4.1 气瓶的分类

气瓶是一种特殊的移动式压力容器，其结构见图2-3。根据《气瓶安全技术监察规程》，气瓶为在正常环境温度(-40~60℃)下使用的、公称工作压力大于或等于0.2MPa(表压)，且压力与容积的乘积大于或等于1.0MPa·L的盛装气体、液化气体和标准沸点等于或低于60℃的液体的钢瓶。

按充装介质的性质分类，气瓶可分为以下几种：

(1)压缩气体气瓶。压缩气体因其临界温度小于-10℃，常温下呈气态，所以称为压缩气体，如氢、氧、氮、氩、氦及空气等。这类气瓶一般都以较高的压力充装气体，目的是增加气瓶的单位容积充气量，提高气瓶利用率和运输效率。常见的充装压力为12.5~15MPa。

(2)液化气体气瓶。液化气体气瓶充装时都以低温液态灌装。有些液化气体的临界温度较低，装入瓶内后受环境温度影响而全部汽化。有些液化气体的临界温度较高，装瓶后在瓶内始终保持气液平衡状态，因此液化气体可分为高压和低压两种。高压液化气体临界温度为-109~70℃，如乙烯、乙烷、二氧化碳、氯化氢、六氟化硫、三氟甲烷、六氟乙烷等；低压液化气体临界温度大于70℃，如溴化氢、硫化氢、氨、丙烷、丙烯、异丁烯、1,3-丁二烯、1-丁烯、环氧乙烷、液化石油气等。低压液化气体在60℃时的饱和蒸气压都在10MPa以下，所以这类气体的充装压力都不高于10MPa。

（3）溶解气体气瓶。这类气瓶内部用多孔材料填充，专门用来盛装乙炔。由于乙炔气体极不稳定，必须把它溶解在溶剂（如丙酮）中。充装乙炔气时通常分两次进行，第一次充气后静置8h，待气体充分溶解后再进行第二次充气。

按制造方法分类，气瓶可分为以下几种：

（1）钢制无缝气瓶。该类气瓶以钢坯为原料，经冲压拉伸制造，或以无缝钢管为材料，经热旋压收口收底制造而成。瓶体材料为采用碱性平炉或碱性吹氧转炉冶炼的镇静钢。这类气瓶用于盛装压缩气体和高压液化气体。

（2）钢制焊接气瓶。该类气瓶以钢板为原料，经冲压卷焊制造而成。瓶体及受压元件材料为采用平炉、电炉或吹氧转炉冶炼的镇静钢，要求有良好的冲压和焊接性能。这类气瓶用于盛装低压液化气体。

（3）缠绕玻璃纤维气瓶。它是以玻璃纤维加黏结剂缠绕或碳纤维制造的气瓶。一般有一个铝制内筒，其作用是保证气瓶的气密性，承压强度则依靠玻璃纤维缠绕的外筒。这类气瓶由于绝热性能好、重量轻，多用于盛装呼吸用压缩空气。

2.4.2 气瓶的标记

气瓶的标记有钢印标记和颜色标记两种。气瓶的钢印标记是识别气体质量和安全使用的依据，不能使用无钢印标记或过期的气瓶。钢印标记又分为制造钢印标记和检验钢印标记两种，且都是永久性标记。

制造钢印标记是气瓶的原始标记，通常由生产厂家冲打在气瓶肩部，标记主要内容包括气瓶制造单位代号、气瓶的编号、水压试验压力(MPa)、公称工作压力(MPa)、气瓶制造单位检验标记、制造年月和安全监察部门的监督检验标志（见图2-4）。检验钢印标记是检验单位对气瓶定期检验后冲打在气瓶肩部的标记，主要内容包括检验单位代号、检验日期、下次检验日期、降压标记、改装后的公称工作压力等（见图2-5）。

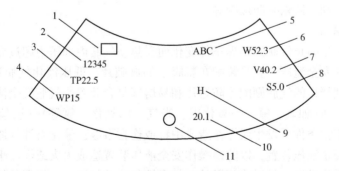

图 2-4 气瓶的制造钢印标记示意图

1—监督检验标志；2—气瓶编号；3—水压试验压力，MPa；4—公称工作压力，MPa；

5—气瓶制造单位代号；6—实际重量，kg；7—实际容积，L；8—瓶体设计壁厚，mm；

9—寒冷地区用气瓶标记；10—制造年月；11—制造单位检验标记

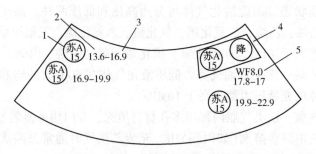

图 2-5 气瓶的检验钢印标记示意图

1—检验单位代号;2—检验日期;3—下次检验日期;4—降压标记;5—改装后的公称工作压力

气瓶的颜色标记由生产厂家根据国家标准《气瓶颜色标志》(GB/T 7144—2016)对气瓶外表面的颜色、字样、字色和色环进行涂装。气瓶喷涂颜色标记的主要目的是方便辨别气瓶内的介质,即从气瓶的外表迅速辨别瓶内气体的种类及性质(可燃性、毒性),避免错装和错用。此外,气瓶外表喷涂带颜色的油漆,还可以防止气瓶外表锈蚀。国内实验室常见气瓶的颜色标记见表 2-1。

表 2-1 国内实验室常见气瓶的颜色标记

序号	介质	化学式	瓶身颜色	字样	字色
1	氢	H_2	淡绿	氢	大红
2	氧	O_2	淡蓝	氧	黑
3	氮	N_2	黑	氮	淡黄
4	二氧化碳	CO_2	铝白	液化二氧化碳	黑
5	氩	Ar	银灰	氩	深绿
6	氦	He	银灰	氦	深绿
7	溶解乙炔	C_2H_2	白	乙炔不可近火	大红
8	甲烷	CH_4	棕	甲烷	白

2.4.3 气瓶的附件

为了保证气瓶在运输和使用过程中的安全,需在气瓶上加装相关附件,这些附件包括安全泄压装置、减压阀、瓶帽和防震圈等。

1. 安全泄压装置

安全泄压装置是防止气瓶因外界条件变化而受热使气瓶内部压力超过允许压力的泄压装置。高压气瓶上的安全泄压装置是装配在瓶阀上的爆破片,低压液化气瓶通常配置易熔塞,对于密封要求特别严格的气瓶则配置防爆片和易熔塞复合装置。气瓶安全泄压装置的配置原则是:盛装剧毒介质(如氯、氟、一氧化碳、光气、四氧化二氮等)气瓶禁止安装安全泄压装置,以防止在正常条件下发生误操作造成中毒或伤亡事故;液化石油气瓶特别是民用液化气瓶一般不安装安全泄压装置,以防误操作安全泄压装置造成火灾或爆炸事故。除上述两类气瓶外,充装介质为助燃、易燃或不燃的一般毒性气体的气瓶,应根据其特性选装相应的安全泄压装置。

2. 减压阀

压缩气体瓶内的压力较高,新充装气瓶的瓶内压力为 12~15MPa。在实际使用中对气瓶

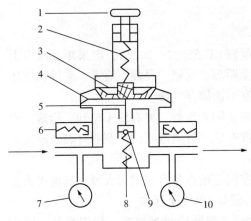

图 2-6　氧气减压阀结构原理图

1—手柄；2—主弹簧；3—弹簧垫块；4—薄膜；

5—顶杆；6—安全阀；7—高压表；8—弹簧；

9—活门；10—低压表

的输出压力有一定要求，这就需要用到减压器，将高压腔内的高压气体调降到所需要的低压腔后输出。以氧气减压阀（见图2-6）为例，当顺时针方向旋转手柄1时，压缩主弹簧2，作用力通过弹簧垫块3、薄膜4和顶杆5使活门9打开，此时入口的高压气体（其压力由高压表7指示）由高压室经活门调节减压后进入低压室（其压力由低压表10指示）。当达到所需压力时停止转动手柄，开启供气阀，将气体输到受气系统。停止用气时逆时针旋松手柄1，使主弹簧2恢复原状，活门9因压缩弹簧8的作用而密闭。当调节压力超过允许值或减压阀出故障时，安全阀6会自动开启排气。每种类型的气瓶都有专用减压阀，不可装错。安装减压阀时应先确定尺寸规格是否与气瓶和工作系统的接头相符，用手拧满螺纹后再用扳手上紧，防止漏气。若有漏气应再旋紧螺纹或更换垫片。

在打开气瓶总阀之前，首先必须仔细检查减压阀是否已关好（手柄松开）。禁止在减压阀处于开放状态（手柄顶紧）时突然打开气瓶总阀，否则可能发生事故。只有当手柄处于松开状态时才能开启气瓶总阀，然后再慢慢旋紧减压阀手柄。停止使用时应先关气瓶总阀，待压力表读数下降到零时再将减压阀手柄旋松。

当气体减压阀中有气体时，用肥皂或中性洗涤剂制成的水溶液来检查各螺纹接口部位是否漏气。供气后确认可对气体压力进行连续调节，确认没有气体从安全阀中泄漏。当气体减压阀中没有气体时，应确认压力表指针回零。减压阀使用结束应关闭气瓶总阀，开放气体出气口，排出减压阀及管道内剩余气体，一般可通过观察减压阀上的压力表是否归零来判断气瓶总阀是否完全关闭。排完余气后关闭出口阀门，逆时针旋松调压把手，使调压弹簧处于松弛状态。若长时间不用，应将减压阀从气瓶接口卸下，并用保护套将减压阀接口封好，放入专用包装盒保存。若发生气体从各螺纹处泄漏、压力表指针不回零、压力不能连续调节、压力表指针不抬起、气体从安全阀泄漏、调压手柄处于旋松状态时有气体从减压阀出气口排出等现象时，表明减压阀已发生故障，此时切不可自行拆装，应联系专业维修人员。

值得注意的是，氧气瓶减压阀和氢气瓶减压阀有相似的外形和结构，其不同处在于它们与气瓶的接口螺纹不同；前者为正向螺纹而后者为反向螺纹。氮气瓶减压阀、氩气瓶减压阀等的结构和接口螺纹与氧气瓶减压阀相同。用于液氯钢瓶、液氨钢瓶、二氧化硫钢瓶等具有腐蚀性气体的减压阀应采用特气减压阀。

3. 瓶帽及防震圈

瓶帽用于保护气瓶阀，避免其在搬运过程中发生碰撞而损坏，发生瓶内气体高速喷出而造成安全事故。除在使用过程中之外，其余时段应避免从气瓶上取下瓶帽；瓶帽固定在瓶体上时，其内螺纹应与瓶体内螺纹旋紧，不得松动。防震圈是用橡胶或塑料制成的具有一定弹性的套圈。通常用两个防震圈分别紧套在瓶体的上部和下部，以防止气瓶瓶体受到外力撞击。

2.4.4　气瓶的储存

（1）气瓶库（储存间）应符合《建筑防火通用规范》（GB 55037—2022），应采用二级以上防火建筑。与明火或其他建筑物应有符合规定的安全距离。易燃、易爆、有毒、腐蚀性气体气瓶库的安全距离不得小于15m。地下室或半地下室不能储存气瓶。

（2）气瓶库应通风、干燥、防止雨淋、水浸、避免阳光直射，要有便于装卸、运输的设施。库内不得有暖气、水、煤气等管道通过，也不准有地下管道或暗沟。照明灯具及电气设备应具有防爆功能。

（3）瓶库应有运输和消防通道，设置消防栓，在固定地点备有专用灭火器、其他灭火工具和防毒用具。瓶库应张贴明显的"禁止烟火""当心爆炸"等安全标志。

（4）气瓶应立放储存，并悬挂《气瓶状态标识牌》，气瓶应排列整齐、标识朝外、固定牢靠，并留有通道。储气的气瓶应戴好瓶帽，最好戴固定瓶帽。

（5）气瓶的储存数量应有限制，在满足当天使用量和周转量的情况下，应尽量减少储存量。容易起聚合反应的气体的气瓶，必须规定储存期限。

（6）空瓶与实瓶应分开存放；氧气瓶不能与氢气瓶或乙炔瓶同储一室。

（7）气瓶库应安装24h连续排风系统，换气频率应符合相关规定；应根据所存气体类型安装相应的气体监测和紧急排风联锁装置。

（8）建立并执行气瓶进出库制度；瓶库应账目清楚，按时盘点，账物相符。

（9）气瓶的储存应有专人负责管理。管理人员、操作人员应经安全技术培训，了解气瓶、气体相关安全知识，熟练掌握气瓶及气路系统的操作技能。

2.4.5　气瓶的使用

气瓶使用不当将直接或间接造成爆炸、着火燃烧或中毒事故。将气瓶置于烈日下长时间暴晒或将气瓶靠近高温热源是导致气瓶爆炸的常见原因。有时候气瓶只局部受热，虽然不至于发生爆炸事故，但也会使气瓶上的安全泄压装置开放泄气，致使瓶内的可燃气体或有毒气体喷出，造成着火或中毒事故。气瓶操作不当也会造成着火或烧坏气瓶附件等事故，例如开启气瓶总阀时开得太快，使减压器或管道中的压力迅速增加，温度也剧烈升高，严重时会使橡胶垫圈等附件烧毁。为了防止安全事故发生，在使用气瓶时必须注意以下几点：

（1）使用前应对气瓶进行检查，确认气瓶和瓶内气体质量完好方可使用。若发现气瓶颜色、钢印等辨别不清、检验超期、气瓶损伤（变形、划伤、腐蚀等）、气体质量与标准规定不符等现象，应拒绝使用并做妥善处理。

（2）高压气瓶上选用的减压阀要分类专用；各种减压阀不可混用，安装时丝扣务必要旋紧；开、关减压阀和气瓶总阀时，动作必须缓慢；使用时应先开气瓶总阀再开减压阀；用气完毕应先关闭气瓶总阀，放尽余气后再关减压阀。

（3）使用高压气瓶时，操作人员应站在气瓶出气口的侧面。操作时严禁敲打、撞击气瓶；应经常检查有无漏气，注意压力表读数。

（4）氧气瓶或氢气瓶等应配备专用工具，并严禁与油脂接触；操作人员不能穿戴沾有油脂或易产生静电的服装、手套操作；禁止用沾有油脂或其他易燃性有机物的抹布擦拭气瓶。

（5）可燃性气体和助燃气体气瓶，与明火的距离应大于10m（若难以达到要求，应采取隔离措施）。

（6）不可将气瓶中的气体用尽，应按规定留不低于 0.05MPa 的残余压力；可燃气体应剩余 0.2~0.3MPa，氢气应保留 2MPa，以防重新充气时发生危险。

（7）必须定期对气瓶进行技术检查。充装一般气体的气瓶每三年检验一次，充装腐蚀气体的气瓶每两年检验一次，充装惰性气体的气瓶每五年检验一次；若在使用中发现有严重腐蚀或损伤的，应提前进行检查。乙炔气瓶在全面检验时，还要检查填料、瓶阀的易熔塞、瓶体壁厚和气密性试验，但不做水压试验。

（8）使用前应检查气瓶状况，确保减压阀、瓶阀、压力表等完好无泄漏；若瓶体有缺陷、安全附件不全或已损坏，切不可充装气体，应送专门机构检查合格后方可使用。

（9）使用时应注意检查气瓶及气路的气密性，确保气体不泄漏；使用完毕应先将减压阀内气体放空再松开手柄、拧紧气瓶主阀；操作人员应养成离开作业现场前检查气瓶的良好习惯。

2.4.6 分散供气

若用气量较少或不具备集中供气条件，可采用分散供气模式。

（1）在用气实验室内敷设管路时，易燃气体（如乙炔、甲烷等）需要单独引入。氢气管道若与其他可燃气管道平行敷设时，其间距应不小于 0.5m；交叉敷设时其间距应不小于 0.25m，分层敷设时输送小密度气体的管道应位于上方；用气实验室都要有单独的控制阀、减压阀和压力表；引到工作台的气体管路要安装单独的控制阀，工作台上要均匀设置各种气体的控制阀门。

（2）将气瓶放置在质量合格的气瓶柜内，具有相互反应性质的气体钢瓶应该分别放置在不同的气瓶柜内，柜门外侧应有明显气瓶标志；气瓶柜应安装单独的排风机，气体直接排到室外，禁止接入室内通风管道。

（3）放置氢气或乙炔等气体的气瓶柜存放区应安装可燃气体监测和紧急排风联锁装置，若可燃气体发生泄漏，系统自动切断气源并开启排风扇，将气体快速排到室外，防止爆炸事故发生。

（4）放置惰性气体的气瓶柜存放区应安装氧含量过低报警和紧急排风联锁装置，若惰性气体发生泄漏，系统自动切断气源并开启排风扇，将气体排到室外，防止人员窒息。

（5）在楼宇总控室配备可远程对气瓶总阀关闭和开通的控制组件。用气实验室工作区的报警信号和影像在总控室的指挥大屏上实时显示。若紧急排风系统不能有效降低实验室易燃易爆气体浓度，总控室值班人员可通过控制系统远程切断气瓶总阀。总控室应 24h 有人值班。

（6）用气实验室负责人可通过手机 App 实时查看本实验室的气路系统运行状况，若发生意外状况，系统第一时间将报警信号通过手机短信推送至实验室负责人，立刻启动气体泄漏应急预案。

2.4.7 集中供气

传统的实验室供气方式是将气瓶放置在仪器设备旁，危险气体的气瓶放置在气瓶柜内，废气直接排放到实验室外或通过简易管道排放到室外。随着仪器设备数量不断增加，实验室内密布着各种管道和气瓶，不仅存在安全隐患，也不美观。正确的方案是把实验室的供排气整合成一个系统，既要考虑安全使用、便于操作、易于更换等问题，也要考虑实验室今后的可持续发展，集中供气为实验室管理者提供了较为理想的解决方案。

1. 系统组成

集中供气系统将所有气瓶集中存放在气瓶房,通过减压器、管路、阀门、传感器等将气体输送到各个实验室。实验室供气方式分为二级减压和多级减压:二级减压分别在气瓶端和用气终端采用一级减压阀,达到二级减压目的;多级减压分别在气瓶端和用气终端采用二级减压阀,达到多级减压的目的。多级减压效果比二级减压更好,但成本更高。以二级减压为例,压力为12.5MPa气瓶气体经一级减压,压力减至1MPa送至用气端,在用气点经二级减压,压力减至0.3~0.5MPa(具体压力根据仪器需求确定)送至仪器,供气压力比较稳定。一般推荐采用二级减压,既能保证输出气体压力稳定,又节约成本。

2. 方案设计

气瓶房尽可能设置在独立建筑中,建筑应采用厚度不小于300mm的实体墙,安装防爆门,设置泄爆窗;墙壁、天花板和地板都应符合抗爆要求。室内电源开关和电器设备等均应具备防爆功能。供气室除应有良好的采光和照明外,室温应控制在不高于35℃。供气室应安装不间断工作排气扇,通风换气应不小于3次/h(每次体积为气瓶房的空间总体积)。放置可燃气体钢瓶的气瓶房,通风换气应不小于6次/h,事故通风换气应不小于12次/h。

气瓶房内应有保证气瓶竖立不倒的固定装置。所有弯曲处都要有支撑,气体管路所有的支架都要进行镀锌防腐处理。充装易燃易爆气体的钢瓶与充装具有强氧化性气体的钢瓶,应分置在不同的房间,且门外侧应贴有明显标志。可燃、助燃气体管道应设放空管,放空管应高出建筑物屋顶1m以上,且应安装防雷接地装置。可燃气体管道放空管上和管道与用气设备连接的支管处应设置阻火器。可燃、助燃气体管道应有导除静电的接地装置。

输送潮湿气体的管道应有不小于0.3%的坡度,并安装坡向冷凝液体收集器。易燃气体存放室应设计气体监测报警和联锁排风装置(见图2-7),若检测到室内气体含量超标,发出报警信号,自动切断气源,同时排风扇风速调至最大,并向管理员手机推送报警短信。氧气管道、阀门应采用不可燃烧材料,其密封圈应采用有色金属、不锈钢、聚四氟乙烯等材料,填料应采用经除油处理的石墨、石棉或聚四氟乙烯;压缩空气应在管道上安装过滤杂质和水分的净化装置,此净化装置需要并联设置两路(一开一备),用单独的阀门隔离,以方便对净化装置进行维护或更换。

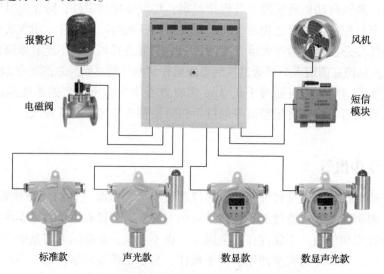

报警灯　　　　　　　　　　　　　　　　　　风机

电磁阀　　　　　　　　　　　　　　　　　　短信模块

标准款　　　声光款　　　数显款　　　数显声光款

图2-7　易燃气体监测报警和联锁排风装置

供气系统要求采用两级减压的方式进行供气，供气汇流排第一次减压，气体压力由15MPa减压到1.5MPa以下，再输送到各用气实验室。二级减压器安装在用气终端，用气终端配有中压球阀和压力表，二级减压器对压力进行精确调节，保持输出压力稳定，以满足仪器要求。一、二级减压器均配有压力表，可实时显示当前压力。采用双侧汇流排不间断供气，当其中一瓶气体用完，可自动切换至另一满瓶，切换完毕卸下与空瓶连接的高压软管卡套，与另一满瓶连接，用扳手旋紧。

选择管道及管件时，要求其材质对气体必须是惰性的。惰性气体管道、球阀、卡套和三通等可用高质量铜管或316L不锈钢管，气体减压器采用不锈钢阀芯，连接钢瓶和汇流排的高压软管为不锈钢波纹管。管道与附件连接的密封垫应采用有色金属、不锈钢、聚四氟乙烯或氟橡胶材料。乙炔管道的阀门和附件不得采用纯铜材质。

所有气体管路的连接须采用无缝焊接方式，管道与阀门的连接可使用螺纹连接方式，管道和钢瓶出口连接段宜采用金属软管。在高压软管的进气端须配置单向阀，可防止软管内的气体在更换钢瓶时外泄，同时避免外界空气混入。汇流排与终端部分采用卡套连接，便于减压器和阀门的维护管理。在每个用气终端配置截止阀和二级减压器(每种气体配置一个)。截止阀用于控制每个气路的开启与关闭，在仪器需要调整和维修时便于停止供气。管道固定件应采用耐高温的金属材料，要求坚固、轻巧、耐用。

3. 安装要求

(1) 不锈钢管应用塑料盖密封两端，外部用塑料薄膜包裹好，安装前方可将包裹材料和塑料盖拆除。

(2) 敷设管道时，应注意实用、平直、美观；用专用工具制作弯管，不得徒手弯曲；用专用割管器切断管道，严禁用锯子锯断管道；用专用工具处理断口，严禁用普通锉刀处理。

(3) 敷设管道时每隔1~1.5m应设置一组管夹；管道穿过墙或地板时，应设置套管，套管内的管段不应有焊缝。套管与管道之间的空隙应用阻燃材料填充。

(4) 所有螺纹连接处应采用聚四氟乙烯生料带密封。所有减压器固定面板、出口点及所有管道，都应贴有标明气体成分及流向的标识。

(5) 所有系统部件安装完毕后，应用高纯氮气吹扫3次，以保证系统内部清洁。

(6) 吹扫完毕，用高纯氮气进行检漏保压测试，测试压力应为工作压力的1.5倍。

(7) 施工过程中应注意安全，特别是在梯子或脚手架上施工时，应有专人固定梯子或脚手架。在土建尚未完工的工地施工时，必须佩戴安全帽，穿安全鞋。

4. 系统调试

(1) 强度实验。管内充入压力为0.8MPa的高纯氮气，保持此压力10min，若不下降即为合格。

(2) 严密性实验。管内充入压力为0.5MPa的高纯氮气，保持此压力30min，若不下降即为合格。

(3) 洁净测试。管内充入纯氮，关闭所有阀门，打开末端阀门，用一张白布放在出口，1min后若白布上无杂质和水分，即为合格。

5. 验收要点

(1) 管道和管件数量是否符合合同约定，管道连接是否正确。

(2) 所有连接点是否安全牢固，气体标识是否正确。

（3）管路安装完毕，对整个系统做压力测试。参照《工业金属管道工程施工及验收规范》，管路系统保压24h后压力无下降，即为合格。

（4）管道整体布局是否实用、合理、美观。

2.5 实验室废弃物安全

2.5.1 实验室废弃物的分类及来源

实验室废弃物是指在实验室内进行的教学、科研及其他活动所产生的，已失去使用价值的气态、固态、半固态及液态物质的总称，主要包括实验过程中产生的"三废"（废气、废液、废渣）物质，实验用剧毒物品，精神类、麻醉类及其他药品残留物，实验动物尸体及器官组织，病原体，放射性物品以及实验耗材等各类废弃物。

与工业"三废"相比，实验室废弃物数量较少，但其种类多、成分复杂，具有多重危险性，如易燃、易爆、腐蚀、毒害等。由于不便集中处理，实验室废弃物处理成本高、风险大。长期以来实验室处理废弃物的基本做法是：将除剧毒物以外的废液、废气简单稀释后自然排放，固体废物则按生活垃圾处理。经长时间积累，这些废弃物会对周边的水体、大气、土壤等生态环境和人体健康造成严重影响。因此，对实验室废弃物进行科学、合理的分类，直接关系到废弃物的收集和处理能否顺利进行，更是实现实验室废弃物安全管理的内在要求。

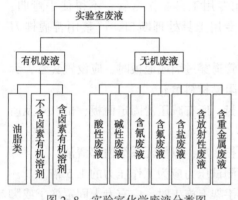

图 2-8 实验室化学废液分类图

1. 实验室废弃物的分类

实验室废弃物的污染程度和组成存在差异，其分类形式也不同。根据污染程度、组成及基本性质分类如下：

（1）化学实验废弃物。化学废弃物按物理形态可分为废气、废液和废渣三种，简称"三废"，其中以废液数量最多，废液又可按图2-8所示分类。

（2）生物实验废弃物。主要是指实验过程中使用过或培养产生的动植物的组织、器官、尸体、微生物（细菌、真菌和病毒等）、培养基，以及吸头、离心管、注射器、培养皿等实验耗材。

（3）放射性废弃物。指含有放射性物质或者被放射性物质污染，其放射性活度或活度浓度大于国家标准规定的清洁解控水平，并且所引起的照射未被排除，预期不会再利用的废弃物。

此外，还有玻璃碎屑、纳米粉尘、沾染化学品的纸巾等废弃物，若不对其收集和处置，将严重影响操作人员的身体健康。

2. 实验室废弃物的来源

（1）实验废气来源

实验室产生的废气主要是指试剂和样品的挥发物、分析过程的中间产物、排空或泄漏的标准气和载气等。由于每次实验产生气体的量很小，所以未引起重视，不经吸收、吸附处理就直接排放到空气中，最终造成空气污染。

（2）实验废液来源

实验过程中，多余的液体样品、萃取或反应后的溶剂、柱色谱洗脱液、液相色谱流动相废液、做标准曲线用的标准溶液和洗涤废水等是实验废液的主要来源。

（3）实验固体废弃物来源

实验室产生的固体废弃物主要包括标签丢失的固体化学试剂、失效的固体化学试剂、无利用价值的合成产物、絮凝产生的沉淀残渣、破损的实验用品等。固体废弃物成分复杂，尤其是过期化学试剂，若随意丢弃在垃圾堆中，其中的有害成分很容易经风霜雨露侵蚀渗入土壤，造成环境污染，还会随雨水进入河流，污染地表水。

2.5.2 实验室废弃物的危害

1. 对人体的危害

实验室废气根据其对人体危害的不同，可分为两类：一类是刺激性有毒气体，它们对人的眼睛和呼吸道黏膜有刺激作用，如氯气、氨气、二氧化硫、三氧化硫及氮氧化物等；另一类是能造成人体缺氧的窒息性气体，如一氧化碳、硫化氢、氰化氢、甲烷、乙烷、乙烯等，这些气体不但危害人体健康，而且还会引发火灾、爆炸等恶性事故。

汞、亚汞、铅等重金属离子易污染土壤和地下水，人和牲畜长期饮用含有此种离子的水易造成神经性损害，严重的还能导致神经错乱甚至死亡。含酚、苯胺和多环芳烃的有机废液难降解，对生物有致癌、致畸、致突变性，可通过食物链对人体健康构成威胁。

2. 对环境的危害

（1）污染土壤。实验室废弃物如果处置不当，任意堆放，有毒的废液、废渣很容易渗入土壤，杀害土壤中的微生物，破坏微生物与周围环境构成的生态系统，导致草木不生；还会破坏土壤的团粒结构和理化性质，致使土壤保水保肥能力降低，后果严重。

（2）污染水体。实验室废弃物未统一收集、露天存放，有毒物质易在雨水作用下流入水体，会造成水体污染和水生态破坏。

（3）污染空气。废弃物如未能妥善收集和管理，在风吹日晒作用下会发生挥发或分解，有毒气体扩散至大气，既污染环境又影响人体健康。

2.5.3 实验室废弃物的收集与储存

1. 废弃物的收集

实验室废弃物产生后通常不能就地处理，一般流程是先统一收集、储存，积累一定量后由具备资质的专门公司上门接收、转运和处理。化学实验废弃物收集的一般方法为：

（1）分类收集、集中处理

实验室的废弃物种类多且组成复杂，离散性强，其成分和危害性也各不相同，根据废弃物的性质和状态不同，将它们分门别类予以收集，即固体废弃物和固体废弃物一起收集，液体废弃物和液体废弃物一起收集，气体废弃物和气体废弃物一起收集，待积累至一定量时再进行处理，在选择处理方案时，要力求做到经济合理、安全适用。

（2）归类收集、区别对待

不同的有害物质在质和量方面存在着较大的差异，对环境的损害不同，处理方法和工艺也不同。可根据具体情况，将浓度较高、无反应活性的废弃物收集在一个容器，将性质相近、处理方法相同的废弃物收集在一起，将贵重金属或危险废弃物收集、归类后集中处理，采用不同方法处理达标后才能排放。

（3）尽量回收、物尽其用

应树立绿色化学思想，依据节约成本、循环利用的整体思维来考虑和解决实验中出现的污染问题。在选定具体处理方案时，要充分发挥化学学科的特长，做到物尽其用和以废治废，处理方法力求简便易行、经济实惠，尽可能减少污染物直接排放。

2. 废弃物的储存

收集实验室废弃物的容器应存放在符合安全与环保要求的专门房间或室内特定区域，要避免高温、日晒、雨淋，远离火源及生活垃圾。存放实验室废弃物的房间应张贴危险废弃物标志、《实验室危险废弃物管理制度》《实验室危险废弃物收集注意事项》《危险废弃物意外事故防范措施和应急预案》和《危险废弃物储存库房管理规定》等。存放实验室废弃物的房间应有专人负责、定期检查。

存储实验室废液的容器应耐强酸强碱腐蚀，且容器对废弃物必须是惰性的。不相容的废弃物要分类储存。容器装载液体废物时，其顶部与液体表面之间应保留 10cm 距离，以确保容器内的液体废物在正常的存放及运输时，不因温度或其他物理状况改变而膨胀，防止造成容器泄漏或永久变形。每个储存废弃物的容器上必须标明"危险废弃物品"字样、产生危险废弃物的人员及地址、危险废弃物的储存日期、危险废弃物的名称、危险废弃物的成分及其物理状态、危险废弃物的性质等。实验室废弃物要密封储存，储存容器应保持良好状态，如有严重生锈、损毁或泄漏应立即更换。为防止储存容器泄漏，实验废液的储存容器应置于不锈钢盛盘内，盛盘容积至少应为储存量的 1.1 倍。

报废及过期化学品用原容器暂存。废弃试剂空瓶用纸箱或包装袋整齐装好，包装外张贴分类标签，然后将纸箱或包装袋置于塑料卡板箱中，塑料卡板箱带盖封装严实。试剂空瓶中不得含有固体或液体化学品。实验室废弃物要及时清理，不得在实验室大量集聚化学废弃物。原则上废液在实验室的停留时间不应超过 1 个星期。

实验室废弃物应依据不同性质进行分类收集，不相容的废弃物应分别收集，切勿装载在同一容器内，不相容废弃物的收集容器不可混储。在分类收集过程中，还要特别注意如下几点：

（1）酸不能与活泼金属(如钠、钾、镁)、易燃有机物、氧化性物质、接触后即产生有毒气体的物质(如氰化物、硫化物及次卤酸盐)收集在一起。

（2）碱不能与酸、铵盐、挥发性胺等收集在一起。

（3）易燃物不能与有氧化作用的酸或易产生火花、火焰的物质收集在一起。

（4）过氧化物、氧化铜、氧化银、氧化汞、含氧酸及其盐类、高氧化价的金属离子等氧化剂不能与还原剂(如锌、碱金属、碱土金属、金属氢化物、低氧化价的金属离子、醛、甲酸等)收集在一起。

（5）收集含有过氧化物、硝酸甘油等爆炸性物质的废液时要谨慎操作，并应尽快处理，能与水作用的废弃物应放在干冷处并远离用水点。

（6）能与空气发生反应的废弃物(如黄磷遇空气即生火)应放在水中并盖紧瓶盖。

（7）硫醇、胺等会发出臭味的废液和会产生氢氰酸、磷化氢等有毒气体的废液，以及易燃的二硫化碳、乙醚之类废液，要对其进行适当处理，防止泄漏，并应尽快进行处理。

另外，不要将碎玻璃、针头、刀片等锋利废弃物装入塑料袋，应使用专用容器。热玻璃或反应性化学品绝不可与可燃性垃圾混在一起。产生放射性废弃物和感染性废弃物的实验室应将废弃物收集密封，显著标示其名称、主要成分、性质和数量，并予以屏蔽和隔离，严防泄漏。

2.5.4 实验室废弃物的处理

1. 废弃物的处理程序

实验室要严格遵守国家环境保护工作的有关规定，不随意排放废气、废液、废物，不得污染环境。在此前提下，废弃物的处理还应遵循以下原则：

（1）减少产生。有效控制废弃物的生成是处理废弃物的有效途径。

（2）及时收集。实验室产生的废弃物必须及时收集，形成"即生即收"的观念和制度，减少扩散和污染。

（3）集中存放。应在每楼层设立专门的废弃物收集区，集中、分类存放实验废弃物。

（4）分类处理。由于实验室化学废弃物复杂多样，要依据废弃物的化学性质、形态特征进行分类，以便采用合适的方法进行快速有效的处理。

处理实验废弃物的一般程序可分为以下四步：

（1）鉴别废弃物及其危害性。实验废弃物及其危害性的识别对实验室废弃物的收集、存放、处理、处置至关重要。了解实验废弃物的组成及危害性，为正确处置这些废弃物提供必须的信息。对不明成分的废弃物，可通过简单的实验来测试其危害性。我国颁布的《危险废物鉴别标准通则》（GB 5085.7—2019）规定了腐蚀性鉴别，急性毒性初筛和浸出毒性，危险废物的反应性、易燃性、感染性等危险特性的鉴别标准。

（2）系统收集、储存实验废弃物。实验室废弃物的收集储存应符合《实验室废弃化学品收集技术规范》（GB/T 31190—2014），所用容器或者包装袋需要编制安全标签，安全标签应做好防腐蚀措施，并粘贴于收集容器远离开口面的位置，安全标签应清晰地注明废弃化学品种类、性质和主要成分等必要信息，储存的同时需详细填写《实验室废弃化学品收集记录表》。由于化学品之间有些性质不同，将其混合可能会引发安全事故（如硫与钠混合会燃烧甚至爆炸、酸与碱混合会剧烈反应并放热等），所以，实验室废弃化学品的收集原则是同一种物质（或性质相同的物质）单独收集。如需混合收集，收集之前应明确废弃化学品的成分，根据废弃化学品相容性及化学品安全说明书有关数据进行收集，并如实进行标识。不明成分的实验室废弃化学品严禁与其他废弃化学品混合收集，以免发生危险。

实验室废弃物收集后放在指定区域，并定期检查，防止有泄漏、挥发和容器腐蚀等情况发生，并制订相应的应急预案，采取有针对性的防范措施。为了应对可能出现的安全事故，在储存点应设有警报装置和消防设施，一旦出现着火事故，立即撤离人员，义务消防员及时灭火。

（3）采用适当的方法处理废弃物，减少废弃物的数量。实验废弃物应先进行减害性预处理或回收利用，采取措施减少废弃物的体积、重量和危险程度，以降低后续处置的负荷。对用量大、组分不复杂、溶剂单一的有机废液可以利用蒸馏等手段回收溶剂；对玻璃、铝箔、锡箔、塑料等实验器材、容器也尽量回收利用；通过安全可靠的方法浓缩废液；利用酸碱中和、沉淀等反应消除或降低其危害性；拆解固体废弃物，在实现废弃物的减容减量的同时，实现资源的回收利用。在对废弃物的再利用及减害处理过程中需要做好个人防护。

（4）正确处置废弃物。实验室废弃物源源不断地送到储存点，但储存空间有限，而且有些废物储存时限是有相关规定的，所以实验室废弃物要及时处理。若学校或实验室建有废弃物处理处置设施，可对一般的实验室废弃物进行处理；若学校或实验室没有相应的废弃物处理处置设施，可委托有处理资质的企业进行处理，这样不仅可以腾出空间，而且可以消除储存废弃物带来的潜在危害。

2. 废弃物的处理方法

（1）固体废弃物的处理

无害固体废弃物可直接掩埋，掩埋地点要有记录。有害固体废弃物必须先进行必要的预处理后，再送至有资质的企业进行无害化处理。针对不同的固体废弃物，预处理方法主要有以下几种：

① 钠、钾碎屑及碱金属、碱土金属、氢化物。将固体废弃物放入四氢呋喃中，在搅拌的情况下缓慢滴加乙醇或异丙醇至不再放出氢气为止，慢慢加水至澄清后按废水处理。

② 硼氢化钠(钾)。用甲醇溶解后再用水稀释，再加酸并放置，此时有剧毒的硼烷产生，此操作须在通风柜中进行，反应液用水稀释后按废水处理。

③ 酰氯、酸酐、三氯化磷、五氯化磷、氯化亚砜。在搅拌下加入大量的水，反应结束(对于五氯化磷还需加碱中和)后按废水处理。

④ 沾有铁、钴、镍、铜催化剂的废纸、废塑料。此类废弃物在溶剂挥发后易燃，不能随意丢入垃圾桶，应在未干时深埋。

⑤ 重金属及其难溶性盐。此类废弃物应尽量回收，不能回收的应统一收集，委托有资质的企业进行无害化处理。

⑥ 碎玻璃、针头、旧刀片等锋利废弃物应采用单独的容器进行收集。

（2）无机废液的处理

对实验室产生的废酸、废碱主要采用中和法处理，反应结束后排放。废酸可用石灰、石灰乳、苏打、苛性钠等中和。废碱可用盐酸或硫酸等中和。下面介绍几种无机废液的处理方法：

① 含汞废液

若有汞洒落，必须及时清除。处理方法有：

a. 用滴管、毛笔或用在硝酸汞的酸性溶液中浸过的薄铜片、粗铜丝收集于烧杯中，用水覆盖。

b. 尽快撒上硫黄粉，使其转变成毒性较小的硫化汞后再清除干净。

c. 喷洒用盐酸酸化过的高锰酸钾溶液，晾干后再清除干净。

d. 喷洒20%的三氯化铁水溶液，晾干后再清除干净。但金属器件(铅除外)不能用三氯化铁水溶液除汞，因其易与三氯化铁水溶液发生化学反应。

若发现室内汞蒸气浓度较高($0.01mg/m^3$以上)，可用碘净化，生成不易挥发的碘化汞，然后彻底清扫干净。实验产生的含汞废气可通入高锰酸钾溶液中，除汞后排出室外。

汞盐的处理主要有化学絮凝法和汞齐提取法两种。化学絮凝法是先用硫化物处理，产生硫化汞沉淀，再分别用硫酸亚铁、氯化铁和硫酸铝絮凝沉淀，将汞去除。汞齐提取法是在汞废液中加入锌屑或铝屑，废液中的汞很容易被锌或铝置换析出汞，汞还能与锌生成锌汞齐，从而达到净化废水的目的。

② 含铬废液

实验室经常用铬酸清洗实验仪器，铬酸洗液经多次使用后，Cr^{6+}逐渐被还原为Cr^{3+}，同时洗液被稀释，酸浓度降低，氧化能力逐渐降低至不能使用，要回收利用。铬酸废液可采用高锰酸钾氧化法处理，此法是将废液加热至110~130℃并不断搅拌，直至体积浓缩至原来的1/2，再冷却至室温，边搅拌边缓慢加入高锰酸钾粉末，直至溶液呈深褐色或微紫色（1L水中加入约10g高锰酸钾），加热至二氧化锰沉淀出现，稍冷，用玻璃砂芯漏斗过滤，除去二氧化锰沉淀后即可使用。

其他含铬废液处理方法有电解法、离子交换法、氧化还原法、中和法等。实验室通常采用氧化还原法和中和法，即用硫酸亚铁、亚硫酸氢钠、二氧化硫、水合肼等还原剂，在酸性条件下将 Cr^{6+} 还原为 Cr^{3+}，然后加入废碱液或氢氧化钠、氢氧化钙、生石灰等调节 pH 至 7 左右，使 Cr^{3+} 形成低毒的氢氧化铬沉淀，静置、分离，上层的清液可直接排放，残渣经干燥后可综合利用，或与煤粉进行焙烧处理，再埋入地下。

③ 含铅、镉废液

含 Pb^{2+}、Cd^{2+} 的混合废液通常采用中和沉淀法，将 Pb^{2+}、Cd^{2+} 转化为硫化物沉淀和氢氧化物沉淀后，加入硫酸亚铁作为共沉淀剂，将水中悬浮的硫化铅、硫化镉微粒吸附后共沉淀，然后静置、过滤，清液可直接排放。

含 Pb^{2+} 废液可用石灰乳做沉淀剂，使 Pb^{2+} 生成 $Pb(OH)_2$ 沉淀，再吸收空气中的 CO_2 气体变为溶解度更小的 $PbCO_3$ 沉淀，沉淀经洗涤过滤后可循环再用。也可先用消石灰把 Pb^{2+} 转变成难溶的 $Pb(OH)_2$，然后加入凝聚剂 $Al_2(SO_4)_3$，将产生 $Pb(OH)_2$ 和 $Al(OH)_3$ 的共沉淀，分离除去。含 Cd^{2+} 废液可用石灰乳或可溶性硫化物，使 Cd^{2+} 生成 $Cd(OH)_2$ 或 CdS 沉淀而除去。

④ 含锌、锰废液

含锌、锰等重金属离子的废液，可采用碱液沉淀法，即加入生石灰或石灰乳，调节 pH 值至 8 左右，再加入碱或碳酸盐、硫化钠等，使这些金属离子转变成相应的氢氧化物、碳酸盐或硫化物沉淀，然后用玻璃棉或耐酸碱塑料纱网过滤出沉淀，滤液可直接排放，滤渣与水泥混合并固化后即可埋入地下，通过以上处理可最大限度减轻废渣中的重金属对环境产生的污染。

⑤ 含镍、铜、钡废液

含镍废水的处理方法通常有化学沉淀法、电化学法、膜分离法及离子交换法等。含铜废液的处理方法主要有离子交换法、化学中和法、电解法、还原法等。处理含钡废液时，可将其转化为硫酸钡沉淀，静置、过滤、滤液直接排放，滤渣可回收。

⑥ 含银废液

化学实验室的含银废液主要以 $AgCl$、$AgCrO_4$ 和 $Ag(NH_3)^{2+}$ 等形式存在，考虑到 Ag 是贵金属，通常采用回收的方法，主要有沉淀法、电解法、置换法、离子交换法和吸附法等。沉淀法是通过加入 Na_2S、$NaCl$ 或盐酸使银离子转变为 Ag_2S 和 $AgCl$ 沉淀而富集。电解法不引入杂质，但不适用于低银离子浓度的含银废液的回收。通常是在实验废液中加入盐酸使银沉淀为氯化银，再用硝酸溶解氯化银生成硝酸银，通过电解硝酸银回收银。置换法是将损耗性金属作为还原剂，使废液中的银还原并沉积下来的一种方法，通常用锌和铁作还原剂。

⑦ 含砷废液

处理含砷废液主要采用化学沉淀法，即砷酸钙法和硫化砷法。砷酸钙法是用石灰、铁盐、高分子絮凝剂使砷与这些物质作用，发生中和脱砷、吸附等反应，并共沉淀，使砷从废液中去除。硫化砷法是往含砷废水中加入可溶性硫化物，使砷与硫离子结合生成沉淀，可将含砷废液 pH 调至 10 以上，加入硫化钠，生成难溶低毒的硫化砷沉淀。

⑧ 含氰化物废液

若 CN⁻ 含量少，可采用 KMnO₄ 氧化法，即在废液中加入 NaOH，调节 pH 至 10 以上，再加入 3%KMnO₄ 溶液，使 CN⁻ 氧化分解即可。若 CN⁻ 含量高，可采用氯碱法，即在废液中加入 NaOH，控制废液的 pH 大于 10，加入次氯酸钠或漂白粉，搅拌、放置，使 CN⁻ 氧化为 CNO⁻，并分解为无毒的 N₂ 和 CO₂。此外，也可在废液中加入消石灰，调节 pH 至 7.5 ~ 10.5，加入过量的浓度约为 10% 的硫酸亚铁溶液，搅拌均匀，最后生成氰化亚铁沉淀，将沉淀过滤，用氰离子试纸检测滤液，无 CN⁻ 后即可排放。

⑨ 含硼、氟废液

含硼废液可用阴离子交换树脂吸附处理。含氟废液可采用沉淀法处理，向废液中加入消化石灰乳，至废液完全呈碱性为止，充分搅拌，放置一段时间后过滤，滤液作含碱废液处理。

（3）有机废液的处理

甲醇、乙醇、醋酸等有机物能被细菌分解，可用大量水稀释后排放；三氯甲烷、四氯化碳等废液加酸后，再加水稀释即可倒入废液瓶；乙醚、石油醚、正己烷、乙酸乙酯等废液加入高锰酸钾中和后，再加水稀释即可倒入废液瓶。有机溶剂应尽量回收，若回收溶剂对实验结果没有影响，可反复使用。

① 乙醚

将废乙醚置于分液漏斗中，水洗 1 次，用 0.5% 的高锰酸钾洗至紫色不褪，再用水洗，用 0.5% ~ 1% 硫酸亚铁溶液洗涤，以除去过氧化物，水洗后用无水氯化钙干燥，过滤后蒸馏，收集 33.5 ~ 34.5℃ 馏出液。

② 乙酸乙酯

用水洗涤三次，再用无水 Na₂SO₄ 干燥后蒸馏，收集 76 ~ 77℃ 馏出液。

③ 二氯甲烷

依次用水、浓硫酸、纯水、0.5% 盐酸羟胺溶液洗涤，用重蒸蒸馏水洗涤两次，无水 CaCl₂ 脱水后放置 24h，过滤后蒸馏，收集 39 ~ 40℃ 馏出液。

④ 氯仿

分别用水、浓硫酸、纯水、盐酸羟胺洗涤，无水硫酸钠脱水，过滤后将滤液加入分液漏斗，再加入适量活性炭，充分振荡，芳香烃被活性炭吸附，取氯仿层，然后蒸馏，收集 60 ~ 61℃ 馏出液。

⑤ 四氯化碳

含有双硫腙的四氯化碳可用硫酸洗涤一次，再用水洗两次，经无水氯化钙干燥后蒸馏，收集 76 ~ 77℃ 馏出液。含铜试剂的四氯化碳废液需用纯水洗两次，再用无水氯化钙干燥，过滤后蒸馏，收集 76 ~ 77℃ 馏出液。含碘四氯化碳废液，可先在其中滴加三氯化铁溶液至溶液呈无色，用纯水洗涤 2 次，弃去水层，有机层用无水氯化钙干燥，过滤后蒸馏，收集 76 ~ 77℃ 馏出液。

总之，有机废液都具有毒性，根据废液的组成及性质差异，可采用焚烧、水解、氧化、萃取、蒸馏等方法处理。一般从经济和减少污染的角度考虑，对有机废液大多采用回收利用的处置方法。

（4）含有机物废水

① 含酚类有机物废水

低浓度的含酚废水（1g/L 以下）可采用化学氧化法、生物化学法及活性炭吸附法进行无害化处理后排放。先加入次氯酸钠或漂白粉，将酚氧化为二氧化碳和水后直接排放。高浓度的含酚废水（1g/L 以上）可用萃取法进行酚回收，通过乙酸乙酯萃取，再用少量氢氧化钠溶液反萃取，将溶液调至弱酸性，再进行蒸馏。

② 含硝基苯类有机物废水

废水中的硝基苯类有机物可在中性或碱性条件下用臭氧处理，氧化产物为顺丁烯二酸、草酸及二氧化碳等。此外，也可用活性炭、合成树脂等吸附剂进行吸附处理。有机物浓度较高时，还可用乙酸乙酯或石油醚萃取回收。

③ 含苯胺类有机物废水

处理浓度较低的含苯胺类有机物废水时，可加入次氯酸钠、臭氧、过氧化氢等氧化剂。此外，也可用离子交换法处理。由于苯胺类有机物显碱性，因此含苯胺类废液可用强酸性树脂吸附。而浓度较高的含苯胺类有机物废水可用乙酸乙酯或石油醚萃取回收。

（5）废气

实验室废气处理主要通过设计、改造实验装置，使有害气体在实验过程中被收集、转化、消除或回收。具体处理方法有：

① 吸收法

吸收法主要采用适当的液体吸收剂处理废气，以除去其中的有害气体。吸收法主要分为物理吸收和化学吸收。常用的液体吸收剂有水、碱性溶液、酸性溶液、氧化剂溶液和有机溶液。它们可用于净化含 SO_2、NO_x、Cl_2、H_2S、HF、SiF_4、HCl、NH_3、汞蒸气、酸雾、沥青烟和各种有机蒸气的废气。

② 固体吸附法

使废气与固体吸收剂接触，其中的污染物被吸附在固体吸收剂的内表面，而其他组分在固体吸收剂中不保留，此方法主要适用于净化废气中低浓度的污染物。将废气通过填有适量活性炭或新制取木炭粉的吸附管，可脱除其中的大多数有机气体；若吸附管中填入硅藻土，可选择性吸收 H_2S、SO_2 及汞蒸气；若吸附管中填入分子筛，可选择性吸收 NO_x、CS_2、H_2S、NH_3、CCl_4 等。

③ 回流法

此法适用于易液化的气体，如制取溴苯实验，在装置上连接一根长玻璃管，使挥发的有机蒸气在空气冷却下冷凝为液体，然后沿着长玻璃管内壁回流到反应瓶中。

④ 燃烧法

通过燃烧可除去有害气体，这是一种处理有机气体的有效方法，特别适用于处理排放量大，含低浓度苯类、醛类、酮类、醇类等有机物的废气。此外，废气中 CO、H_2S、CH_4 的去除也都采用燃烧法（类似于炼油厂的"火炬"）。

2.6 实验室消防安全

基于化学化工学科特点，实验室使用的化学试剂大多具备易燃易爆、有毒性和腐蚀性等特点，且实验过程中需要高温、高压、高能、高转速等条件。随着高校办学规模的扩大，实验室的仪器设备已不能满足日益增长的使用需求。为了获得理想的实验数据，仪器设备高负荷运行、人员疲劳操作等现象较为普遍，这无形中给实验室消防安全带来挑战。实验室消防设施应包括火灾自动报警系统、自动灭火系统、消火栓系统、防火与安全疏散设施、防烟排烟系统以及应急广播和应急照明等。实验室所有人员应定期接受消防培训，熟练掌握常用灭火器材的使用方法、火灾初起阶段应急处置方法及火场避难逃生技能等。

2.6.1 火灾自动报警系统

火灾自动报警系统是现代建筑物内的重要消防设施，也是现代消防不可缺少的安全技术措施。在火灾初起阶段，传感器将燃烧产生的烟雾、热量、火焰等物理量转变成电信号传输至火灾报警控制器，同时以声或光的形式通知整个楼层疏散。控制器记录火灾的发生部位、时间等，提醒义务消防员及时发现火灾，并采取有效措施扑灭初期火灾，最大限度地减少生命和财产损失。火灾自动报警系统由火灾触发器件、火灾报警装置、火灾报警控制器、消防联动控制系统及其他辅助装置组成。

1. 火灾触发器件

火灾触发器件是指通过自动或手动方式向火灾报警控制器传送火灾报警信号的器件，包括手动火灾报警按钮和火灾探测器。手动火灾报警按钮是以手动方式发出报警信号、启动火灾报警系统的器件，通常安装在公共场所出入口处距地面 1.3~1.5m 的墙面上。火灾发生时按下按钮，向火灾报警控制器发出报警信号，火警灯随即点亮，控制器发出声光报警并显示手动火灾报警按钮的位置。火灾探测器是火灾自动报警系统的"感觉器官"，可分为感烟式、感温式、感光式、可燃气体式和复合式等。不同类型的火灾探测器适用于不同类型的火灾与场所，其中感烟式、感温式火灾探测器在我国应用较多。按其测控范围又可分为点型火灾探测器和线型火灾探测器两大类。点型火灾探测器只能对警戒范围中某一点周围的温度、烟雾等参数进行控制，线型火灾探测器则可以对警戒范围中某一线路周围烟雾、温度进行探测。

2. 火灾报警装置

火灾情况下能够发出声、光警报信号的装置称为火灾警报装置，该装置一般设在各楼层靠近楼梯的出口位置。声光报警器是一种最基本的火灾警报装置，它以声、光方式向报警区域发出火灾报警信号，提醒楼内人员紧急疏散，义务消防员积极采取灭火措施。

3. 火灾报警控制器

火灾报警控制器是火灾自动报警系统的中枢，能够接收信号并做出分析判断，一旦发生火灾，它将立即发出火警信号并启动相应联动消防设备。火灾报警控制器的主要功能有：火灾报警、报警记录存储、联动控制、系统测试、查询、远程对讲、消声及复位、故障检测等。

4. 消防联动控制系统

消防联动控制系统是指火灾自动报警系统接收报警控制器发出的火灾报警信号、按预设逻辑完成各项消防功能的控制系统。该系统由消防联动控制器、模块、气体灭火控制器、消防电气控制器、消防设备应急电源、消防应急广播设备、消防电话、传输设备、消防控制室图形显示装置、消防电动装置、消火栓按钮等全部或部分设备组成。一旦发生火灾，系统在控制器作用下自动开启一系列消防设备与设施，如防火门、火警广播、自动灭火设备、排烟风机等。为防止联动控制装置失控，火警广播及火灾事故照明、消防泵、防火卷帘等还设有手动开关，可手动开启联动设备。

5. 电源

火灾自动报警系统设主电源和直流备用电源，且主、备电之间可自动切换。主电源应采用消防电源，主电源的保护开关不应采用漏电保护开关，以防造成系统断电不能正常工作。直流备用电源宜采用火灾报警控制器的专用蓄电池或集中设置的蓄电池。

2.6.2 自动灭火系统

自动灭火系统能自动启动喷头，同时发出报警信号，是应用最广泛的自动灭火系统。它具有性能稳定、使用范围广、安全可靠、控火灭火成功率高、维护简便等优点。自动喷水灭火系统按用途、工作原理的不同，可分为湿式喷水灭火系统、干式喷水灭火系统、预作用喷水灭火系统、雨淋喷水灭火系统、水幕系统、水喷雾灭火系统和气体自动灭火系统等。目前在已安装的自动灭火系统中，用量最多的是湿式喷水灭火系统。

1. 湿式喷水灭火系统

湿式喷水灭火系统由闭式喷头、管道系统、湿式报警阀、报警装置和供水设备等组成。由于该系统在报警阀的前后管道内始终充满带压水，故称湿式喷水灭火系统。一旦发生火灾，闭式喷头的感温元件温度达到预定的动作温度时，喷头自动开启，此时水流冲击水力警铃，发出声响报警信号，同时根据压力开关及水流指示器报警信号，启动消防水泵向管网加压供水，持续自动喷水灭火。湿式喷水灭火系统结构简单、灭火效率高、灭火速度快，应用最为广泛。但由于管路中始终充满水，受环境温度影响较大，因此仅适合安装在室内。

2. 干式喷水灭火系统

干式喷水灭火系统是为满足寒冷和高温场所的要求而设计的。与湿式喷水灭火系统最大的不同是其管路和喷头中没有水，而是充满气体。干式喷水灭火系统由闭式喷头、管道系统、干式报警阀、报警装置、充气设备、排气设备和供水设备组成。探测到火灾后，干式自动喷水灭火系统首先喷出气体，当管路中的气压降低至某一限值时，干式报警阀自动打开，压力将剩余的气体从打开的喷头处喷出，开始喷水灭火。干式报警阀被打开的同时，通向水力警铃的通道也被打开，水流冲击水力警铃发出声响报警信号。

干式喷水灭火系统的主要特点是报警阀后管路内无水，不怕被冻结，不怕高温炙烤。与湿式喷水灭火系统相比，干式喷水灭火系统增加了一套充气设备，且要求管网内的气压保持在一定范围，投资较大、管理复杂，在响应速度上较湿式喷水灭火系统要慢。

3. 预作用喷水灭火系统

系统预作用阀后面的管网内平时不充水，而充以空气或氮气。只有在发生火灾时，火灾探测系统才自动打开预作用阀，使管道充水变成湿式系统。火灾发生时，安装在保护区的感温、感烟探测器首先发出报警信号，控制器在发出声光报警信号的同时开启预作用阀，使水进入管路，并在很短时间内完成充水，将干式系统转变成湿式系统。后续的工作原理与湿式系统相同。

简言之，预作用喷水灭火系统就是在干式自动灭火系统上附加一套火灾自动报警装置，将火灾自动探测报警技术和自动喷水灭火系统结合起来，能在喷头动作之前及时报警，克服了干式系统喷水延迟时间较长、湿式系统可能渗漏的缺点，集成了两者的优点。预作用喷水灭火系统可以配合自动监测装置发现系统渗漏现象，提高系统的安全可靠性。

4. 雨淋喷水灭火系统

雨淋喷水灭火系统由开式喷头、管道系统、雨淋阀、火灾探测器、报警控制器和供水设备组成。发生火灾时，探测器将信号传送至报警控制器，控制器向雨淋阀发出"开启"指令，启动整个保护区内的喷头。雨淋喷水灭火系统具有出水迅速、喷水量大，降温和灭火效果显著等特点。发生火灾时整个保护区内所有喷头将一起喷水，因此该系统适用于需要大面积喷水来阻止火势快速蔓延的场所。

5. 水幕系统

水幕系统是由水幕喷头、管道和控制阀等组成。水幕系统的工作原理与雨淋喷水系统基本相同，所不同的是水幕系统喷出的水为水帘状。水幕系统用于冷却简易防火分隔物（防火门、防火卷帘等），提高其耐火性能，阻止火势蔓延。

6. 水喷雾灭火系统

水喷雾灭火系统由喷头、管道和控制装置等组成，常用来保护油气储罐和油浸变压器等。该系统利用水雾冷却、窒息和稀释作用扑灭火灾或阻止火势蔓延。

7. 气体自动灭火系统

气体自动灭火系统是以气体为灭火介质的灭火系统，根据灭火机理和采用的灭火剂不同，主要分为二氧化碳灭火系统、卤代烷 1301 灭火系统、气溶胶灭火系统和七氟丙烷灭火系统等。

2.6.3 消火栓系统

消火栓系统由室外消火栓设施和室内消火栓设施构成。与消火栓配套的设施主要有蓄水池、消防水箱、加压送水装置等。室内消火栓是安装在建筑物内部的一种最基本的灭火设备，具有给水、灭火、控制和报警功能。

1. 室内消火栓的组成

室内消火栓由箱体、消火栓按钮、消火栓接口、水带、水枪、消防软管卷盘及电器设备等消防器材组成。室内消火栓根据安装方式不同可分为明装式、暗装式和半暗装式三种类型。

2. 室内消火栓的设置要求

室内消火栓应设在走道、楼梯口、消防电梯等易取用的地方。消防电梯前室应设置消火栓。消火栓栓口离地面或操作基面高度宜为 1.1m，栓口与消火栓内边缘的距离不应影响消防水带的连接，其出水方向宜向下或与设置消火栓的墙面成 90°角。室内消火栓应保证同层任何部位两个消火栓的水枪充实水柱同时到达，水枪的充实水柱经计算确定。同一建筑物内应采用统一规格的消火栓、水枪、水带，每根水带的长度不超过 25m。

3. 室内消火栓的紧急启用

消火栓箱内的消火栓按钮具有向报警控制器报警和直接启动消防水泵的功能。发生火灾时，现场人员可通过打开消火栓箱门或将箱门玻璃砸碎，摁下按钮向控制器报警并启动消防水泵，取出水带，将水带向着火方向甩开，一头接消火栓，另一头接水枪。逆时针旋转消火栓手轮，出水灭火。灭火时水枪手应佩戴防毒面具或用湿毛巾捂住口鼻，先打蔓延火，再打高火焰，最后进攻残火，直至将其扑灭。当发现有人被烟火围困时，水枪手应坚持"救人重于救火"的原则，向被大火围困人员周围的燃烧物射水，降低环境温度，掩护人员疏散。一般情况下较小的火灾不宜使用消防水枪，扑救带电设备及遇水起化学反应的火灾也不可用消防水枪。

2.6.4 防火与安全疏散设施

1. 安全出口及疏散通道

安全出口是指符合安全疏散要求、保证人员安全疏散的逃生出口，如建筑物的外门、楼梯间的门、防火墙上所设的防火门、经过走道或楼梯能通向室外的门等。安全出口要遵照"双向疏散"的原则分散布置，即人员停留在建筑物内任意地点，均能保证其有两个方向的疏散路线，充分保证疏散的安全性。安全出口应易于寻找，并设有明显标志。

疏散走道是指疏散时人员从房门内到疏散楼梯或安全出口的室内走道。它是疏散的必经之路，为疏散的第一安全地带，所以必须保证其耐火性能良好。疏散走道的设置要简明直接，尽量避免弯曲，尤其不要往返转折，否则会造成疏散阻力和不安全感。不应设置阶梯、门槛、门垛、管道等突出物，以免影响疏散速度。

2. 防火门窗及防火分区

防火门是指在一定时间内，连同框架能满足耐火稳定性、完整性和隔热性要求的门。它是设在防火分区间、疏散楼梯间、垂直竖井等处，具有一定耐火性的防火分隔物。防火门除具有普通门的作用外，更具有阻止火势蔓延和烟气扩散的特殊功能。防火门按所用材质可分为钢制防火门、木制防火门和其他材质防火门；按耐火性能可分为隔热防火门、部分隔热防火门和非隔热防火门。为便于人员疏散、逃生，防火门的开启方向应与疏散方向一致。疏散通道内的防火门应能自动关闭，关闭后应能从任何一侧手动开启。

防火窗是指在一定时间内，连同框架能满足耐火稳定性和耐火完整性要求的窗。正常情况下用于采光和通风，火灾时阻止火势蔓延。防火窗按材质可分为钢质、木质、钢木复合三种类型；按使用功能可分为固定式和活动式两种类型，活动式防火窗具有自动和手动关闭的功能；按耐火性能分为隔热式和非隔热式两种类型。

防火分区是指采用防火分隔措施划分出的、能在一定时间内防止火灾向同一建筑物的其余部分蔓延的局部区域（空间单元）。在建筑物内划分防火分区可以有效地将火势控制在一定范围内，减少火灾损失，同时为人员安全疏散、消防扑救提供有利条件。防火分区可分为横向防火分区和竖向防火分区。横向防火分区是指用防火墙、防火门或防火卷帘等防火分隔物将楼层在水平方向分隔出的防火区域。竖向防火分区是指用耐火性能好的楼板及窗间墙在建筑物的垂直方向对每个楼层进行的防火分隔。

3. 防火卷帘

防火卷帘是一种防火分隔物，是建筑中不可或缺的防火设施。作为一种隐蔽、美观、使用便捷的防火设施，防火卷帘在建筑防火中起着重要作用。防火卷帘具有防火、隔烟、抑制火灾蔓延、保护人员疏散等功能。

防火卷帘一般设置在疏散通道、消防电梯前室、上下层连通的走廊、自动扶梯等开口部位，以及中庭、防烟楼梯等部位。平时卷放在上方或侧面的卷轴箱内，起火时可手动或自动将其放下。安装在疏散通道处的防火卷帘具有两步关闭性能，即控制箱接第一次报警信号后，防火卷帘自动关闭至中位停止，接第二次报警信号后关至全闭。位于非疏散通道中仅用于防火分隔的防火卷帘，其两侧设置火灾报警探测器，动作程序为一步下降，即相关火灾报警探测器报警后，防火卷帘直接下降至地面。

4. 排烟防烟系统

火灾烟气中的有毒气体和颗粒对生命构成极大威胁，是造成人员伤亡的主要因素。有实验表明，人在浓烟中停留 1~2min 后就会晕倒，接触 4~5min 就有死亡的危险。火灾中的烟气蔓延速度很快，在较短时间内即可从起火点迅速扩散到建筑物内的其他地方，严重影响人员的疏散与消防救援。排烟防烟的目的是要及时排除火灾产生的大量烟气，确保建筑物内人员的顺利疏散和安全避难，控制火势蔓延和减少火灾损失，为消防救援创造有利条件。建筑物内的消防楼梯作为最重要的安全疏散通道和临时避难场所，应当设置排烟防烟设施。火灾时可通过自然排烟和机械排烟的方式阻止烟气进入，并把烟气排至建筑物外。

自然排烟利用建筑物内靠外墙上的可开启的外窗或高侧窗、天窗、敞开阳台与凹廊或专用排烟口、竖井等将烟气排出。自然排烟方式受建筑物环境和气象条件影响较大。机械排烟利用排烟机把着火部位所产生的烟气通过排烟口排至室外的措施。确认火灾发生后，可由消防控制中心远程控制或现场手动开启排烟阀。排烟风机投入运行后，应关闭着火区的通风系统。排烟风机入口总管上设有防火阀，当排烟管道温度超过280℃时自动关闭，排烟风机停止运行，防止烟火扩散到其他部位。排烟风机平时应保持在闭锁状态。机械防烟是采用强制送风的方法，使疏散路线和避难所空气压力高于火灾区域的空气压力，防止烟气进入。

5. 消防应急照明

建筑物发生火灾、电源被切断时，如果没有应急照明和疏散指示标志，人们往往因找不到安全出口而发生拥挤、碰撞、摔倒等现象，尤其是人员高度聚集的场所，很容易造成重大伤亡事故。因此，设置应急照明和疏散指示标志十分必要。消防应急照明灯一般设在墙面和顶棚上。安全出口和疏散门的正上方应采用"安全出口"作为指示标志。沿疏散走道设置的灯光疏散指示标志应设在走道及拐角处距地面1m以下的墙面上，且灯光疏散指示标志的间距不应大于20m。消防应急照明灯具和灯光疏散指示标志应设有玻璃或其他阻燃材料制作的保护罩。应急照明和疏散指示标志可采用蓄电池做备用电源，备用电源的连续供电时间应不少于30min。

2.6.5 灭火器

灭火器是一种轻便的灭火器材，具有结构简单、使用方便、灭火速度快等优点，主要用于扑灭初期火灾。灭火器的种类很多，按移动方式可分为手提式和推车式，按灭火剂动力来源可分为储气瓶式、储压式、化学反应式，按所充装的灭火剂类型可分为泡沫、二氧化碳、干粉、卤代烷烃等。常见的灭火器有手提式干粉灭火器、手提式二氧化碳灭火器和手提式泡沫灭火器等。

1. 手提式干粉灭火器

干粉灭火器按其充装的灭火剂成分分为ABC干粉灭火器(灭火剂主要成分是磷酸二氢铵)和BC干粉灭火器(灭火剂的主要成分是碳酸氢钠)。灭火时靠充装的加压气体驱动将干粉喷出，形成一股粉雾流射向火焰，与火焰混合发生一系列物理和化学作用，迅速将火焰扑

灭。干粉的灭火作用主要表现在它参与燃烧反应，利用粉粒消耗火焰中的活性基团，从而抑制燃烧反应的进行。干粉颗粒受高温分解增加了粉末的比表面积，提高了灭火的效率。此外，干粉还可以降低燃烧区上方的含氧量，使火焰熄灭。

ABC干粉灭火器可用于扑救固体物质火灾(A类火灾)、液体或可熔化固体火灾(B类火灾)、气体火灾(C类火灾)、带电火灾(E类火灾)、烹饪器具内的烹饪物火灾(F类火灾)。BC干粉灭火器可扑灭液体或可熔化固体火灾(B类火灾)、气体火灾(C类火灾)、带电火灾(E类火灾)、烹饪器具内的烹饪物火灾(F类火灾)。

图2-9为手提式干粉灭火器。使用时应先拉掉手柄上的拉环，左手握住喷射管，右手提起灭火器并按下压把，对准火焰根部喷射，横扫燃烧区。操作者应在距燃烧物3m左右展开灭火。若在室外灭火，应从上风口或侧风口位置展开，可更有效

图2-9 手提式干粉灭火器

地对准火源，提高灭火效率。

干粉灭火器具有灭火效率高、速度快、灭火剂毒性低、对人员和环境危害小等优点，扑救可燃气体、可燃液体、电气设备火灾有良好效果，但因其灭火后留有残渣，不适于扑救精密仪器或转动设备火灾。此外，干粉灭火器对自身能释放氧气或提供氧源的化合物（如硝化纤维素、过氧化物等）火灾，钠、钾、镁、锌等金属引起的火灾以及深度阴燃物质火灾的扑灭效果均不佳。

2. 手提式二氧化碳灭火器

二氧化碳是一种不燃烧、不助燃的惰性气体，密度约为空气的 1.5 倍。在常压下，1kg 的液态二氧化碳可产生约 $0.5m^3$ 的气体。二氧化碳的灭火原理主要是窒息灭火，灭火时将二氧化碳释放到起火空间，增加了燃烧区上方二氧化碳的浓度，当空气中二氧化碳的浓度达到 30%~35% 或氧气含量低于 12% 时，大多数燃烧将停止。此外，二氧化碳对燃烧物还有一定的冷却作用，二氧化碳从灭火器中喷出时迅速气化成气体，从周围吸收热量，起到冷却作用。二氧化碳灭火器可扑灭液体或可熔化固体火灾（B 类火灾）、气体火灾（C 类火灾）、带电火灾（E 类火灾）、烹饪器具内的烹饪物火灾（F 类火灾）。由于灭火速度快、灭火剂无腐蚀性、灭火不留痕迹，二氧化碳灭火器特别适用于扑救贵重精密仪器、重要文件资料、带电设备等火灾。

图 2-10 为手提式二氧化碳灭火器。使用时应先拉掉手柄上的拉环，一只手握住喷管，另一只手按下压把，对准火焰根部位置，横扫燃烧区。在喷射过程中应将二氧化碳灭火器保持直立状态，不可平放或颠倒。二氧化碳灭火器有效喷射距离较小，灭火时一般距燃烧物不超过 2m。使用时避免接触喷管的金属部分，以防冻伤。在室内狭小空间使用，灭火后操作者应迅速离开，以防窒息。火灾扑灭后，现场人员应先打开门窗通风，20min 后再进入。二氧化碳灭火器不能扑救内部阴燃的物质、自燃分解物质火灾或金属火灾（D 类火灾），因为有些活泼金属能夺取二氧化碳中的氧使燃烧继续进行。此外，在室外有风时灭火效果也不佳。

图 2-10　手提式二氧化碳灭火器

3. 手提式泡沫灭火器

凡是能与水混溶，并可通过化学反应或机械方法产生泡沫的灭火剂均称为泡沫灭火剂。泡沫灭火剂一般由发泡剂、泡沫稳定剂、降黏剂、抗冻剂、助溶剂、防腐剂及水等组成。按泡沫产生的机理可分为化学泡沫灭火剂和空气泡沫灭火剂。化学泡沫灭火剂是通过两种药剂的水溶液发生化学反应产生泡沫。空气泡沫灭火剂是通过泡沫灭火剂的水溶液与空气在泡沫产生器中进行机械搅拌混合而生成的，泡沫中的气体一般为空气。常用的空气泡沫灭火剂有蛋白泡沫、氟蛋白泡沫、水成膜泡沫、抗溶性泡沫和合成泡沫等。根据灭火剂的不同，泡沫灭火器通常分为蛋白泡沫灭火器、氟蛋白泡沫灭火器、水成膜泡沫灭火器和抗溶性泡沫灭火器。由于泡沫灭火剂中有水，因此泡沫灭火器又称为水基型灭火器。

泡沫灭火器喷出的泡沫在燃烧物表面形成泡沫覆盖层，可使燃烧物表面与空气隔离，达到窒息灭火的目的。泡沫封闭了燃烧物表面后，可以遮断火焰对燃烧物的热辐射，阻止燃烧物的蒸发或热解挥发，使可燃气体难以进入燃烧区。另外，泡沫析出的液体对燃烧表面有冷却作用，泡沫受热蒸发产生的水蒸气可起到稀释燃烧区氧气的作用。

蛋白泡沫灭火器、氟蛋白泡沫灭火器、水成膜泡沫灭火器适用于扑救 A 类火灾和 B 类中的非水溶性可燃液体的火灾，不适用于扑救 D 类火灾、E 类火灾或遇水发生燃烧爆炸的火灾。抗溶性泡沫灭火器主要应用于扑救 B 类中乙醇、甲醇、丙酮等一般水溶性可燃液体的火灾，不宜用于扑救低沸点的醛、醚或有机酸、胺类等液体的火灾。

图 2-11 为手提式水基型灭火器。使用时应先拉掉手柄上的拉环，提起灭火器并按下压把，另一只手握住喷管，对准火焰根部位置，横扫燃烧区。在泡沫喷射过程中，应一直紧握开启压把，不能松开，而且不要将灭火器横置或倒置，以免中断喷射。如果扑救的是可燃液体的火灾，应将泡沫喷射覆盖在可燃液体表面。如果是容器内可燃液体着火，应将泡沫喷射在容器内壁上，使泡沫沿内壁淌入后覆盖在可燃液体表面，避免将泡沫直接喷射在可燃液体表面上，以防止射流的冲击力将可燃液体冲出容器而扩大燃烧范围，增大灭火难度。随着喷射距离的减小，使用者应逐渐向燃烧处靠近，始终让泡沫喷射在燃烧物上，直至将火扑灭。

4. 六氟丙烷灭火器

六氟丙烷灭火器中灭火剂的主要成分是六氟丙烷。通过冷却吸热降低燃烧物表面的温度和隔绝空气达到灭火目的，还可通过灭火剂在高温作用下产生活性游离基参与燃烧反应，使燃烧过程中产生的活性游离基消失，形成稳定分子或低活性的游离基，从而切断自由基的链式反应，使燃烧反应停止。

六氟丙烷灭火器可扑救 A 类、B 类、C 类、E 类和 F 类火灾。六氟丙烷是无色、无味的气体，清洁、低毒、绝缘性能好、灭火效率高，其臭氧耗损潜能值为零，对人体基本无害。六氟丙烷的沸点为-1.5℃，喷放时不会引起设备表面温度急剧下降，对精密设备和其他珍贵财物无任何损害。图 2-12 为手提式六氟丙烷灭火器，使用时应先拉掉手柄上的拉环，一只手握住喷管，另一只手按下压把，对准火焰根部位置，横扫燃烧区。六氟丙烷灭火器适用于贵重精密仪器、控制室、计算机房、档案室等场所。

图 2-11　手提式水基型灭火器　　　　图 2-12　手提式六氟丙烷灭火器

5. 灭火器的选型和摆放

配置灭火器时，应根据配置场所的危险等级和可能发生的火灾类型确定灭火器的类型、保护距离和配置基准。灭火器是靠人来操作的，配置灭火器时还要考虑使用者的年龄、性别和体质等因素。实验室管理人员应根据火灾类型选择合适的灭火器。灭火器选择不当不仅灭不了火，还有可能发生伤人事故。如 BC 干粉灭火器不能扑灭 A 类火灾，二氧化碳灭火器不能用于扑救 D 类火灾。虽然有几种类型的灭火器均适用于扑灭同一种类的火灾，但在灭火能力、灭火剂用量及灭火速度等方面有明显的差异。因此，在选择灭火器时应考虑灭火器的灭火效能和通用性。为了保护贵重精密仪器设备免受二次损害，选择灭火器还应考虑其对被保护物品的破坏程度。例如，若在贵重精密仪器室使用干粉灭火器或泡沫灭火器灭火，残留的灭火剂会对仪器电路板造成一定的腐蚀和污染，难以清洁，甚至造成仪器损坏。此类场所发生火灾时应选用洁净气体灭火器，灭火后不仅没有任何残迹，而且对贵重精密仪器也没有污染和损害作用。

灭火器一般摆放在走廊、通道、门厅、房间出入口和楼梯等明显处，周围不得堆放其他物品，且不影响紧急情况下人员疏散。在有视线障碍的位置摆放灭火器时，应在醒目的地方设置指示灭火器位置的发光标志，避免灭火人员花费过长时间寻找灭火器，及时有效地将火扑灭在初起阶段。灭火器的铭牌应朝外，便于巡检人员观察其主要性能指标。手提式灭火器宜设置在挂钩、托架上或灭火器箱内。设置在室外的灭火器应有防湿、防寒、防晒等保护措施。设置点的环境温度不得超出灭火器的使用温度范围，以免影响灭火器的喷射性能和安全性能。一个计算单元内配置的灭火器不得少于 2 只，每个设置点不宜多于 5 只。根据消防实战经验和实际需要，在已安装消火栓系统、固定灭火系统的场所，可根据具体情况适量减配灭火器。

6. 灭火器维护和报废处置

在灭火器有效备用期间，应由专人对灭火器进行定期（每月一次）检查，检查的主要内容是灭火器的驱动气体是否泄漏、压力表的指针是否在有效区间（绿色区域）、外观和配件是否有破损等，并将检查结果记录在登记卡上。此外，还应按照国家及行业有关规定定期送到专门机构进行检验。灭火器只有在发生火灾时才可使用，严禁挪作他用。一旦使用，无论灭火剂是否用完都不得放回原处，应送到维修单位重新填装相同灭火剂，不能填装其他灭火剂。

灭火器从出厂日期算起，达到年限应及时报废。水基型灭火器的服役年限为 6 年，干粉灭火器为 10 年，二氧化碳灭火器为 12 年，洁净气体灭火器为 10 年。灭火器有下列情况之一，应做报废处置：

（1）筒体严重锈蚀，锈蚀面积超过总面积的 1/3；筒体严重变形，机械损伤严重。

（2）灭火器头存在裂纹，无泄压机构；结构不合理，筒体为平底。

（3）无生产厂家，铭牌脱落或无法辨认，或出厂日期钢印无法识别。

（4）筒体有锡焊、铜焊或其他修补痕迹；筒体被火烧过。

2.6.6 消防沙

消防沙利用覆盖火源、阻隔空气的原理来达到灭火目的。消防沙箱（见图 2-13）专门适用于扑救 B 类和 D 类火灾，尤其是扑灭地面流淌的油火，效果非常明显。着火面积比较大时，可用铁铲把沙子直接覆盖在油上。化学化工实验室宜配备尺寸较小、便于搬运的消防沙箱。当实验室发生小范围油类及金属着火时，可直接端起消防沙箱，将沙子少量多次倾倒，完全覆盖着火点。

图 2-13 消防沙箱

消防沙适用于实验室固体物质火灾(A类火灾)、油类火灾(B类火灾)、金属火灾(D类火灾)。消防沙不适用大面积火场的灭火,也不适用于易爆炸物质的灭火。消防沙箱的大小与尺寸无固定要求,室外使用的通常较大,室内使用的尺寸较小。材质通常有铁、玻璃钢制和木质。实验室通常用木质小沙箱盛放消防沙。

用消防沙灭火时使用者须靠近火源,若操作不当极易对使用者造成伤害。实验室在保存和使用消防沙箱时应注意:

(1)消防沙储备量要充足,保持干燥,沙子上勿堆放杂物。

(2)采用敞开式消防沙箱,箱体不宜太大,方便端起,易于倾倒。

(3)消防沙箱应放在实验室空旷处,通道无遮挡,方便取用。

(4)应在着火源的上风处使用消防沙,避免油火飞溅和烟熏。

(5)倾倒消防沙时,要少量多次,由外向内,完全覆盖火源。

2.6.7 灭火毯

灭火毯(见图2-14)利用覆盖火源、阻隔空气的原理达到灭火目的,具有便于携带、不易失效、不产生二次污染、无破损时能够重复使用等优点。灭火毯质地柔软,易于包裹表面凹凸不平的物体,在火灾初起时,能以最快的速度控制火势蔓延。灭火毯具有防火、隔热特性,在逃生过程中,只要将其裹在身上就能起到很好的保护效果。展开后的灭火毯面积必须大于火源,只有完全包裹住火源才能有效灭火,因此,灭火毯适用于扑灭小物体、小容器(油浴)着火,不适用于大面积火场的灭火。

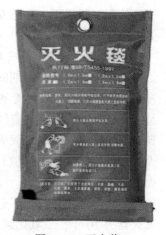

图 2-14 灭火毯

灭火毯已成为化学化工实验室必须配备的消防器材之一,通常将其保存在包装袋内并悬挂在离地面1m左右墙上,使用时首先用双手握住下部的两根黑色拉带,将灭火毯取出,再将折叠的灭火毯展开,让其自然下垂,靠近火源,将灭火毯完全覆盖住火源或包裹住着火物体。用灭火毯灭火时使用者须靠近火源,若操作不当极易对使用者造成伤害。使用灭火毯灭火时应尽量选择上风处,避免有毒烟雾和热源伤害。

2.7 实验室事故应急处置与预防措施

2.7.1 一般火灾

1. 应急处置

(1)发生火灾时,应第一时间报告学校保卫处,同时拨打119报警。火灾事故发生时要做到"三同时",即救援、灭火、报警同时进行。

(2)火灾扑救应按照"先控制、后灭火,救人重于救火,先重点后一般"原则,及时切断电源，接通消防水泵电源，组织救援被困人员，隔离危险源和重要物质，充分利用现场消防设施和器材进行灭火。

（3）做好人员疏散。火灾发生后，现场指挥人员应保持镇静，稳定现场人员情绪，维护好现场秩序，组织有序疏散，防止惊慌造成挤伤、踩踏事故。一旦身上衣物着火，应尽快把衣服撕碎扔掉，切记不能奔跑，因为奔跑不仅会使火更旺，还会把火种带到其他场所。若身边有水，应立即用水浇洒全身，或用湿抹布、湿毛巾等压灭火焰，着火人也可就地倒下打滚，把身上的火焰压灭。

（4）做好物资疏散。在保证人身安全的前提下，首先疏散可能扩大火灾和有爆炸危险的物资，如起火点附近的有机溶剂、气瓶和易燃易爆试剂等，以及堵塞通道使灭火行动受阻的物资；其次疏散性质重要、价值昂贵的物资，如机密文件、档案资料、贵重精密仪器设备等。

（5）专业消防队到达火灾现场后，首先向消防队负责人简要说明火灾情况，听从消防队的指挥，齐心协力，共同灭火。

2. 预防措施

化学化工实验室易燃易爆试剂数量大、种类多，一些实验需在高温、高压下进行，发生火灾的危险也最大。因此，化学化工实验室必须做好火灾事故的预防。

（1）严格遵守防火制度

实验人员要严格执行"实验室十不准"，即：不准吸烟；不准乱放杂物；不准实验时人员脱岗；不准堵塞安全通道；不准违章使用电器；不准违章私拉乱接电线；不准违反操作规程；不准将消防器材挪作他用；不准违规存放易燃药品；不准做饭、住宿。

（2）严格执行操作规程

严格执行操作规程是做好实验室防火工作的最基本、最可靠的手段。实验室首先要根据各类实验性质，在积累经验的基础上建立科学的实验操作规程。实验人员应熟悉所用化学试剂的性质、危害及事故处理方法；了解仪器设备的原理、结构、性能、操作步骤及防护要求，严格按规程操作。若要修改操作规程，必须充分论证其可行性和可靠性。

（3）加强防火安全管理

操作时若实验服被易燃物沾污，应立即清洗，切勿靠近火源。马弗炉、烘箱附近不得存放易燃易爆物品。灼热的坩埚不得放于橡皮、塑料或纸等可燃物上，应放于石棉板等不燃物上。操作爆炸性试剂时，禁止使用磨口玻璃仪器，防止启闭磨口塞时产生火花而引发爆炸。使用可燃或受热易分解试剂的实验室，应挂窗帘以防日晒。勿将易燃易爆试剂与玻璃器皿放于日光下，防止玻璃曲面聚焦光线产生局部高热引起燃爆事故。

（4）强化易燃易爆试剂储存管理

易燃易爆试剂应分类、分项存放，严防跑、冒、滴、漏现象发生。存放位置应远离热源、火源、电源，避免日光照射。易燃易爆试剂应严格密封、避光保存，防止挥发和变质引起事故。分装于容器的试剂必须贴上标签，并注明名称、纯度、分装时间、操作人等。发现异常应及时检查验证，不可盲目使用。总量不超过5kg的易燃易爆化学物品，应放在金属防爆柜内，"双人双锁"保管；总量超过5kg时应及时交回危险品库房储存。禁止把实验室当作仓库使用。

有条件的实验室应建设集中供气系统，分类设置气瓶储存专库，通过管道供气。气瓶房应有良好的排风、防爆、防静电等安全措施。气瓶房和使用可燃气体的实验室应根据规定设置可燃气体泄漏报警和联锁排风装置。

实验室应使用防爆冰箱。冰箱内不得存放低闪点易燃液体。存放可燃液体时应将瓶口完全封闭，防止挥发出的可燃蒸气遇冰箱启闭火花引发爆炸事故。

2.7.2 爆炸

1. 应急处置

爆炸事故的应急处理带有一定的危险性，因为在爆炸过程中常伴随火灾、高温、有毒烟雾和冲击波，还可能发生二次爆炸。发生爆炸事故时，人员应立即撤离爆炸现场，再判断事故情况，进行人员抢救、泄漏源控制等。

（1）人员救护。首先要组织人员判断、清查在事故现场的人数，拨打求助电话，及时抢救受伤人员并送医院救治。

（2）泄漏源控制。准确判断发生爆炸事故的位置，准确指挥大范围切断和局部切断（进、出装置），进行泄漏控制。进入有泄漏源的位置必须佩戴压力式空气呼吸器，进入有火的位置必须穿防火服。

（3）建立警戒区域。事故发生后，应根据有毒有害物质、易燃易爆物质的泄漏、扩散情况或火焰辐射热所涉及的范围建立警戒区。

（4）紧急疏散。若事故暂时无法得到控制，且有蔓延、扩大的迹象，要迅速将警戒区内与应急救援无关的人员撤离，以减少伤亡。

（5）注意事项：

① 救援时要做好自我保护。爆炸引起火灾烟雾弥漫时，要避免吸入烟尘，防止灼伤呼吸道；不要站在着火源的下风口，扑救火灾时要先打开门窗，最好佩戴防毒面具，防止中毒。

② 对事故现场未燃烧或未爆炸的物品，应及时予以转移；若无法转移，应在灭火过程中人为制造隔离区，谨防火灾蔓延或发生爆炸。

③ 第一时间扑灭现场火源，根据着火物品的不同性质，采取合理的灭火措施。

2. 预防措置

爆炸事故发生突然、毁坏力极大，危害十分严重，实验室所有人员在思想上必须高度重视。为预防爆炸事故发生，必须遵守以下几点：

（1）加强热源（点火源）的管理。易燃气体能直接参与燃烧，所以控制热源（点火源）是预防易燃气体爆炸的最基本措施。在使用、储存可燃气体的实验室，除生产必须用火外，要严禁火种。

（2）泄漏检查。在使用、储存易燃易爆气体的实验室，应配置可燃气体监测检漏报警装置。当空气中易燃气体浓度超过其爆炸下限浓度的25%时，自动发出报警信号，排风扇以最大转速运行，快速降低易燃气体浓度。

（3）使用、储存易燃易爆气体的实验室，应根据有关规定选用防爆电器。在装卸和搬运中要轻拿轻放，严禁滚动、摩擦、拖拉等危及安全的操作。

（4）易燃液体在灌装时，容器内应留有不低于5%的空隙，不可灌满，以防止受热膨胀而发生燃烧或爆炸事故。

（5）氧化剂、还原剂等不宜互混的药品要分开存放，严禁混放。

（6）对着火破坏型爆炸可采取惰性气体置换、混合气体成分控制、阻止不稳定物质生成等措施来预防。

（7）对反应失控型爆炸，可采取控制加料速度、强化搅拌和冷却等措施，减缓热量生成速度和及时移出，避免发生爆炸。

2.7.3 触电

1. 应急处置

"迅速、就地、准确、坚持"是触电应急救援的原则。发现有人触电受伤时，首先要迅速采取措施使触电者脱离电源，若未脱离电源施救者不能直接用手触及伤员；然后立即就地进行现场救护，同时找医生救护；触电者经常会出现假死，因此对触电者的施救一定要方法正确、坚持不懈。

（1）使触电者脱离电源的方法

① 拉闸断电

若触电地点附近有电源开关或插头的，可立即拉下开关或拔下插头，断开电源。但应注意，拉线开关只能控制一根线，有可能只切断了零线，而不能断开电源。若在高压配电室内触电，应马上拉开断路器；在高压配电室外触电，则应立即通知配电室值班人员紧急停电，值班人员停电后应立即向上级报告。当无法通知拉闸断电时，可以采用抛掷金属导体的方法，使线路短路迫使保护装置动作而断开电源。高空抛掷要注意防火，抛掷点尽量远离触电者。

② 切断或挑开电源线

如果触电地点附近没有或一时找不到电源开关或插头，可用电工绝缘钳、木柄斧头等工具切断电线。断线时要做到一相一相切断，在切断护套线时应防止短路弧光伤人。

③ 用绝缘物品脱离电源

当电线或带电体搭落在触电者身上或被压在身下时，可用干燥的衣服、手套、绳索、木板、木棍等绝缘物品作为救助工具，挑开电线或拉开触电者，使之脱离电源。用工具挑开电线时，应戴上橡胶手套，并将电线挑至空旷处。

（2）脱离电源的注意事项

① 施救人一定要做好自身防护，在切断电源前不得与触电者裸露接触（跨步电压触电除外）。

② 施救人不得采用金属或潮湿物品作为救护工具。

③ 在触电者脱离电源的同时要防止二次摔伤，即使是在平地上也要注意触电者的摔倒方向，避免摔伤头部。

④ 如果是夜间抢救，要及时保证照明，以免延误抢救时机。

（3）触电者脱离带电体后的救护

触电者脱离带电体后应立即将其转移至附近干燥通风场所，然后根据具体情况进行对症救护。需要救治的触电者，大致可分为三种情况：

① 对伤势不重、神志清醒，但有点心慌、四肢发麻、全身无力，或触电过程中曾一度昏迷，但已清醒过来的触电者，应让其安静休息，并严密观察，必要时送医。

② 对伤势较重、已失去知觉，但依然有心跳和呼吸的触电者，应使其舒适、安静地平卧。保持空气流通，同时解开其衣服包括领口与裤带以利于其呼吸。

③ 对伤势严重，呼吸或心脏停止，甚至两者都停止，即处于所谓"假死状态"，则应立

即施行人工呼吸和胸外心脏按压抢救，同时拨打 120 或速将其送往医院。

对触电者进行现场救护的主要方法是心肺复苏法，包括人工呼吸法与胸外心脏按压法。两种方法的操作要领如下：

① 口对口人工呼吸法。口对口人工呼吸采用人工机械的强制作用维持气体交换以使其逐步恢复正常呼吸。进行人工呼吸时，首先要保持触电者气道畅通，捏住其鼻翼，吸足空气，与触电者口对口接合并贴近吹气，然后放松换气，如此反复进行。开始时可先快速连续大口吹气 4 次，之后施行速度控制在 12~16 次/min，儿童为 20 次/min。

② 胸外心脏按压法。胸外心脏按压法采用人工机械的强制作用维持血液循环，并使其逐步过渡到正常的心脏跳动。让触电者仰面躺在平坦硬实的地方，救护人员立或跪在伤员一侧肩旁，两肩位于伤员胸骨正上方，两手掌根相叠，抵在触电者两锁骨间的凹陷处，然后再将手指翘起。按压时双臂应绷直，垂直向下用力按压，均匀进行，保持 80~100 次/min，每次按压和放松的时间要相等。当胸外按压与口对口人工呼吸两法同时进行时，其节奏为：单人抢救时每按压 15 次吹气 2 次，如此反复进行；双人抢救时每按压 5 次，由另一人吹气 1 次，可轮流反复进行。检验按压救护是否有效，可在施行按压急救过程中再次测试触电者的颈动脉，看其有无搏动。

2. 预防措施

为了有效防止触电事故，可采用绝缘、屏护、安全距离、保护接地或接零、漏电保护等技术措施。

（1）保证电气设备的绝缘性能

绝缘是用绝缘物将带电导体封闭起来，使之不能对人身安全产生威胁。足够的绝缘电阻能把电气设备的泄漏电流限制在很小的范围内，从而防止漏电引起的事故。一般使用的绝缘物有瓷、云母、橡胶、胶木、塑料、布、纸、矿物油等。绝缘电阻是衡量电气设备绝缘性能的最基本指标。电工绝缘材料的电阻率一般在 $10^{-7}\Omega \cdot m$ 以上。不同电压等级的电气设备，有不同的绝缘电阻要求，应定期进行测定。

（2）采用屏护

屏护就是用遮挡、护罩、护盖、箱盒等把带电体同外界隔绝开来，以减少人员直接触电的可能性。屏护装置所用材料应该有足够的机械强度和良好的耐火性能，护栏高度应不低于 1.7m，下部边缘离地面应不超过 0.1m。金属屏护装置应采取接零或接地保护措施。护栏应具有永久性特征，必须使用钥匙或工具才能移开。屏护装置上应悬挂"高压危险"警告牌，并配置适当的信号装置和联锁装置。

（3）保证安全距离

电气安全距离是指避免人体、物体等接近带电体而发生危险的距离。安全距离的大小由电压的高低、设备的类型及安装方式等因素决定。常用电器开关的安装高度为 1.3~1.5m；室内吊灯灯具高度应大于 2.5m，受条件限制时可减为 2.2m；户外照明灯具高度应不小于 3m，墙上灯具高度允许减为 2.5m。为了防止人体接近带电体，带电体安装时必须留有足够的检修距离。在低压操作中，人体及所带工具与带电体的距离应不小于 0.1m；在高压无遮拦操作中，人体及所带工具与带电体之间的距离应不小于 0.7m（根据工作电压确定具体值）。

（4）合理选用电气装置

为了确保实验室用电安全，必须正确选用电气装置，才能减少触电危害和火灾爆炸事故。电气设备主要根据周围环境来选择，例如，在干燥少尘的环境中，可采用开启式和封闭式电气设备；在潮湿和多尘的环境中，应采用封闭式电气设备；在有腐蚀性气体的环境中，必须采用密封式电气设备；在有易燃易爆危险的环境中，必须采用防爆式电气设备。

（5）装设漏电保护装置

装设漏电保护装置的主要作用是防止由于漏电引起的人身触电，其次是防止由于漏电引起的设备火灾，此外还可监视、切除电源一相接地故障，消除电气装置内的危险接触电压。有的漏电保护器还能够切除三相电机缺相运行故障。

（6）保护接地

保护接地是防止人身触电和保护电气设备正常运行的一项重要技术措施，分为接地保护和接零保护两种。

对由于绝缘损坏或其他原因可能使正常不带电的金属部分呈现危险电压，如变压器、电机、照明器具外壳和底座，配电装置的金属构架，配线钢管或电缆的金属外皮等，除另有规定外，均应接地。

接零是把设备外壳与电网保护零线紧密连接起来。当设备带电部分碰连其外壳时，即形成相线对零线的单相回路，短路电流将使线路上的过流速断保护装置迅速启动，断开故障部分的电源，消除触电危险。接零保护适用于低压中性点直接接地的380V或220V的三相四线制电网。

2.7.4　电气火灾

1. 应急处置

电气设备发生火灾时，为了防止触电事故，须切断电源方可进行扑救。具体方法如下：

（1）及时切断电源

电气设备起火后，不要慌张，首先要设法切断电源。切断电源时，须用绝缘工具操作，并注意安全距离。电容器和电缆在切断电源后仍可能有残余电压，为了安全起见，不能直接接触电缆或电容器，以防触电事故发生。

（2）不能直接用水冲浇电气设备

电气设备着火后，不能直接用水冲浇。因为水会导电，进入带电设备后易引起触电，会降低设备绝缘性能，甚至引起设备爆炸，危及人身安全。

（3）使用安全的灭火器具

采用灭火器扑灭电气设备火灾，其充装的灭火剂应不导电，如二氧化碳、1211、1301、干粉等。严禁使用酸碱或泡沫灭火器，因其中的灭火剂有导电性，手持灭火器的人员会触电，此外，此类灭火剂还会腐蚀电气设备。变压器、油断路器等充油电气设备发生火灾，可把水喷成雾状进行灭火。因水雾面积大、水珠压强小且易吸热汽化，能迅速降低火焰温度。

（4）带电灭火注意事项

如果不能迅速断电，必须在确保安全的前提下进行带电灭火。首先必须使用不导电的灭火剂，严禁使用导电灭火剂，否则会造成触电事故。由于射程较近，使用小型灭火器灭火时应保持一定的安全距离，对10kV及以下的设备，安全距离应不小于40cm。在灭火人员穿戴绝缘手套和绝缘靴、水枪喷嘴安装接地线情况下，可采用水喷雾灭火。若遇带电导线落于地面，应防止跨步电压触电，扑救人员进入灭火时必须穿上绝缘靴。

2. 预防措施

（1）规范选用和安装电气设备

① 按照国家有关规定正确选用相关电气设备。

② 按规范正确选择安装位置，保证高危设备与易燃易爆物质的安全间隔。

③ 保证电气设备安装场所通风良好。例如，在爆炸危险场所安装 24h 连续运行的通风设备，可有效降低爆炸性气体浓度，降低爆炸发生的概率。

④ 安装场所的实验设施应采用耐火材质。例如，实验台和通风柜应尽量选用全钢柜体和陶瓷台面。

⑤ 按规定接地。爆炸场所的接地要求通常高于一般场所。为防止雷击和漏电引起的火花，所有金属外壳、设备都应可靠接地。

（2）定期维护、保养和检查

① 加强电气设备的维护、保养、检修，保持电气设备正常运行。例如，保持电气设备的电压、电流、温度等参数不超过上限，保持电气设备绝缘性能正常，保持线路连接良好等。

② 杜绝电气设备超负荷运行或带故障运行，定期检查线路熔断器状况。导电线路和电气设备超负荷运行易导致负荷过载、导线发热、电热短路等，从而诱发电气火灾。

③ 加强密封，防止易燃易爆物质泄漏。检查设备、容器、接头和阀门的密封性能，保持易燃易爆气体浓度处于安全范围。

2.7.5 静电

1. 静电的危害

静电的危害主要有引起爆炸和火灾、静电电击及妨碍实验等三个方面，具体如下：

（1）静电引起爆炸和火灾。静电放电时，易产生电火花，在有可燃液体、可燃气体、爆炸性气体与粉尘混合物（如氧、乙炔、煤粉、铝粉、面粉等）的实验场所，可能引起火灾和爆炸。此外，人体带静电也可引起火灾爆炸事故。

（2）静电电击。静电造成的电击，可能发生在人体接近带电物体时，也可能发生在带静电电荷的人体接近接地体时。这种电击是因带电体向人体放电而产生的，不是电流持续通过人体的电击，而是由静电放电造成的瞬间脉冲电击。静电伤害程度与带电体所储存的静电能量有关，能量愈大，电击愈严重。

（3）静电妨碍实验。在某些实验过程中，静电会妨碍实验结果。如在计量粉体实验中，由于计量器具带静电而吸附粉体，造成计量误差，影响实验结果。静电还可能引起电子元件误动作，使一些精密仪器设备工作异常，影响实验进行。

2. 预防措施

消除静电危害主要从抑制静电的产生、加速静电释放和异性静电中和三方面入手，具体措施如下：

（1）使材料带电序列相互接近

常见材料摩擦带电序列由正电荷到负电荷依次为：（+）有机玻璃、尼龙、羊毛、丝绸、赛璐珞、棉织品、纸、金属、橡胶、涤纶、维尼纶、聚苯乙烯、聚丙烯、聚乙烯、聚氯乙烯、聚四氟乙烯（-）。材料带电序列间隔越远，越容易摩擦带电。为了抑制静电产生，在选用相互接触的材料时，两者在带电序列中的位置应尽量接近。

（2）控制物体接触方式

要抑制静电的产生，需要缩小物体间的接触面积和压力，降低温度，减少接触次数和分离速度，避免接触状态急剧变化。例如，将苯倒入容器时速度不宜过快，且倒完后应将容器静置一定时间，待静电消散后再进行下一步操作。

（3）接地

接地是加速静电释放、消除静电的一种简单有效的方法，是最基本的防静电措施。静电接地就是在带电体与大地之间开辟一条通路，将电荷从带电体引入大地。此法适用于消除导体上的静电，但不宜用来消除绝缘体上的静电。因为绝缘体接地易产生放电火花，从而引发火灾或爆炸事故。

（4）空气增湿

带电体在自然环境中放置，其携带的静电荷会自行逸散。逸散的快慢与介质的表面电阻率和体积电阻率有关，而介质的电阻率又和环境湿度有关。提高环境的相对湿度，不仅可以缩短电荷的半衰期，还能提高爆炸性混合物的最小引燃能量。存在静电危险的场所，可采用喷雾、洒水等方法增加环境湿度以消除静电危害。一般来说，保持空气相对湿度在70%以上较有利于消除静电。

（5）中和

静电中和是通过机器产生与原有静电极性相反的电荷，与已产生的静电发生中和以达到消除静电目的，避免静电积累。常用的静电发生器有离子风机、离子风枪等。

（6）使用抗静电材料

对静电有特殊要求的实验室，可采用抗静电材料进行装修，室内使用防静电家具，如使用防静电地板、防静电桌垫、防静电椅等。

（7）防止人体带电

在某些特殊场合，为避免静电危害，操作人员要先接触设置在安全区内的金属接地棒，消除人体电位后再进入操作区。工作人员要穿防静电工作服和防静电鞋，佩戴静电手套、指套、腕带等。

2.7.6 机械伤人

1. 应急处置

（1）发生机械伤害事故后，现场人员应保持冷静，立即切断动力电源，迅速拨打急救电话，向医疗救护单位求援。拨打急救电话时，要注意以下问题：

① 在电话中应向医生讲清伤员的确切地点、行驶路线、联系电话等；

② 简要叙述伤员的受伤情况、症状等，并在医生指导下对伤员进行简单救护；

③ 派人到路口迎接救护人员，确保救护人员尽快到达现场。

（2）遵循"先救命、后救肢"的原则，首先对伤员进行检查，再采取相应急救措施。急救检查应先看神志、呼吸，接着摸脉搏、听心跳，再查瞳孔。检查局部有无创伤、出血、骨折、畸形等变化，根据受伤情况有针对性地采取人工呼吸、心脏按压、止血、包扎、固定等急救措施。

（3）应优先处理颅脑伤、胸伤、肝脾破裂等危及生命的内脏伤，其次再处理肢体出血、骨折等外伤。若出现颅脑损伤，必须保持伤员呼吸道畅通。保持伤员平卧，面部转向一侧，以防舌根下坠或呕吐物吸入而发生喉阻塞。若有异物可用手指从口角插入将异物勾出。若遇到严重的脑损伤或凹陷骨折，创伤处应用消毒纱布或清洁布覆盖伤口，用绷带或布条包扎后及时送医。

若伤员呼吸或心跳停止，应立即进行人工呼吸和胸外心脏按压。若伤员处于休克状态，可用拇指按压人中、内关、足三里等，以提升血压、稳定伤情。使伤员保持平卧，将下肢抬高20°左右，尽快送医。

出现肢体骨折，可用夹板或木棍、竹竿等将断骨上、下方两个关节固定。也可利用伤员身体进行固定，避免骨折部位移动，以减少疼痛、防止伤势恶化。开放性骨折且伴有大出血者，应先止血再固定，再用消毒纱布或清洁布等覆盖伤口，然后送医。切勿将外漏的断骨推回伤口内。若疑有颈椎损伤，应使伤员平卧，用沙土袋（或其他代替物）放于头部两侧，将颈部固定。必要时进行口对口呼吸，此时仅可采用抬颈使气道通畅，不能将头部后仰移动或转动头部，以免引起截瘫或死亡。腰椎骨折应将伤员平卧在硬木板上，并将腰椎躯干及下肢一同固定。搬动时须多人合作，保持平稳、不能扭曲。

若出现肢体出血，用比伤口尺寸稍大的消毒纱布覆盖伤口，然后进行包扎。若包扎后仍有较多渗血，可再用绷带适当加压止血。若伤口出血呈喷射状时，应立即用清洁手指压迫出血点上方（近心端），使血流中断，并将出血肢体抬高以减少出血量。用止血带或弹性较好的布带止血时，应先用柔软布片或伤员的衣袖等垫在止血带下方，再扎紧止血带。

2. 预防措施

机械危害风险的大小不仅取决于操作者的操作技能、工作态度等因素，还与其对危险的了解程度和对安全的重视程度有关。预防机械伤人事故应注意以下几点：

（1）加强操作人员的安全管理

建立健全安全操作规程和规章制度，加强安全教育和业务培训，做到"四懂"（懂原理、懂构造、懂性能、懂工艺流程）、"三会"（会操作、会保养、会排除故障）。正确穿戴个人防护用品，严格遵守劳动纪律，杜绝违规操作。

（2）确保机械设备的本质安全

合理选择机械设备、材料和加工工艺，提高机械设备及其零部件的安全可靠性。加强危险部位的安全防护，对操作者易触及的可转动零部件应尽可能封闭，对不能封闭的零部件必须配置必要的安全防护装置；若运行中的设备或零部件超过极限位置，应配置可靠的限位、限速装置和防坠落、防逆转装置。

（3）确保作业环境的安全

机械设备布局要合理，照明要适宜，温、湿度要适中，噪声和振动要小。作业现场应有良好的通风，原材料或产品摆放要整齐，并留有安全通道。

2.7.7 烫、冻伤

1. 应急处置

发生烫伤后应立即用大量水冲洗伤口，再将伤口浸泡于凉水中，待疼痛感明显减轻后移出。若发生轻度烫伤，可在伤处涂抹烫伤膏后包扎，3~5天即可痊愈。若伤处起水疱，表明已伤及真皮层，属中度烫伤，此时不宜挑破水疱，应用纱布包扎后送医院治疗。若发生重度烫伤，应立即用清洁的毛巾或衣服简单包扎，保持创伤面清洁，不要涂抹药物，迅速送医院治疗。

治疗冻伤的根本措施是使受伤机体部位迅速复温。首先应迅速脱离冷源，用衣物或手覆盖受伤部位以保持适当温度。若手部冻伤，可放在腋下进行紧急复温，再用37~43℃水浴复温。若皮肤恢复红润柔滑，表明受伤组织已完全解冻。为了避免进一步损伤组织，严禁摩擦冻伤部位或烘烤冻僵的肢体。若冻伤处破溃感染，应用75%酒精消毒，吸出水疱内液体，外涂冻疮膏，再保暖包扎。必要时可使用抗生素及破伤风抗毒素。

2. 预防措施

（1）进行高/低温操作时，作业人员应穿戴防护用品（帽子、护目镜、隔热/防冻鞋、隔热/防冻手套、工作服），且防护用品应干燥且完全覆盖肢体和皮肤，防止高温或低温液体溅落在皮肤上。

（2）进行高/低温设备检修时，务必先使设备恢复到常温再作业。

（3）高/低温容器设备或管道要采取良好的保温防护措施，不得裸露。

（4）严格按规程操作，避免因误操作导致设备或管道中高/低温液体泄漏。

（5）加强对压力、流量等参数的监测，以便及时发现泄漏并有效控制。

2.7.8　割、刺伤

1. 应急处置

若被玻璃仪器伤害，应先取出伤口处的玻璃碎屑，将伤口稍挤出一点血，再用净水冲洗伤口，涂上药水后再用消毒纱布包扎，也可在洗净的伤口处贴上"创可贴"。若伤口不大，也可用过氧化氢或硼酸清洗后，涂碘酊或红汞（两者不可同时使用）。若发生严重割伤导致大出血，应先止血，具体做法是让伤者平卧，抬高出血部位，压住附近动脉，或用绷带盖住伤口直接施压；若绷带被血浸透，不要换掉，可再盖上一块继续施压，并立即送医。

若不小心被带有化学药品的注射器针头或沾有化学品的碎玻璃刺伤，应立即将伤口处挤出少量血，尽可能将化学品清除干净，再用净水清洗伤口，涂上碘酊后贴上"创可贴"。若化学品毒性大，应立即送医院治疗。

2. 预防措施

破碎的玻璃仪器容易割伤人的皮肤，试剂渗入伤口更不易痊愈。若实验中用到玻璃仪器，应特别注意避免割伤。为防止割伤，操作时应注意以下几点：

（1）严格按照规程切割玻璃管或玻璃棒，截断面须经高温熔烧处理，使其圆滑。

（2）将玻璃管插入橡胶管或橡皮塞孔隙时，应先用水浸橡胶管或橡皮塞孔隙的内部，将玻璃管轻轻转动，再慢慢插入，切忌用力过猛。

（3）若不慎打破玻璃仪器，要及时清理散落在实验台面或地面上的玻璃碎片。

（4）装配或拆卸玻璃仪器时，要防止支管与仪器主体连接处的破损，操作时应戴棉纱橡胶手套。

（5）使用玻璃仪器前，应对仪器进行检查，不要使用有裂纹的玻璃仪器。

（6）制作细口瓶和容量瓶的玻璃都不是耐热玻璃，受热易炸裂，不能直接在电炉上加热，也不可装入过热溶液。配制溶液时，应先在烧杯内将固体样品溶解，稍冷后再倒入瓶内，以免瓶体炸裂。

（7）用酒精灯加热烧杯或烧瓶时，应在火焰上方垫上石棉网，以免受热不均发生炸裂。

（8）针头在丢弃前应用截针器将针尖及注射器乳头毁坏，截断的针头应丢入专门的锐器收集箱，不能随意丢弃在普通垃圾桶中。

2.7.9 化学品中毒

1. 应急处置

发生化学品中毒时，应根据不同的中毒方式采取相应的应急处理方法，具体如下：

（1）误食

若发生误食毒物中毒，应立即对中毒者进行催吐。若中毒者误食非腐蚀品或非烃类液体毒物，催吐时应使中毒者保持低头状态，身体向前弯曲或侧卧，以免呕吐物呛入肺部。用手指或棉棒刺激软腭、舌根或喉头，也可服用催吐剂。若催吐效果不好应立即送医。

若误食毒物为强酸，应先饮用大量水，然后服用氢氧化铝膏、鸡蛋清；若误食毒物为强碱，应先大量饮水，再服用稀的食醋、酸果汁或鸡蛋清。无论酸或碱中毒，都应用鲜牛奶灌注，不要服用催吐剂。

重金属盐中毒者可先饮用稀的硫酸镁水溶液，再送医院治疗，不要服用催吐药，以免使病情复杂化。砷及汞化物中毒者，必须立即就医。

刺激剂及神经性毒物中毒者应先服用鲜牛奶和鸡蛋清，再用约 30g 硫酸镁溶于 200mL 水中口服催吐，也可用手指伸入咽喉部催吐，再送医院救治。

（2）吸入

对吸入化学品中毒者，应迅速将其从现场转移至空气新鲜处。解开衣服、放松身体，保持呼吸道通畅。若呼吸困难要及时给氧，呼吸、心跳停止要进行心肺复苏。特别注意，对硫化氢、氯气、溴中毒者不可进行人工呼吸，对一氧化碳中毒者不可使用兴奋剂。若发生吸入氯气或氯化氢中毒，中毒者可立即吸入少量酒精和乙醚的混合蒸气以解毒；吸入少量氯气或溴蒸气者，可用碳酸氢钠溶液漱口，以中和毒物。

（3）皮肤接触

将皮肤接触中毒者立即移离中毒场所，脱去被污染衣物，用大量流动清水冲洗，冲洗时忌用热水，以免增加毒物吸收。黏稠的毒物宜用大量肥皂水冲洗。若接触的毒物为遇水能发生反应的腐蚀性化学品，如三氯化磷，应先用卷纸抹去毒物，再用水冲洗，随后立即送医院治疗。

若化学品溅入眼睛，应立即提起眼睑，用大量流动清水冲洗；若溅入生石灰或电石等，应先用沾有植物油的棉签擦拭，再用水冲洗，忌用热水。

2. 预防措施

（1）加强实验操作培训，严格按操作规程进行操作。

（2）在保证实验效果的前提下，尽量用无毒或低毒化学品替代有毒有害化学品。

（3）做好个人防护，通过封闭、设置屏障等措施，避免人体直接暴露在有害环境中。

（4）保持实验场所 24h 不间断通风，及时排出室内空气中的有害气体、有机蒸气或粉尘，保证人员健康，防止火灾、爆炸事故的发生。

（5）实验人员应养成良好的卫生习惯，对溢出的原料和废弃物应及时处置，经常清理垃圾桶中沾染化学试剂的称量纸、卷纸、一次性手套、塑料滴管等，保持实验场所清洁。

2.7.10 化学灼伤

1. 应急处置

化学灼伤是指眼睛或皮肤直接接触强腐蚀性物质、强氧化剂、强还原剂，如浓酸、浓碱、氢氟酸、钠、溴等化学品引起的局部外伤。发生化学灼伤时，应根据化学品性质、灼伤部位及灼伤程度采取相应措施。

（1）化学品灼伤眼睛的应急处理

若操作不慎致使试剂溅入眼中，切不可用手揉眼，应先用清洁纱布擦去溅在眼外的试剂，再用水冲洗。若是碱性试剂，还需用饱和硼酸溶液或1%醋酸溶液冲洗；若是酸性试剂，需先用大量水冲洗，再用碳酸氢钠溶液冲洗，最后再滴入少许蓖麻油。灼伤严重者须送医院治疗。若一时找不到上述溶液，可用大量自来水冲洗，再送医院治疗。

随着实验室设施的不断改善，国内化学化工实验室大多已安装了洗眼器。当有毒有害物质喷溅到操作人员眼睛时，采用洗眼器清洗能将危害降到最低。但是，洗眼器只是用于紧急状况，暂时减缓有害物质对眼睛的损害，处置完毕仍需去医院接受治疗。实验室常用的洗眼器按照安装方式分为台式、立式、壁挂式及复合式四种。使用方法为：①将洗眼器盖移开，推出手掣；②用一只手的食指和中指将眼睑翻开并固定；③将头向前倾，用另一只手按下开关，控制水流量，冲洗眼睛15min。

（2）化学品灼伤皮肤的应急处理

化学品灼伤皮肤事故在化学化工实验过程中也常有发生。紧急喷淋装置是化学化工实验室普遍采用的皮肤灼伤应急处理设备，它可迅速清洗沾在皮肤表面的有毒有害物，有效减轻灼烧伤害。当发生有毒有害物质（如化学液体等）喷溅到工作人员身体或发生火灾引起操作人员衣物燃烧时，紧急喷淋装置可将伤害降到最低。

紧急喷淋装置通常安装在实验室不远处的公共走廊区域，接上下水。淋浴喷头流量为100~150L/min，洗眼喷头流量为10~15L/min。使用方法为：①脱下受化学品污染的衣物；②站于喷头下，并向下拉动手环；③冲洗受伤部位15min。

2. 预防措施

为避免发生实验室化学灼伤事故，应采取以下预防措施：

（1）建立健全实验室的各项规章制度，由专人负责定期对实验仪器和设备进行保养和维护，将各种隐患消灭在萌芽状态。

（2）实验区域安装必要的安全设施，如洗眼器、紧急喷淋装置、灭火器等，实验室内各种安全标识齐全，并备有急救箱。

（3）实验人员应认真学习有关安全条例，掌握必要的安全防护知识，学会灼伤应急处置和简单的自救方法。

（4）对可能发生危险的实验，要有针对地了解并制定相应的应急预案，根据实验需要配备护目镜、面罩、手套等防护用品。

（5）自觉遵守化学化工实验室安全守则，养成良好的自我防护习惯。严格按照操作规程进行实验，集中注意力，谨慎操作。操作时必须穿长袖实验服，严禁在实验室吸烟或进食，不在实验室嬉戏、不私自进行规定外的实验。

（6）不用手直接取用试剂；取用腐蚀性、刺激性药品，尽可能戴上橡皮手套和防护眼镜。根据化学试剂的特性，分门别类进行管理，所有试剂的包装瓶上必须贴有标签。实验时严格遵守化学试剂的领用和管理制度，不将化学试剂擅自带出实验室。

（7）实验结束后，应及时将仪器用具清洗干净，并用洗手液仔细洗手。离开实验室前须整理实验操作台，清理垃圾、打扫卫生，将实验废弃物及时转移到指定地点。

2.7.11　跑水

造成跑水事故的原因无外乎以下几种情形：①水龙头年久失修；②水管老化爆裂；③实验结束忘关冷凝水；④冷凝水软管脱落；⑤下水道被杂物堵死。跑水事故轻则造成实验室地面积水，重则可能造成同层楼面多个房间受淹，甚至从楼上漏到楼下。跑水事故的危害有：①可能会损坏电器设备，引发漏电、触电事故；②若接触遇水燃烧的化学品，会引发火灾；③淋湿楼下的精密仪器设备，可能使其受到损坏。

1. 应急处置

（1）迅速找到跑水位置，立即关闭该实验室给水总阀。

（2）及时切断发生跑水事故实验室的总电源，使设备断电，避免导致触电事故或电气火灾。

（3）若地面积水蔓延至电梯，应切断电梯的电源，电梯内如有乘客，应按电梯困人应急预案执行。

（4）在强、弱电竖井及配电房门口周围放置沙袋，阻止积水进入。

（5）组织人员尽快排水，将损失降到最低；联系维修人员，对管道进行抢修。

2. 预防措施

实验室应设有地漏和排水系统，若发生跑水事故能及时将水排出，避免出现漫水、浸水等更严重的事故。很多跑水事故由水龙头损坏、水管老化或排水管堵塞等原因造成，因此，平时要加强对水龙头、给排水管道和阀门的检修和维护。实验进行过程中，特别是用到冷凝水的实验，操作人员不得脱岗。此外，还要定期对消防系统、洗眼器、紧急喷淋装置等设施进行检修，防止跑水事故的发生。

随着科技水平提高和智能感知系统的应用，在实验室建设或改造时可以安装漏水自动保护系统，通过漏水传感器、远程智能水表和自动控制电磁阀组成控制系统，当传感器检测到实验室漏水、且水表读数异常，系统发出报警信号并传送至总控室，同时控制仪表向电磁阀发出指令，自动关闭给水总阀。值班保安收到报警信号后，立即赶赴现场进行处置。

【思考题】

1. 简述实验室用电注意事项。

2. 简述实验室用水有哪些注意事项，如何防止跑水事故发生。

3. 实验室常用气体有哪些？气瓶房应采取哪些安全措施？

4. 简述可燃气体监测报警和联锁排风系统的工作原理。

5. 实验室废弃物处理应遵循的原则有哪些？

6. ABC 干粉灭火剂的灭火原理是什么？可用于扑救哪些类型的火灾？

7. 简述二氧化碳灭火器和六氟丙烷灭火器的灭火原理。

8. 有机合成实验室应配置什么类型的灭火器？选择依据是什么？

9. 实验室发生误食化学品事故应如何处置？

10. 实验室如何预防火灾？发生火灾后应如何处置？

11. 实验室如何预防触电事故？发生触电事故后应如何处置？

12. 简述人工呼吸和胸外心脏按压两种心肺复苏方法的操作要领。

第3章　实验室危险化学品安全

随着科学技术和生产水平的不断提高，全球化学工业蓬勃发展，化学品的生产量和消耗量以惊人的速度增长。化学品极大地丰富了人类的物质生活，提高了人类的生活质量，成为人类生活中不可缺少的一部分。目前，全世界已发现化学品约700万种，其中已商业化的有10万余种，经常使用的约7万种，每年新出现化学品1000多种。大部分化学品具有易燃烧、易爆炸、有毒、有腐蚀性、致畸、致癌等性质。若化工从业人员缺乏化学品安全相关知识，在生产、储存、运输和使用化学品过程中违反操作规程，有可能发生安全事故，轻则造成财物损毁、环境污染，重则可能危及生命健康。高校化学化工实验室用到的化学品种类繁多，实验室管理人员和实验操作人员面临各种安全风险。学习和掌握化学品，特别是危险化学品的相关知识，养成良好习惯、遵守操作规程、谨慎规范操作，可有效防止实验室事故的发生。

3.1　危险化学品的定义和分类

3.1.1　危险化学品的定义

根据中华人民共和国《危险化学品安全管理条例》规定，危险化学品是指具有毒害、腐蚀、爆炸、燃烧、助燃等性质，对人体、设施、环境具有危害的剧毒化学品和其他化学品。

3.1.2　危险化学品的分类

依据联合国《关于危险货物运输的建议书——规章范本》，国家质量监督检验检疫总局和国家标准化管理委员会制定了《危险货物分类和品名编号》，该标准最早制定于1986年，2012年修订的《危险货物分类和品名编号》(GB 6944—2012)将危险品分为9个类别：爆炸品；气体；易燃液体；易燃固体、易于自燃的物质和遇水放出易燃气体的物质；氧化性物质和有机过氧化物；毒性物质和感染性物质；放射性物质；腐蚀性物质；杂项危险物质和物品，包括危害环境物质。这是传统的危险化学品分类体系。

由于化学品种类和数目不断增加，为协调世界各国对化学品统一分类及标记制度，国际劳工组织(ILO)与经济合作发展组织(OECD)、联合国危险物品运输专家委员会(UNCETDG)共同开发了"全球化学品统一分类和标签制度(GHS)"。GHS第一版发布于2003年，每两年修订一次，2005年进行了第一次修订，现行版为2015年修订(第六次)。根据联合国GHS，我国制定了《化学品分类和危险性公示通则》(GB 13690—2009)和《化学品分类和标签规范》

（GB 30000.2~29—2013），将化学品分为28类，包括16个理化危险种类、10个健康危害种类以及2个环境危害种类。16个理化危险种类分别为：爆炸物；易燃气体；气溶胶；氧化性气体；加压气体；易燃液体；易燃固体；自反应物质和混合物；自燃液体；自燃固体；自热物质和混合物；遇水放出易燃气体的物质和混合物；氧化性液体；氧化性固体；有机过氧化物；金属腐蚀物。10个健康危害种类分别为：急性毒性；皮肤腐蚀/刺激；严重眼损伤/眼刺激；呼吸道或皮肤致敏；生殖细胞致突变性；致癌性；生殖毒性；特异性靶器官系统毒性一次接触；特异性靶器官系统毒性反复接触；吸入危害。2个环境危害种类分别为：对水生环境的危害；对臭氧层的危害。具体如下：

1. 具有理化危险性的化学品

（1）爆炸物，是一种固态或液态物质（或固液混合物），其本身能够通过化学反应产生气体，所产生气体的温度、压力和速度能对周围环境造成破坏。发火物质也属于爆炸物，它主要通过非爆炸自持放热化学反应产生的热、光、声、气体、烟等产生效应。爆炸性物品是指含有一种或多种爆炸性物质或混合物的物品。烟火物品是指包含一种或多种发火物质或混合物的物品。

（2）易燃气体，是指在20℃和101.3kPa标准压力下，与空气有易燃范围的气体。

（3）气溶胶，是指从气溶胶喷雾罐中喷射出的、能悬浮于空气中的固态或液态微粒。喷雾罐一般由金属、玻璃或塑料制成，内装强制压缩、液化或溶解的气体，有时还包含液体、膏剂或粉末，并配有释放装置，可使所装物质喷射出来。

（4）氧化性气体，是指通过提供氧气，比空气更能促使其燃烧的气体。

（5）加压气体，是指在压力等于或大于200kPa（表压）下装入储器的气体，或者是液化气体或冷冻液化气体。压力下气体包括压缩气体、液化气体、溶解液体、冷冻液化气体。

（6）易燃液体，是指闪点不高于93℃的液体。

（7）易燃固体，是指容易燃烧或通过摩擦可能被引燃的固体。易燃固体可为粉状、颗粒状或糊状物质，它在与火源短暂接触和火焰迅速蔓延的情况下均非常危险。

（8）自反应物质和混合物，是指即使没有氧气（或空气）也容易发生激烈放热反应的、热不稳定的液体或固体，或者液固混合物。在实验操作中，若自反应物质和混合物的组分容易起爆、迅速爆燃，或在封闭条件下加热时显示剧烈效应，应将其视为具有爆炸性质。

（9）自燃液体，是指即使数量很少也能在与空气接触后5min内引燃的液体。

（10）自燃固体，是指即使数量很少也能在与空气接触后5min内引燃的固体。

（11）自热物质和混合物，是指与空气接触后不需要能源供应就能自己发热的固体或液体或固液混合物；这类物质只有数量达到公斤级，并经几小时或几天后才会燃烧。

（12）遇水放出易燃气体的物质和混合物，是指通过与水作用，容易发生自燃或放出危险数量的易燃气体的固体或液体或固液混合物。

（13）氧化性液体，是指本身不一定可燃，但因放出氧气可能促使其他物质燃烧的液体。

（14）氧化性固体，是指本身不一定可燃，但因放出氧气可能促使其他物质燃烧的固体。

（15）有机过氧化物，是含有二价-O-O-结构的液态或固态有机物，可以看作是一个或两个氢原子被有机基替代的过氧化氢衍生物。有机过氧化物是热不稳定物质，容易放热并导致自加速分解。另外，它们可能具有易爆炸分解、迅速燃烧、对撞击或摩擦敏感、与其他物质发生危险反应等危险性。在实验操作中，若有机过氧化物在封闭条件下加热时容易爆炸、迅速爆燃或表现出剧烈效应，则可认为它具有爆炸性质。

（16）金属腐蚀物，是指通过化学作用显著损坏或毁坏金属的物质。

2. 具有健康危害性的化学品

（1）急性毒性，是指在单剂量口服、24h内多剂量口服、皮肤接触或吸入接触一种化学品4h之后，所出现的有害效应。

（2）皮肤腐蚀，是指对皮肤造成不可逆损伤，即与该化学品接触4h后，可观察到表皮和真皮坏死。腐蚀反应的特征是溃疡、出血、有血的结痂，而且在观察期（14天）结束后，皮肤、完全脱发区域和结痂处由于漂白而褪色。应考虑通过组织病理学来评估可疑的病变。皮肤刺激是指与该化学品接触4h后对皮肤造成可逆损伤。

（3）严重眼损伤/眼刺激，是指化学品与眼前部表面接触后，对眼部造成21天内不能完全可逆的组织损伤，或造成严重的视觉衰退。眼刺激，是指化学品与眼前部表面接触后，对眼部造成的变化在21天内完全可逆。

（4）呼吸过敏物，是指吸入后会导致气管出现过敏反应的物质。皮肤过敏物是指皮肤接触后会导致过敏反应的物质。过敏包括两个阶段：第一阶段是某人因接触某种变应原而引起特定免疫记忆；第二阶段是引发，即某人因接触某种变应原而产生细胞介导或抗体介导的过敏反应。人体皮肤过敏的证据通常通过诊断性斑贴试验加以评估，就皮肤过敏和呼吸过敏而言，诱发所需数值一般低于引发所需数值。

（5）生殖细胞致突变物质，主要是指可能导致人类生殖细胞发生可传播给后代的突变的化学品。但是，在本危险类别内对化学品进行分类时，也要考虑活体外致突变性/生殖毒性试验和哺乳动物活体内体细胞中的致突变性/生殖毒性试验。

（6）致癌物，是指可导致癌症或增加癌症发生率的化学品。在动物实验中诱发良性或恶性肿瘤的化学品被认为是假定的或可疑的人类致癌物，除非有确凿证据显示该肿瘤的形成机制与人类无关。

（7）生殖毒性物质，是指对成年雄性和雌性的性功能及生育能力产生有害影响的化学品。

（8）特异性靶器官系统毒性一次接触，由一次接触产生特异性的、非致死性的靶器官系统毒性的化学品。

（9）特异性靶器官系统毒性反复接触，由反复接触而引起特异性的、非致死性的靶器官系统毒性的化学品。

（10）吸入毒性，是指化学品通过口腔或鼻腔直接进入或者因呕吐间接进入气管和下呼吸系统，对人体产生毒害作用。吸入毒性造成的后果有化学性肺炎、肺损伤等，严重者可致死。

3. 具有环境危害性的化学品

具有环境危害性的化学品主要指危害水生环境和大气臭氧层的两类化学品。

（1）危害水生环境。一些化学品可对水生环境产生急性或慢性毒性，其毒害性可能存在生物积累，最终将影响人类健康。

（2）危害臭氧层。一些化学品（如卤化碳）会破坏大气臭氧层，使紫外线更多地辐射到地球表面，危害人体健康（如皮肤癌、白内障、免疫系统削弱等）、减少作物产量及破坏海洋食物链等。

3.2 危险化学品的危险特性

危险化学品种类很多，通常以固态、液态或气态形态存在，不同危险化学品在化学、物理、生物和环境等方面的危险特性也各不相同。总体来看，危险化学品的危害主要分为理化危险性、健康危害性和环境危害性三种类型。

3.2.1 理化危险性

危险化学品的理化危险性主要体现在易燃性、爆炸性和反应性三方面。危险化学品的反应性包括自反应活性和与其他物质接触或混合发生反应的活性，具有反应活性的危险化学品可分为以下四类：

1. 自反应物质

自反应物质指即使不接触空气或氧气也易发生激烈放热反应的热不稳定物质。

2. 与水反应的物质

与水反应的物质是指遇水发生剧烈化学反应的物质。例如碱金属、有机金属化合物及金属氢化物等，这些物质与水反应放出的氢气和空气中的氧气混合发生燃烧、爆炸。另外，无水金属卤化物（如三氯化铝）、氧化物（如氧化钙）、非金属化合物（如三氧化硫）及卤化物（如五氯化磷）与水反应也放出大量的热。

3. 发火物质

发火物质指用量很少，且与氧气或空气短暂接触（一般不超过5min）便能燃烧的物质，如金属氢化物、活性金属合金、低氧化态金属盐、硫化亚铁等。

4. 存放禁忌化学品

若两种化学品一旦混合就发生剧烈反应，引起燃烧、爆炸或释放高毒物质，这两种化学品互为存放禁忌化学品。互为存放禁忌的化学品务必要分开存放，严禁混放。氧化剂一定要与还原剂分开存放，即使其氧化性或还原性不强。例如，强还原物质钾、钠常用来去除有机溶剂中痕量的水，但却不能用于去除卤代烷烃中的水，因为虽然卤代烷烃的还原性很弱，但仍会和钾、钠反应。因此，不能用卤代烷烃灭火剂扑灭钾、钠着火引起的火灾。表3-1为常用化学品的存放禁忌表。

表3-1 常用化学品存放禁忌表

序号	化学品	存放禁忌化学品
1	乙酸	碳酸盐，铬酸，乙二醇，羟基化合物，硝酸，氧化剂，高氯酸，高锰酸盐，三氯化磷，强碱
2	丙酮	溴，氯化物，三氯甲烷，浓硝酸和硫酸的混合物，氧化剂
3	乙腈	氯磺酸，锂，N-氟化物，硝化剂，氧化剂，高氯酸盐，硫酸
4	丙烯酰胺	酸，碱，氧化剂，含氨基、羟基和巯基的化合物
5	碱和碱土金属	二氧化碳，氯代烃类，卤素，水
6	氨（无水）	溴，次氯酸钙，氯，氢氟酸（无水），汞，银
7	硝酸铵	酸，氯酸盐，氯化物，有机或可燃物粉末，易燃液体，金属粉末，硫，锌
8	苯胺	过氧化氢，硝酸

序号	化学品	存放禁忌化学品
9	硫酸钡	铝，磷
10	硼酸	乙酸酐，碱，碳酸盐，氢氧化物
11	溴	丙酮，乙炔，氨，苯，丁二烯，金属粉末，氢，甲烷，丙烷（及其他石油气体），碳化钠，松节油
12	碳酸钙	酸，氟
13	次氯酸钙	氨或炭
14	氧化钙	水
15	活性炭	次氯酸钙及所有氧化剂
16	四氯化碳	化学活性金属（钠、钾、镁等）金属粉末，氧化剂（如过氧化物、高锰酸盐、氯酸盐和硝酸盐）
17	氯	丙酮，乙炔，氨（无水或水合的），苯，丁二烯，金属粉末，氢，甲烷，丙烷（及其他石油气体），碳化钠，松节油
18	盐酸	胺类，碳酸盐，氰化物，甲醛，氢氧化物，金属，金属氧化物，强碱，硫化物，亚硫酸盐
19	过氧化氢	乙酸，苯胺，铬，可燃物，铜，易燃液体，铁，大多数金属及其盐类，硝基甲烷
20	硫化氢	硝酸的烟气，氧化气体
21	次氯酸盐	酸，活性炭
22	碘	乙炔，氨（无水或水合的）
23	硝酸盐	可燃物，酯，磷，乙酸钠，氧化亚锡，水，锌粉
24	硝酸	酒精，碱金属，铝，胺类，黄铜，碳化物，紫铜，铜合金，镀锌铁，硫化氢，金属粉末，氧化剂，还原剂，强碱
25	亚硝酸盐	氰化钾，氰化钠，铵盐
26	草酸	酸性氯化物，碱金属，次氯酸钠，金属，氧化剂，银化合物，强碱
27	氧气	可燃物，易燃气体，易燃液体，易燃固体，油脂，氢，磷
28	苯酚（液态）	氯化铝，丁二烯，次氯酸钙，甲醛，卤素，异氰酸盐，氧化剂，硝基苯，亚硝酸钠
29	磷酸	乙醛，铵盐，氨基化合物，偶氮化合物，氯化物，氰化物，环氧化物，酯，卤代有机物，硝基甲烷，有机过氧化物，有机磷酸盐，苯酚，硫化物，不饱和卤化物
30	碘化钾	溴合三氟化氯，重氮盐，高氯酸氟，氯化亚汞，氯酸钾，酒石酸和其他酸类
31	硝酸钾	化学活性金属，三氯乙烯
32	高锰酸钾	乙醛，铵盐，乙二醇，金属粉末，过氧化物，强酸，亚砜
33	丙烷	氧化剂
34	硝酸银	乙醛，乙炔，酒精，氨，氯磺酸，镁，还原剂，强碱
35	氯酸钠	酸，铵盐，硫
36	硫	氧化物
37	硫酸	碱，卤素，锂，乙炔基金属，有机物，氧化物，氯酸钾，高氯酸钾，高锰酸钾，还原剂

序号	化学品	存放禁忌化学品
38	酒石酸	银和银化合物
39	四氯乙烯	金属粉末，强酸，强碱(NaOH 和 KOH)，强氧化剂
40	三氟乙酸	碱，氧化剂，还原剂
41	尿素	次氯酸钙，五氯化磷，次氯酸钠，亚硝酸钠，强氧化剂
42	水	酸性氯化物，碳化物，氰化物，三氯氧磷，五氯化磷，三氯化磷，强还原剂
43	锌	酸和水
44	硝酸锌	氧化物，金属粉末，金属硫化物，有机物，磷，还原剂，氯化亚锡，硫
45	氧化锌	镁
46	氢氟酸(无水)	氨(无水或水合的)
47	过氧化物	酸(有机或无机的)
48	易燃液体	硝酸铵，溴，氯，铬酸，氟，卤素，过氧化氢，硝酸，过氧化钠

3.2.2 健康危害性

实验室大多数化学品都有不同程度的毒性，使用不当易对人体产生健康危害。广义的毒性是指外源化学品与机体接触或进入体内的易感部位后引起机体损害的能力，包括急性毒性、慢性毒性、腐蚀性、刺激性、致敏性、感染性、窒息性、神经毒性、生殖毒性、遗传毒性及致癌性等。

1. 健康危害性种类

(1) 急性毒性

急性毒性是指机体(人或实验动物)一次或 24h 内多次接触外源化学品后所引起的中毒甚至死亡效应。实验室常见的高急性毒性化学品有丙烯醛、羰基镍、甲基汞、四氧化锇、氢氰酸、氰化钠、氟化氢等。在实验室进行实验时化学品用量通常很少，除非严重违反使用规则，否则不会发生化学品中毒事故。但是，若所用化学品毒性较强，一旦用错就会发生事故，甚至危及生命。因此，使用化学品时必须关注其毒性危险因素，做好防护措施，严格遵守操作规程，认真细致操作实验。

(2) 慢性毒性

慢性毒性是指长期接触毒性物质对机体造成功能或结构形态的损害。慢性毒性是衡量蓄积毒性的重要指标。其症状可能不会立即出现，一般要经数月甚至数年才会表现。在实验室中长期接触重金属(如铅、镉、汞及其化合物等)及一些有机溶剂(如苯、正己烷、卤代烷烃等)往往易发生慢性中毒。

(3) 腐蚀性

腐蚀性是指通过化学反应对机体接触部位的组织(如皮肤、肌肉、视网膜等)造成不可逆的组织损伤。化学实验室常见的腐蚀性物质有氨、过氧化氢、溴、强酸、强碱、酚类、氢氟酸等。若实验用到这些化学品，必须在通风柜内操作，并确保皮肤、面部、眼睛得到充分保护。

(4) 刺激性

刺激性是指通过化学反应对与机体接触部位的组织造成可逆的炎症反应(如红肿、起水疱等）。接触有刺激性的化学药品需要做好防护措施，将化学品与皮肤、眼睛接触的可能性降至最低。

（5）致敏性

致敏性是机体对材料产生的特异性免疫应答反应，表现为组织损伤或生理功能紊乱。一些过敏反应非常迅速，接触几分钟机体即产生反应，而延迟性过敏则需要几小时甚至几天才发作。过敏通常表现为皮肤红肿、瘙痒、眼睛充血等，严重的过敏反应会导致休克，如果救治不及时，过敏者常在 5~10min 内死亡。极其微量的致敏性物质就能引发过敏性体质者的过敏反应，因此，实验室人员必须对化学品引发的过敏症状保持警觉。

（6）窒息性

窒息性是指可使机体氧的供给、摄取、运送和利用发生障碍，使全身组织、细胞得不到或不能利用氧，进而导致组织、细胞缺氧窒息，丧失功能甚至坏死。乙炔、二氧化碳、氮气、甲烷等都是常见的窒息性物质。一氧化碳、氰化物则可以与血红蛋白结合，使血液失去携氧能力，造成缺氧昏迷甚至死亡。

（7）神经毒性

神经毒性是指对中枢神经、周边神经系统的结构和功能有毒害作用，有些可恢复，有些会造成永久性伤害。许多神经毒素的伤害作用在短期内没有明显症状，容易被忽视。实验室可接触到的神经毒素有汞（包括有机汞和无机汞化合物）、有机磷酸酯、农药、二硫化碳、二甲苯等。

（8）生殖毒性与生长毒性

生殖毒素是一种可以引起染色体变异或损伤的物质，它可导致婴儿夭折或畸形。这类物质可以在生殖过程的多个层面引发问题，在某些情况下可导致不育。许多生殖毒素都是慢性毒素，它们只有在被多次或长时间接触后才能对人造成伤害，有些伤害甚至在青春期之后才慢慢显现出来。

若生长毒素作用于孕妇，其对胎儿伤害很大。一般在孕期前三个月作用最为明显，需要特别注意易通过皮肤被迅速吸收的化学品，如甲酰胺，接触前一定要做好防护措施。

（9）特异性靶器官系统毒性

特异性靶器官系统毒性化学品包括大部分卤代烃、苯及其他芳香烃、金属有机化合物、氰化物、一氧化碳等，会对机体的器官（肝脏、肾脏、肺等）产生多种影响。

（10）致癌性

致癌物是慢性毒性物质，具有潜伏性，只有在多次或长时间接触后才会造成损伤。实验室用到的新化学品大多未经致癌性检测，实验人员在使用具有潜在致癌性的物质时，务必要做好自我防护。

2. 毒害性物质侵入人体的途径

毒害性物质主要通过消化道、呼吸道和皮肤三种途径入侵人体，大多数毒害性物质只有被吞食才会致人中毒，有些化学品无论通过何种途径进入体内，都会对人体造成毒害。因此，了解毒性物质的入侵途径有助于做好针对性防护。

（1）通过消化道入侵

食入毒害性物质时，毒物会通过口腔进入食道、胃、肠，毒害性物质会被口腔、胃、肠道逐步吸收，其中大部分会被小肠吸收。若这些器官发生发炎、溃疡等病变，它们将因失去保护层而吸收更多的有毒物质。毒害性物质通过消化道入侵时，多数情况下都会导致立刻中毒，甚至造成死亡。

（2）通过呼吸道入侵

当通过口、鼻吸入空气中的毒害性物质时，对咽喉、鼻腔和肺部会产生刺激。此外，这些毒素会直接进入血液，快速扩散至大脑、心脏、肝脏以及肾脏等器官。人体吸入有毒化合物的毒量通常与毒物浓度、呼吸的频率和深度、肺部功能有关，患有哮喘或其他肺部疾病的人更容易中毒。吸入中毒是一种常见的中毒方式，它比食入更有危害。通常情况下，肺部可将吸入的气体迅速吸收，而其中的灰尘、雾气以及微粒则被滞留在肺部，很难排出。

（3）通过皮肤入侵

毒害性物质或其蒸气与皮肤接触时，可通过表皮屏障、毛囊，极少数通过汗腺进入皮下血管并传播到身体其他部位。吸收的量与毒物的浓度、溶解度、体表温度、是否出汗等有关。当皮肤被烫伤、烧伤或割破时，有毒物质更易从皮肤入侵人体。另外，毒害性物质也会通过皮肤注射而进入体内，在使用注射器时务必注意，不要将针头对着人。若操作不慎导致毒害性物质溅入眼内，则会通过眼结膜或眼角膜进入人体。

3. 量效关系

一种外源化学物质对机体的损害能力越大，其毒性就越高。外源化学物质毒性的高低由其本身的理化性质决定。除此以外，物质与机体的接触量、接触途径、接触方式也对毒性作用产生不同程度的影响，其中以接触量影响最大。

一般用半数致死量（LD_{50}）或半数致死浓度（LC_{50}）来表示急性毒性的作用程度。LD_{50}（Lethal Dose 50）是指能杀死一半试验总体之有害物质、有毒物质或游离辐射的剂量，它是描述有毒物质或辐射毒性的常用指标，常以 mg/kg 或 g/kg 为单位，表示药剂对单位重量机体的作用。LC_{50}（Lethal Concentration 50）是指能杀死一半试验总体的毒物浓度，国际单位为 mg/L，也常以 ppm 为单位。一般来说，LD_{50} 或 LC_{50} 越高，表示外源化学物质的毒性越低。但是，不能仅以急性毒性高低来评价外源化学物质的毒性，一些外源化学物质的急性毒性属于低毒或微毒，但却有致癌、致畸等毒害作用，如双酚 A，尽管其急性毒性很低，但却具有致癌性和生殖毒性，因此世界各国纷纷禁止将双酚 A 用于制造食品容器。

4. 影响毒性作用的因素

化学品的毒性与其溶解度、挥发性和化学结构等有关。一般而言，溶解度（包括水溶性或脂溶性）越大的有毒物质毒性越大，因其溶于体液、血液、淋巴液、脂肪及类脂质的数量多、浓度大，生化反应强烈。挥发性越强的有毒物质毒性越大，因其挥发到空气中的分子多、浓度高，与身体表面接触或进入人体的毒物数量多、毒性大。物质分子结构与其毒性也存在一定关系，如脂肪烃化合物，其化学毒性随分子中碳原子数增多而加大，而含不饱和键的化合物，其化学毒性通常比不含不饱和键的化合物要大。

3.2.3 环境危害性

1. 危害水生环境

一些化学物质可对水生环境产生急性或慢性毒性，其毒害性可能存在潜在的或实际的生物积累，最终将影响人类健康。

2. 危害臭氧层

一些化学物质，如短链卤化烷烃，会消耗大气臭氧层，导致更多紫外线到达地表，危害人体健康、作物生长及地球生态。

3.3　危险化学品简介

本节将参照《危险货物分类和品名编号》(GB 6944—2012)分类方法介绍各类危险化学品。

3.3.1　爆炸品

1. 爆炸品的定义和分类

凡是受到撞击、摩擦、震动、高热或其他因素的激发，能产生激烈的变化并在极短时间内放出大量热和气体，同时伴有声、光等效应的物质均称为爆炸品或易爆化学品。爆炸品分类方法很多，按爆炸品的组成可分为爆炸化合物和爆炸混合物。《易制爆危险化学品名录(2017年版)》(附录1)将易制爆危险化学品分为9大类共74种。

（1）爆炸化合物

爆炸化合物有固定的化学组成，按其化学结构可分为9种类型(见表3-2)。

表 3-2　爆炸化合物分类

爆炸化合物名称	爆炸基团	化合物举例
乙炔类化合物	C≡C	乙炔银、乙炔汞
叠氮化合物	N≡N	叠氮铅、叠氮镁
雷酸盐类化合物	N≡C	雷汞、雷酸银
亚硝基化合物	N=O	亚硝基乙醚、亚硝基酚
臭氧、过氧化物	O—O	臭氧、过氧化氢
氯酸或过氯酸化合物	O—Cl	氯酸钾、高氯酸钾
氮的卤化物	N—X	氯化氮、溴化氮
硝基化合物	R—NO$_2$	三硝基甲苯、三硝基苯酚
硝酸酯类	R—ONO$_2$	硝化甘油、硝化棉

上述化学品之所以具有爆炸性，是由于其分子结构中含有不稳定基团。在外界能量作用下，不稳定基团被活化，化学键发生断裂，从而引发爆炸。

（2）爆炸混合物

爆炸混合物通常由爆炸组分和非爆炸组分经机械混合而成。例如，硝铵炸药、黑色火药、液氧炸药等都属于爆炸混合物。《危险货物品名表》(GB 12268—2012)把爆炸品分为以下六项：

① 有整体爆炸危险的物质和物品；

② 有迸射危险，但无整体爆炸危险的物质和物品；

③ 有局部爆炸危险或局部迸射危险，或这两种危险都有，但无整体爆炸危险的物质和物品；

④ 不呈现重大危险的物质和物品；

⑤ 有整体爆炸危险的非常不敏感的物质；

⑥ 无整体爆炸危险的极端不敏感物品。

2. 爆炸品危险特性

（1）爆炸性

爆炸品具有化学不稳定性，在一定外因作用下，能以极快的速度发生猛烈的化学反应，产生的大量气体和热量在短时间内无法逸散，致使周围温度迅速升高并产生巨大压力而引起爆炸。

（2）敏感度高

爆炸品对热、火花、撞击、摩擦、冲击波等敏感，极易发生爆炸。爆炸品的敏感度主要分为热感度（如加热、火花、火焰等）、机械感度（如冲击、摩擦、撞击等）、静电感度（如静电、电火花等）、起爆感度（如雷管、炸药等）。不同爆炸品的各种感度不同。决定爆炸品敏感度的内在因素是它的化学组成和结构，影响敏感度的外部因素有温度、杂质、结晶、密度等。

（3）毒害性

很多爆炸品都具有一定毒性。有些爆炸品在发生爆炸时还产生 CO、HCN、NO_2 等有毒或窒息性气体，可从呼吸道、食道，甚至皮肤进入体内，引起中毒。

（4）着火危险性

很多爆炸品是含氧化合物或是可燃物与氧化剂的混合物，受激发能源作用发生氧化还原反应而形成分解式燃烧，而且着火不需外界供给氧气。

（5）吸湿性

有些爆炸品具有较强的吸湿性，受潮或遇湿后会降低爆炸能力，甚至无法使用。

（6）见光分解性

有些爆炸品受光后容易分解，如叠氮银、雷酸汞等。

（7）化学反应性

有些爆炸品可与某些化学品发生反应，生成爆炸性更强的危险化学品。

3. 爆炸品爆炸的主要特点

（1）爆炸时反应速度快。爆炸反应通常在万分之一秒内完成。例如，1kg 硝铵炸药完成反应仅需十万分之三秒，爆炸传播速度一般在 2000~9000m/s 之间。由于反应速率快，释放出的能量来不及散逸，所以具有极大的爆炸做功能力。

（2）反应中释放大量热。爆炸时气体产物通常能被加热到数千摄氏度，压力可达十万个大气压，高温高压反应释放的能量最后转化为机械能，使周围的介质受到挤压和破坏。例如，1kg 硝铵炸药爆炸能释放出 44355.36 ~ 45828.8kJ 热量，爆炸中心温度高达 2400 ~ 3400℃。气体混合物爆炸后也有大量热产生，但温度基本不超过 1000℃。

（3）反应中能生成大量气体。气体在反应热作用下体积急剧膨胀，但又处于定容压缩状态，压力往往可达数十万个大气压。例如，1kg 硝铵炸药爆炸能产生 869~963L 气体，且在十万分之三秒内放出，使周围压力骤升至十万个大气压，所以破坏力极大。气体混合物爆炸时虽然也能放出气体，但相对较少，而且压力也很少超过十个大气压。

4. 爆炸品储存和使用

爆炸品在爆炸瞬间能释放出巨大的能量，使周围的人和建筑受到极大的伤害和破坏，因此在使用和储存时必须高度重视、严格管理。

（1）爆炸品应储存于专门仓库，分类存放。仓库应保持通风，远离火源、热源，避免阳光直射，与周围建筑物保持一定的安全距离。

（2）对爆炸品库房的管理应严格执行"五双"制度，即做到"双人保管、双人发货、双人领用、双本账、双把锁"。

（3）使用爆炸品时务必小心谨慎、轻拿轻放，避免摩擦、撞击和震动。

5. 爆炸品事故应急预案

爆炸品发生火灾后应迅速查明发生爆炸的可能性和危险性，采取一切措施防止发生爆炸。在人身安全确有保障的前提下，迅速组织力量及时疏散着火区域周围的易燃、易爆品。爆炸品着火可用大量的水扑救，水不但可以灭火，还可以降低爆炸品的敏感度，使其逐步失去爆炸能力。扑救时要防止高压水流直接射向爆炸品，避免因冲击引起爆炸品爆炸。爆炸品着火切勿用沙土压盖，因为压盖的沙土会阻碍烟气散逸，使爆炸品内部压力增加，更易引发爆炸。

6. 实验室常见的爆炸品

（1）高氯酸盐或有机高氯酸化合物

高氯酸盐主要用作火箭燃料、烟火中的氧化剂和安全气囊中的爆炸物。多数高氯酸盐可溶于水，在实验室中被广泛用于无机合成或金属有机合成。一般高氯酸盐对热和碰撞并不敏感，但许多重金属的高氯酸盐、有机高氯酸盐、有机高氨酸酯、高氯酸肼、高氯酸氟等极易爆炸。存在还原性物质条件下，操作任何一种高氯酸化合物均具有潜在的爆炸风险，因此操作时必须谨慎。

（2）硝酸酯类或含硝基的有机化合物

硝酸酯类化学品及含多个硝基的有机化合物的燃爆危险性较大，该类化合物常被用作炸药。如硝酸甘油、硝化棉、乙二醇二硝酸酯、三硝基甲苯（TNT）和苦味酸（TNP）等。在脱除硝化产物中的溶剂时不宜过分蒸馏，因为当蒸至残液量较少时，馏残物中的多硝基化合物具有爆炸性，易发生爆炸事故。

（3）叠氮化合物

有机和无机叠氮化合物均为叠氮酸衍生物。叠氮酸的重金属盐，如叠氮银（AgN_3）、叠氮铅[$Pb(N_3)_2$]等具有高爆炸性。由于对撞击极为敏感，叠氮铅常被用作起爆剂的重要成分。一般碱金属的叠氮酸盐无爆炸性，如叠氮钠遇水会分解成叠氮酸（HN）。烷基叠氮化合物室温下较稳定，但受热易爆炸；温度升高可分解释放出叠氮酸。芳基叠氮化合物为相对稳定的有色固体，撞击时易爆炸，熔化时可分解，释放出叠氮酸。叠氮钠易和铅或铜急剧反应生成易爆炸的金属叠氮化合物。

（4）重氮化合物

重氮化合物是一类由烷基与重氮基（—N≡N—）连接而成的有机化合物，如重氮甲烷、重氮乙酸乙酯。重氮化合物大多具爆炸性，且多数有毒，对皮肤黏膜等有刺激性。重氮化合物与碱金属接触或高温时可发生爆炸。常用的重氮化合物有重氮甲烷，这是一种非常活泼、具有爆炸性的有毒气体，在制备及使用时要特别注意安全，反应时必须用光洁的玻璃仪器，不能使用带磨口的玻璃仪器，因磨口接头易引发重氮甲烷爆炸。

3.3.2　气体

危险气体指在50℃下饱和蒸气压大于300kPa的物质，或者在20℃、101.3kPa下完全为气态的物质。包括压缩气体、液化气体、溶解气体和冷冻液化气体，一种或多种气体与一种或多种其他类别物质的蒸气的混合物、充有气体的物品和烟雾剂。

1. 危险气体分类

按危险特性可将危险气体分为易燃气体、有毒气体和非易燃无毒气体三类。

（1）易燃气体

易燃气体是指在20℃、101.3kPa压力下与空气的混合物中体积分数占13%或更少时可点燃的气体；或不论易燃下限如何，与空气混合，燃烧范围的体积分数至少为12%的气体。此类气体极易燃烧，与空气混合能形成爆炸性混合物。在常温常压下遇明火或高温即发生燃烧或爆炸。实验室中常见的易燃气体包括氢气、甲烷、乙烷、乙烯、丙烯、乙炔、环丙烷、丁二烯、氧化碳、甲醚、环氧乙烷、乙醛、丙烯醛氨、乙胺、氰化氢、丙烯腈、硫化氢、二硫化碳等。

（2）有毒气体

有毒气体是指具有毒性或腐蚀性、对人类健康造成危害的气体。常见的有毒气体有光气、溴甲烷、氰化氢、磷化氢、氟化氢、氧化亚氮等。

（3）非易燃无毒气体

非易燃无毒气体是指在20℃、不低于280kPa压力下的压缩或冷冻的不属于以上两类气体的其他气体，包括窒息性气体和氧化性气体。这类气体中的氧化性气体是指比空气更能促进气体燃烧的气体(如纯氧)，为助燃气体，遇油脂能发生燃烧或爆炸。窒息性气体则会稀释或取代空气中的氧气，在高浓度时对人有窒息作用，如氮气、二氧化碳、惰性气体等。

2. 气体危险特性

（1）物理性爆炸

储存于钢瓶内压力较高的压缩气体或液化气体受热会发生膨胀，当气体压力超过钢瓶耐压极限时，即会发生钢瓶爆炸。液化气体在钢瓶内是以液态和气态共存，在运输、使用或储存中，一旦受热或撞击等外力作用，瓶内液体会迅速汽化，从而使钢瓶内压力急剧增高，导致爆炸。钢瓶爆炸时，易燃气体及爆炸碎片的冲击能间接引起火灾。

（2）化学活泼性

易燃和氧化性气体的化学性质很活泼，在普通状态下可与很多物质发生反应、爆炸或燃烧。例如，乙炔、乙烯与氯气混合遇日光会发生爆炸；液态氧与有机物接触能发生爆炸；压缩氧气与油脂接触能发生自燃。

（3）可燃性

易燃气体遇火源能燃烧，与空气混合到一定浓度会发生爆炸。若爆炸极限宽的气体发生火灾，其爆炸危险性更大。

（4）扩散性

比空气轻的易燃气体逸散在空气中可以很快扩散，一旦发生火灾会造成火焰迅速蔓延。比空气重的易燃气体发生泄漏，通常沉积在地面或房间死角，长时间不扩散，一旦遇到明火，易导致燃烧或爆炸。

（5）腐蚀性、致敏性、毒害性及窒息性

大多数气体都有毒性，如硫化氢、氯乙烯、液化石油气、一氧化碳等。有些气体还具有腐蚀性，因其中含有一些含硫、氮或氟元素的气体，如硫化氢、氨、三氟化氮等。这些气体不仅可引起人畜中毒，还会使皮肤、呼吸道黏膜等受到严重刺激和灼伤而危及生命。当大量压缩或液化气体及其燃烧后的产物扩散到空气中时，空气中氧含量迅速降低，人会因缺氧而窒息。因此，在扑救具有毒性、腐蚀性、窒息性气体引发的火灾时，应特别注意自身的防护。

3. 实验室常见气体及性质

（1）氧气

氧气是强烈的助燃气体，高温下纯氧十分活泼。当温度不变而压力增加时，氧气可以和油脂类物质发生急剧的化学反应，并引起发热自燃，进而产生强烈爆炸。氧气瓶一定要防止与油脂类物质接触，瓶身严禁沾染油脂，并绝对避免混入可燃性气体，禁止向充有可燃性气体的气瓶中充灌氧气。氧气瓶禁止放于阳光暴晒处，应储存在阴凉通风处，远离火源，避免阳光直射。

（2）氢气

氢气密度小、易泄漏，扩散速度很快，易和其他气体混合。氢气与空气的混合气体极易自燃自爆，燃烧速度约为 2.7m/s。高压条件下的氢和氧能够直接化合，因放热而引起爆炸；高压氢、氧混合气体冲出容器时，因摩擦发热或产生静电火花，也可能引起爆炸。氢气应单独存放，最好放置在室外专用的小屋内，放在实验室内。氢气瓶存放处严禁烟火。

（3）氮气

氮气的化学性质稳定，一般不与其他物质发生反应。这种惰性品质使它可以广泛应用于许多厌氧环境，比如用氮气将特定容器中的空气驱替置换，起到隔离、阻燃、防爆、防腐的作用。高纯氮气在金属熔铸工艺中被用于对金属熔体精练处理，以提高铸坯质量。实验室通常将氮气用作化学反应或材料热处理的保护气，阻止反应物或材料接触空气。此外，实验室的分析仪器通常用到高纯氮气，如气相色谱仪的载气、液相色谱质谱联用仪的雾化气。若室内空气中氮气含量过高，氧分压下降，将引起人员缺氧窒息。吸入氮气浓度不太高时，患者最初感觉胸闷、气短、乏力，继而产生烦躁不安、极度兴奋、乱跑、叫喊、神情恍惚、步态不稳等症状，在医学上称之为"氮酩酊"，患者可进入昏睡或昏迷状态。若吸入高浓度氮气，患者将迅速昏迷，因呼吸和心跳停止而死亡。

4. 气体火灾的扑救

（1）首先应扑灭外围被火源引燃的可燃物，切断火势蔓延途径，控制燃烧范围。

（2）扑救压缩气体和液化气体火灾切忌盲目灭火。若在扑救周围火势过程中不慎扑灭了泄漏处的火焰，在未采取堵漏措施的情况下，必须立即用长的点火棒将火重新点燃，使其稳定燃烧。否则泄漏出来的大量气体与空气混合，一旦遇明火将发生爆炸，后果不堪设想。

（3）若火场中有压力容器或有受到火焰热辐射威胁的压力容器，应尽可能将其转移到安全地带，若不能及时转移，应用水枪进行冷却保护。

（4）若是输气管道泄漏着火，应尽快找到气源阀门，立即将阀门关闭。

（5）找到漏点并将其封堵，即可用水、干粉、二氧化碳等灭火剂进行灭火。

3.3.3 易燃液体

《危险货物分类和品名编号》（GB 6944—2012）中定义，易燃液体是指易燃的液体或液体混合物，或是在溶液或悬浮液中有固体的液体，其闭杯闪点不高于 60℃，或开杯闪点不高于 65.6℃。易燃液体还包括满足下列条件之一的液体：①在温度等于或高于其闪点的条件下提交运输的液体；②以液态在高温条件下运输或提交运输、并在温度等于或低于最高运输温度下放出易燃蒸气的物质。《化学品分类和危险性公示 通则》（GB 13690—2009）将易燃液体定义为闪点不高于 93℃ 的液体。

1. 易燃液体分类

《化学品分类和标签规范 第7部分：易燃液体》(GB 30000.7—2013)将易燃液体按其闪点划分为以下四类：

(1) 第1类：闪点小于23℃且初沸点不大于35℃，如乙醚、二硫化碳等。

(2) 第2类：闪点小于23℃且初沸点大于35℃，如甲醇、乙醇等。

(3) 第3类：闪点不小于23℃且不大于60℃，如航空煤油等。

(4) 第4类：闪点大于60℃且不大于93℃，如柴油等。

也有学者将易燃液体分为以下三类：

(1) 低闪点液体：是指闭杯闪点低于-18℃的液体；

(2) 中闪点液体：是指闭杯闪点大于等于-18℃、小于23℃的液体；

(3) 高闪点液体：是指闭杯闪点大于等于23℃、小于61℃的液体。

2. 易燃液体危险特性

(1) 易燃性

易燃液体的闪点低，其燃点也低(高于闪点1~5℃)，在常温下接触火源极易着火并持续燃烧。易燃液体燃烧是通过其挥发的蒸气与空气形成可燃混合物，达到一定浓度后遇火源而实现的，其实质是液体蒸气与氧发生了氧化反应。低沸点导致易燃液体很容易挥发出易燃蒸气，其着火所需的能量极小，因此易燃液体都具有高易燃性。

(2) 蒸气的爆炸性

多数易燃液体沸点低于100℃，具有很强的挥发性，挥发出的蒸气易与空气形成爆炸性混合物，当蒸气与空气的比例处于爆炸极限范围内时，遇火源便发生爆炸。挥发性越强的易燃液体，其爆炸危险性就越大。

(3) 热膨胀性

易燃液体和其他液体一样，也有受热膨胀性。储存于密闭容器中的易燃液体受热后，体积膨胀、蒸气压增加，若超过容器的压力极限将造成容器膨胀，发生物理爆炸。因此，盛放易燃液体的容器必须留有不少于5%的空间，并储存于阴凉处。

(4) 流动性

易燃液体的黏度一般都很小，本身极易流动。同时还会通过渗透、浸润及毛细现象等作用，沿容器细微裂纹处渗出容器壁外，并源源不断地挥发，使空气中的易燃蒸气浓度持续增高，增加了燃烧爆炸的危险性。

(5) 静电性

多数易燃液体是有机化合物，是电的不良导体，在灌注、输送、流动过程中因摩擦、震荡产生静电。当静电积聚到一定程度时就会放电产生火花，引起着火或爆炸。

(6) 毒害性

易燃液体及其蒸气大多具有一定毒性，易通过呼吸道或皮肤进入人体，致人昏迷或窒息。一般不饱和、芳香族碳氢化合物和易挥发的石油产品比饱和的碳氢化合物、不易挥发的石油产品的毒性大。一些易燃液体还具有麻醉性，如乙醚，长时间吸入会使人失去知觉，发生其他伤害事故。

3. 实验室常见的易燃液体

(1) 乙醚

乙醚是无色透明液体，有特殊刺激气味，极易挥发，易燃，闪点-45℃，沸点34.6℃，是一种用途非常广泛的有机溶剂。纯度较高的乙醚不可敞口存放，否则其蒸气可能引来远处的明火。乙醚在空气的作用下易被氧化成过氧化物、醛和乙酸，光线能促进其氧化。蒸馏乙醚时不可完全蒸干，其蒸发残留物中的过氧化物加热到100℃以上时将发生强烈爆炸。乙醚若与硝酸、硫酸混合将发生猛烈爆炸。乙醚应储于低温通风处，远离火种、热源，与氧化剂、卤素、强酸等化学品分开储存。

（2）丙酮

丙酮，别名二甲基酮，是一种无色透明液体，有特殊气味，易挥发，易燃，闪点-20℃，沸点56℃，能溶解醋酸纤维和硝酸纤维，属易制毒化学品。丙酮与氧化剂能发生强烈反应，其蒸气与空气可形成爆炸性混合物，遇明火极易燃烧爆炸。丙酮蒸气比空气重，能在较低处扩散到相当远的地方，遇火源会着火回燃。若遇高热，丙酮蒸气压增大，容器有开裂和爆炸危险。丙酮应储存于密封的容器内，置于阴凉、干燥、通风良好处，远离热源、火源和有禁忌的物质。

（3）甲苯

甲苯是一种有特殊芳香气味的易挥发无色液体，闪点4.4℃，沸点110.6℃，易燃、低毒，高浓度的甲苯蒸气有麻醉性、刺激性，属易制毒化学品。甲苯与氧化剂能发生强烈反应，其蒸气与空气可形成爆炸性混合物，遇明火、高热易燃烧爆炸，由于其蒸气比空气重，因此能在较低处扩散到相当远的地方，遇火源会着火回燃。甲苯流速过快易产生和积聚静电。甲苯是芳香族碳氢化合物的一员，很多性质与苯相似，常常替代苯作为有机溶剂使用。甲苯应储存于阴凉、通风处，远离火种、热源，与氧化剂分开存放。

4. 易燃液体储存和使用

（1）易燃液体应存放在阴凉通风处，有条件的实验室应设置易燃液体专柜存放。

（2）使用易燃液体时要轻拿轻放，防止相互碰撞或将容器损坏造成泄漏事故；不同种类的易燃液体具有不同的理化性质，使用前应仔细阅读其化学品安全技术说明书（MSDS）。

（3）易燃液体不得敞口存放。实验时应在通风柜中操作，必要时佩戴防护器具。

5. 易燃液体火灾扑救

（1）扑救易燃液体火灾时应掌握着火液体的品名、比重、水溶性、毒性、腐蚀性以及有无喷溅危险等性质，以便采取相应的灭火和防护措施。

（2）小面积的液体火灾可用干粉或泡沫灭火器进行扑救，也可用沙土覆盖。发生在容器内的小火情可用湿抹布覆盖灭火。

（3）扑救毒害性、腐蚀性或燃烧产物毒性较强的易燃液体火灾，扑救人员必须佩戴防毒面具，并采取严密的防护措施。

3.3.4 易燃固体、易于自燃的物质、遇水放出易燃气体的物质

1. 易燃固体

易燃固体是指容易燃烧或通过摩擦可能引燃或助燃的固体。易燃固体燃点低，对热、撞击、高能辐射等敏感，被外部火源点燃后燃烧迅速，并可能散发出有毒烟雾或有毒气体。易燃固体不包括已列入爆炸品的物质。常见易燃固体有：红磷与含磷化合物，如三硫化四磷、五硫化二磷等；硝基化合物，如二硝基苯，二硝基萘等；亚硝基化合物，如亚硝基苯酚等；易燃金属粉末，如镁粉、铝粉、钛粉、锆粉、锰粉等；萘及其类似物，如萘、甲基萘、均四甲苯、茨烯、樟脑等；其他易燃固体，如氨基化钠、重氮氨基苯、硫黄、聚甲醛、苯磺酰

肼、偶氮二异丁腈、氨基化锂等。

（1）危险特性

① 易燃性。易燃固体的着火点都比较低，一般都在300℃以下，受热易熔融、分解或汽化，在常温下很小能量的着火源就能引燃易燃固体；有些易燃固体在摩擦、撞击、震动等外力作用下也能很快达到燃点，引起燃烧。

② 爆炸性。绝大多数易燃固体具有较强的还原性，与酸、氧化剂，尤其是强氧化剂接触能立即引起着火或爆炸。易燃固体粉末与空气混合后容易发生粉尘爆炸，如硫粉及易燃金属粉末等；易燃固体与空气接触面积越大，发生燃烧爆炸的危险性越大。

③ 毒害性。很多易燃固体不但本身具有毒害性，而且燃烧后的产物还可能有毒。

④ 敏感性。易燃固体对明火、热源、撞击比较敏感。

⑤ 热不稳定性。易燃固体容易被氧化，受热易分解或升华，遇火源、高热易发生剧烈燃烧。

（2）实验室常见的易燃固体

① 硫黄，别名硫，外观为淡黄色脆性结晶或粉末，有特殊臭味，闪点为208℃，熔点为119℃，沸点为444℃，硫黄难溶于水，微溶于乙醇、醚，易溶于二硫化碳。硫黄易燃，与氧化剂混合能形成爆炸性混合物，与卤素、金属粉末等接触后会发生剧烈反应，粉尘或蒸气与空气或氧化剂混合后形成爆炸性混合物。硫黄为不良导体，在储运过程中易产生静电，易导致硫尘起火。硫黄本身低毒，但其蒸气及燃烧后产生的二氧化硫有剧毒。

② 氨基化钠，别名氨基钠，室温下为白色或浅灰色固体，有氨的气味，熔点208℃，沸点400℃，在空气中易氧化、易燃，有腐蚀性和吸湿性，能与水强烈反应生成氢氧化钠和氨。在遇高热、明火、强氧化剂或受潮时均可发生爆炸。粉状固体飘浮于空气中时，容易形成爆炸性粉尘。若氨基钠变成黄色或棕色，表明此时已有氧化产物生成，可能发生爆炸，应联系专业处理危险废弃物人员。因此，若实验需用到氨基钠，应根据需求量现制现用。若条件允许，尽量在手套箱中操作，避免与空气接触。

2. 易于自燃的物质

易于自燃的物质指自燃点低，在空气中易发生氧化反应，放出热量后自行燃烧的物质，包括发火物质和自热物质两类。发火物质是指与空气接触不足5min便可自行燃烧的物质，包括混合物和溶液。自热物质是指发火物质以外的、与空气接触（不需要外部热源）即能自己发热的物质。常见的易于自燃物质有黄磷、硝化纤维、铁、镍、三乙基铝等。另外，一些含有不饱和键的化学品（如油脂类物质）在空气中氧化放出热量且积聚不散，也能引起自燃。

（1）危险特性

① 自燃性。自燃性物质都比较容易氧化，接触空气中的氧时会产生大量的热，积热达到自燃点而着火或爆炸。此外，潮湿、高温、包装疏松、结构多孔（接触空气面积大）、助燃剂或催化剂存在等，也易促进其自燃。

② 化学活性。自燃物质一般都比较活泼，具有极强的还原性，遇氧化剂可发生激烈反应而爆炸。

③ 毒害性。有相当部分自燃物质本身及其燃烧产物不仅对机体有毒害作用，还可能有刺激、腐蚀等作用，如黄磷、亚硝基化合物、金属烷基化合物等。

（2）实验室常见的自燃物质

① 黄磷。黄磷又叫白磷，为白色至黄色蜡状固体，熔点44℃，沸点280℃，着火点

40℃，不溶于水，微溶于氯仿、苯，易溶于二硫化碳。被空气氧化后表面为淡黄色。黄磷性质活泼，是强还原剂，受撞击、摩擦或与氯酸盐等接触能迅速燃烧爆炸。黄磷燃点特别低，一经暴露在空气中很快自燃，在潮湿空气中比在干燥空气中更易自燃。必须放置在水中保存，且远离火源、热源。

黄磷极毒，与皮肤接触能引起严重的皮肤灼伤且伤口不易愈合。其蒸气能刺激眼睛、鼻腔黏膜及肺部，吸入过多可引起组织坏死。慢性中毒可引起神经衰弱综合征、消化功能紊乱及骨骼损坏。其燃烧产物五氧化二磷也是有毒物质，遇水生成磷酸，对皮肤有腐蚀作用。使用黄磷时要做好个人防护，身体部位不能与其直接接触。

② 三乙基铝。三乙基铝为无色透明液体，具有强烈的霉烂气味，熔点 -52.5℃，闪点 -53℃，沸点 194℃，溶于苯，混溶于饱和烃类溶剂。化学性质活泼，能在空气中自燃，遇水即发生爆炸，也能与酸类、卤素、醇类和胺类起强烈反应。主要用作催化剂、引发剂、火箭燃料，也可用于气体喷铝。三乙基铝具有强烈刺激和腐蚀作用，主要损害呼吸道和眼结膜，吸入高浓度三乙基铝可导致肺水肿。皮肤接触可致灼伤，伤处将充血、水肿和起水疱，疼痛剧烈。取用三乙基铝时必须对全身进行防护。

三乙基铝必须用充有惰性气体的特定容器包装，且要密封，不可与空气接触。储存于干燥、阴凉、通风处，远离火种、热源。三乙基铝应与氧化剂、酸类、醇类等分开存放，切忌混存。三乙基铝着火可用干粉灭火剂扑救，禁止使用水或泡沫灭火剂。

（3）储存和使用

① 易于自燃的物质应单独储存于通风、阴凉、干燥处，远离明火或热源，防止阳光直射；

② 因易于自燃的物质一旦接触空气就会着火，初次使用应请有经验者进行指导；

③ 在存取和使用过程中，应轻拿轻放、谨慎操作，不得损坏容器；

④ 尽量在手套箱内操作，通入氮气，避免与空气接触；

⑤ 避免与氧化剂、酸、碱等接触。忌水的易于自燃的物质必须密封包装，不得受潮。

（4）火灾的扑救

对有积热自燃的物品的火灾，如油纸、油布等，可用水扑救。由黄磷引发的火灾应用低压水或雾状水扑救，不可用高压水扑救，高压水冲击易导致黄磷飞溅，使灾害扩大。黄磷熔融液体流淌时应用消防沙拦截并用雾状水冷却，对磷块和冷却后已固化的黄磷应用坩埚钳装入储水容器中，来不及钳出可先用沙土掩盖，但应做好标记，待将火势扑灭后再收集至储水容器中。

3. 遇水放出易燃气体的物质

遇水放出易燃气体的物质又称遇湿易燃物质，其在遇水或受潮时发生剧烈化学反应，并生成自燃物质或放出危险数量的易燃气体和热量。有些遇湿易燃物质甚至不需明火即能燃烧或爆炸。常见的该类物质有金属锂、钠、钾、锶等及其氢化物、碳化物，此外还有磷化钙、磷化锌、碳化钙、碳化铝等，这些物质通常有自燃性，易引起燃烧或爆炸，危险性很大。还有一些物质危险性小，虽可引起燃烧或爆炸，但不易发生自燃或自发爆炸，如氢化钙、锌粉、保险粉(连二亚硫酸钠)等。

（1）危险特性

① 遇水易燃性。这是此类物质的共性。遇水、潮湿空气或含水物质可剧烈反应，放出易燃气体和大量热，形成爆炸性混合气体，引起燃烧、爆炸。

② 与酸或氧化剂反应更剧烈。除与水剧烈反应外，也能与酸或氧化剂发生剧烈反应，且反应更加剧烈，发生燃烧爆炸的危险性更大。

③ 自燃危险性。有些遇水放出易燃气体的物质不仅遇水放出易燃气体，而且在潮湿空气中能自燃，在高温下反应更加强烈。

④ 毒害性和腐蚀性。一些遇水放出易燃气体的物质本身具有毒性，遇湿后还可放出有毒气体，如钠汞齐、钾汞齐等。因对水有反应活性，故对机体有腐蚀性，使用这类物质时应防止接触皮肤，以免灼伤，取用时要戴橡胶手套并用镊子操作，严禁手拿。

（2）实验室中常见的遇水放出易燃气体的物质

① 金属钠。金属钠的熔点为97.8℃，沸点为882.9℃，为银白色固体，密度比水小，有强还原性，能和大量无机物、绝大部分非金属单质及大部分有机物反应，暴露在空气中会迅速氧化。与水反应放出氢气和大量热而引起着火、燃烧或爆炸，危险性极高。金属钠与卤化物反应，易发生爆炸。实验室一般将钠装在盛有液体石蜡的玻璃瓶中，并将瓶口密封，储存在阴凉处。处理过期的废金属钠时，可在手套箱中将其切成小片后投入过量乙醇中，过程中应防止氢气着火。

② 碳化钙。碳化钙又称电石，为无色晶体，断面为紫色或灰色，熔点约2300℃。碳化钙暴露于空气中极易吸潮，失去光泽变为灰白色粉末。干燥的碳化钙不易燃，但遇水或潮湿空气能迅速反应并放出乙炔气体。当空气中的乙炔浓度达到其爆炸极限时，一旦遇明火即发生燃烧和爆炸。乙炔是化学性质非常活泼的气体，与酸类物质接触能发生剧烈反应。碳化钙可损害皮肤，引起皮肤瘙痒和炎症。储存时其包装必须密封，切勿受潮，并与酸类、醇类等化学品分开存放，切忌混存。碳化钙引发的火灾可用干燥的石墨粉或其他干粉扑灭，禁止使用水、泡沫或酸碱灭火剂。

③ 氢化铝锂。纯的氢化铝锂是白色晶状固体，在干燥空气中相对稳定，但遇水即产生爆炸性气体。氢化铝锂粉末在空气中易自燃，但大块晶体不易自燃。将其加热至125℃即分解为氢化锂和金属铝，并放出氢气。在空气中磨碎可发火，受热或与湿气、水、醇或酸类接触，会发生放热反应并放出氢气进而引发燃烧或爆炸。氢化铝锂与强氧化剂接触将发生剧烈爆炸。氢化铝锂对黏膜、上呼吸道、眼和皮肤有强烈刺激性，可引起烧灼感、咳嗽、喘息、喉炎、气短、头痛、恶心、呕吐等。吸入易导致喉咙及支气管的痉挛、炎症、水肿、化学性肺炎或肺水肿。由于氢化铝锂具有高度可燃性，储存时需密封防潮、隔绝空气，应在容器中充氮气并在低温下保存。使用时需全身防护，且必须佩戴防毒面具，以防吸入粉尘。

（3）储存和使用

① 不得与酸或氧化剂混放，包装必须严密，不得破损，以防吸潮。

② 金属钠、钾必须浸没在煤油中保存，容器应严密封口。

③ 不得与其他类别的危险品混存混放，搬运和使用时严禁摩擦或撞击。

④ 大多数遇水放出易燃气体的物质具有腐蚀性，能灼伤皮肤，取用时必须戴防护手套且使用镊子，严禁手拿。

（4）火灾扑救

遇水放出易燃气体的物质着火绝不可以用水或含水的灭火剂扑救，也不可以使用二氧化碳等不含水的灭火剂。因为此类物质一般都是碱金属、碱土金属或这些金属的化合物，高温下这些物质可与二氧化碳发生反应。遇水放出易燃气体的物质引发的火灾可使用偏硼酸三甲酯(7150)灭火剂扑救，也可使用消防沙进行扑救。对金属钾、钠火灾，用干燥的氯化钠或石墨扑救效果也很好。

值得注意的是，金属锂着火不可用消防沙进行扑救，因其中的二氧化硅可与金属锂的燃烧产物氧化锂发生反应。金属锂的火灾也不可用碳酸钠或氯化钠进行扑救，因为在高温下会产生比锂更危险的钠。

3.3.5　氧化性物质和有机过氧化物

1. 氧化性物质

氧化性物质本身未必可燃，但通常因放出氧可能引起或促使其他物质燃烧。氧化性物质具有较强的获得电子能力，有较强的氧化性。氧化性物质对热、震动或摩擦较敏感，遇酸、碱、高温、震动、摩擦、撞击、受潮或与易燃物品、还原剂等接触能迅速反应，引发燃烧和爆炸。此外，氧化性物质与松软的粉末状可燃物可组成爆炸性混合物。

化学名称中有"高""重""过"等字的化学品，如高氯酸盐、高锰酸盐、重铬酸盐、过氧化物等都属于氧化性物质。此外，碱金属和碱土金属的氯酸盐、硝酸盐、亚硝酸盐、高氧化态金属氧化物以及含有过氧基(—O—O—)的无机化合物也属于氧化性物质。

2. 有机过氧化物

有机过氧化物是指含有两价过氧基(—O—O—)的有机物质，该类物质遇热不稳定，可能发生自加速分解并放出大量的热。所有的有机过氧化物都具有热不稳定性，随温度升高分解速度加快。有机过氧化物本身易燃、易爆且极易分解，对热震动和摩擦极为敏感。此类化合物具有较强的氧化性，遇酸、碱、还原剂可发生剧烈的氧化还原反应，遇易燃品可引起燃烧、爆炸。分子中的过氧键极不稳定，断裂后生成两个 RO.，可引发自由基反应，其蒸气与空气易形成爆炸性混合物。过氧键对重金属、光、热和胺类敏感，易发生爆炸性的自催化反应。有些有机过氧化物还具有腐蚀性，尤其对眼睛。常见的有机过氧化物有过氧化苯甲酰、过氧化二苯甲酰、过氧化二异丙苯、叔丁基过氧化物、过甲酸、过氧乙酸等。

3. 危险特性

（1）强氧化性

氧化剂和有机过氧化物最突出的特性是具有较强的获得电子能力，即强氧化性。无论是无机过氧化物还是有机过氧化物，结构中的过氧基易分解释放出原子氧。有些氧化剂中含有高氧化态的氯、溴、碘、氮、硫、锰或铬等元素，这些高氧化态的元素也具有较强的获得电子能力，显示强氧化性。在遇到还原剂、有机物时会发生剧烈的氧化还原反应，引起燃烧、爆炸，并放出大量热。

（2）易分解性

氧化剂和有机过氧化物均易发生分解，并放出热量，从而引起可燃物的燃烧、爆炸。尤其是有机过氧化物，本身就是可燃物，易自加速分解而迅速燃烧、爆炸。

（3）燃烧爆炸性

多数氧化剂本身不可燃，但能引发或促进可燃物燃烧。有机过氧化物本身是可燃物，易着火燃烧，受热分解后更易燃烧爆炸。有机过氧化物比无机氧化剂具有更大的火灾危险性。氧化剂的强氧化性使之遇到还原剂或有机物会发生剧烈反应而引发燃烧和爆炸。一些氧化剂遇水易分解，并放出氧化性气体，遇火源可导致可燃物燃烧。多数氧化剂和有机过氧化物遇酸反应剧烈，甚至发生爆炸，尤其是碱性氧化剂，如过氧化钠、过氧化二苯甲酰等。

（4）敏感性

多数氧化剂和有机过氧化物对热源、摩擦、撞击、震动等极为敏感，受到外界刺激极易发生分解、爆炸。

（5）腐蚀毒害性

不同的氧化剂和有机过氧化物具有不同程度的毒性、刺激性和腐蚀性，如重铬酸盐，既有毒性又能灼伤皮肤，活泼金属的过氧化物则具有较强的腐蚀性。多数有机过氧化物具有刺激性和腐蚀性，容易对眼角膜和皮肤造成伤害。

4. 实验室常见的氧化性物质和有机过氧化物

（1）过氧化氢

过氧化氢是除水外的另一种氢的氧化物，一般以30%或60%的水溶液形式存放，其水溶液一般称为双氧水。过氧化氢呈弱酸性，有很强的氧化性。低浓度的双氧水可用于消毒。高浓度双氧水具有腐蚀性，其蒸气会对呼吸道产生强烈刺激，眼直接接触可致不可逆损伤，甚至失明，长期接触高浓度双氧水可致接触性皮炎。过氧化氢本身不可燃，但能与可燃物反应放出大量热量和氧气，从而引起燃烧、爆炸。过氧化氢在pH值为3.5~4.5时最稳定。

过氧化氢本身不能燃烧，但它是一种爆炸性强的强氧化剂，能与一些可燃物反应并产生足够的热量而引起燃烧，其分解所释放的氧能强烈助燃，最终可导致爆炸。例如，它与糖、醇、烃类化合物等形成的混合物极其敏感，在撞击、受热或在电火花作用下能发生爆炸。过氧化氢对热、冲击、酸碱度、强光等均很敏感，极易发生分解而导致爆炸，放出大量的氧、热量和水蒸气。

过氧化氢在碱性介质中的分解速率远大于在酸性介质中的分解速率。过氧化氢极不稳定，二氧化锰和铁、铜、钴、银、铂等金属，甚至尘土、烟灰、炭粉、铁锈等都是加快其分解的催化剂。由于光也能加速其分解，故常将过氧化氢保存在用黑纸包裹的塑料瓶中，使用时也应存放在棕色玻璃瓶内。过氧化氢应储存于密封容器中，置于阴凉、避光、清洁、通风处，远离火源、热源，过氧化氢应与可燃物、易燃物、还原剂、活性金属粉末等分开存放，切忌混存。避免撞击、倒放，避免与纸片、木屑等接触。

（2）过氧化二苯甲酰

过氧化二苯甲酰简称BPO，白色结晶，有苦杏仁气味，熔点103~106℃，闪点80℃，着火点80℃，是一种有机过氧化物，属强氧化剂。过氧化二苯甲酰易溶于苯、氯仿、乙醚、丙酮、二硫化碳，微溶于水和乙醇。其性质极不稳定，摩擦、撞击、遇明火、高温、均易致其爆炸。过氧化二苯甲酰对皮肤和黏膜有强烈刺激作用，且具致敏性。储存时应注入25%~30%的水，单独储存于干燥、阴凉、通风处，避免光照和受热，严禁与还原剂、酸、醇、碱等混存。

5. 氧化性物质与有机过氧化物的储存和使用

（1）使用过程中应严格按规程谨慎操作，避免摩擦或撞击。

（2）严禁与还原剂、可燃物或酸等同柜储存。

（3）碱金属过氧化物易与水反应，应注意防潮。

（4）有些氧化性物质具有毒性和腐蚀性，可毒害人体、烧伤皮肤，使用时应做好个人防护。

6. 氧化性物质和有机过氧化物火灾的扑救

若氧化性物质着火或被卷入火中会放出氧而加剧火势，即使在惰性气体中火势仍会自行蔓延，因此使用二氧化碳及其他气体灭火剂不能有效扑灭火灾，应使用大量的水喷射或用水浸没的方法灭火。若使用少量的水灭火，水会与过氧化物发生剧烈反应，灭火效果不明显。

若有机过氧化物着火或被卷入火中，应迅速将此类物质从火场转移到安全区域，人员尽可能远离火场，灭火人员在做好防护措施前提下用大量水灭火。有机过氧化物火灾被扑灭后，在火场完全冷却之前不要接近火场，因为卷入火中或暴露于高温下的有机过氧化物易发生剧烈分解、爆炸。

3.3.6 毒性物质和感染性物质

1. 毒性物质的定义

《危险货物分类和品名编号》(GB 6944—2012)将毒性物质定义为经吞食吸入或与皮肤接触后可能造成死亡或严重受伤或损害人类健康的物质。本项包括满足下列条件之一的毒性物质：

（1）急性口服毒性：$LD_{50} \leqslant 300\,mg/kg$；

（2）急性皮肤接触毒性：$LD_{50} \leqslant 1000\,mg/kg$；

（3）急性吸入粉尘和烟雾毒性：$LC_{50} \leqslant 4\,mg/L$；

（4）急性吸入蒸气毒性 $LC_{50} \leqslant 5000\,mg/m^3$，且在 20℃ 和标准大气压下的饱和蒸气浓度大于或等于 $1/5\ LC_{50}$。

《化学品分类和标签规范 第 18 部分：急性毒性》(GB 30000.18—2013)也对毒性物质的急性毒性进行了详细划分。共分为经口、经皮肤、气体、粉尘和蒸气共 5 种接触途径，每种接触途径根据致毒剂量不同分为 5 个类别。

2. 毒性物质的分类

毒性物质可分为无机毒性物质和有机毒性物质两类。

（1）无机毒性物质

常见的无机毒性物质包括：有毒气体，如卤素、卤化氢、氢氰酸、二氧化硫、硫化氢、氨、一氧化碳等；氰化物，如 KCN、NaCN 等；砷及其化合物，如 As_2O_3；硒及其化合物，如 SeO_2；其他，如汞、锑、铍、氟、铯、铅、钡、磷、碲、铊及其化合物。

（2）有机毒性物质

常见的有机毒性物质包括：卤代烃及其卤化物，如氯乙醇、二氯甲烷、光气等；有机金属化合物，如二乙基汞、四乙基铅、硫酸三乙基锡等；有机磷、硫、砷、腈类、胺类化合物，如对硫磷、丁腈等；芳环、稠环及杂环类化合物，如硝基苯、糠醛等；天然有机毒品，如蓖麻毒素、河豚毒素等；其他有毒物质，如硫酸二甲酯、正硅酸甲酯等。

3. 毒性物质的危险特性

（1）毒性

毒性是这类物质的主要特性。无论通过口服吸入，还是皮肤吸入，毒性物质侵入机体后会对机体的功能与健康造成损害，甚至死亡。毒性物质的溶解性越好，其危害越大。这里指的溶解性不仅包括水溶性，还包括脂溶性。如易溶于水的氯化钡对人体危害大，而难溶的硫酸钡则无毒。具有致癌、生殖、遗传毒性的二噁英就是脂溶性毒害品。多数有机毒害品挥发性较强，易引起吸入中毒，尤其需要注意无色、无味的有毒物质。固体毒物颗粒越小，分散性越好，越容易通过呼吸道和消化道进入体内。

（2）隐蔽性

相当部分的毒性物质没有特殊气味和颜色，容易和面粉、盐、糖、水、空气等混淆，很难识别和防范。如氰化银,为白色粉末,无臭无味;铊盐水溶液为无色透明液体,容易和水混淆;一氧化碳为无色无味气体等。另一些毒性物质,如苯、四氯化碳、乙醚、硝基苯等的蒸气久吸会使人嗅觉减弱,从而放松警惕。

(3)易燃易爆性

目前列入危险品的毒性物质有500多种,有火灾危险的占总数近90%。这些物质遇火源和氧化剂容易发生燃烧爆炸。含硝基和亚硝基的芳香族有机化合物遇高热、撞击等都可能引起爆炸并产生有毒气体。

(4)遇水、遇酸反应

大多数毒性物质遇酸或酸雾会放出有毒气体,有的气体还具有易燃和自燃危险性,有的甚至遇水会发生爆炸。

4. 实验室常见的毒性物质

(1)一氧化碳

一氧化碳为无色、无臭、无刺激性的气体,与空气混合能形成爆炸性混合物,遇火星、高温有燃烧爆炸危险,空气混合爆炸极限为12.5%~74%。一氧化碳具有毒性,进入人体后会和血液中的血红蛋白结合,使其不能与氧气结合,从而引起机体组织缺氧,导致人体窒息死亡,其直接致害浓度为1700mg/m³。由于一氧化碳是无色无味的气体,因此容易因疏忽而致中毒事故。

(2)氰化钠

氰化钠是一种立方晶系无机化合物,为白色结晶粉末,剧毒,易潮解,有微弱苦杏仁气味。氰化钠遇水强烈水解并生成氰化氢,水溶液呈强碱性。氰化钠常被用于提取金、银等贵金属,也用于电镀、冶金及有机合成。各种规格的氰化钠均为剧毒化学品,其致死剂量为0.1~1g。当氰化钠与酸、氯酸钾、硝酸盐、亚硝酸盐混放时,或者长时间暴露在潮湿空气中,易产生剧毒、易燃、易爆的HCN气体。

(3)硫酸二甲酯

硫酸二甲酯,无色或微黄色、略带洋葱味的油状液体,溶于乙醇和乙醚,在18℃迅速水解成硫酸和甲醇,在冷水中分解缓慢。遇热、火或氧化剂可燃。硫酸二甲酯在有机合成中用作甲基化试剂,有剧毒,皮肤接触或吸入均有严重危害。在有机合成中已逐渐被低毒的碳酸二甲酯和三氟甲磺酸甲酯所取代。

5. 剧毒化学品

剧毒化学品是指按照国务院安全生产监督管理部门会同国务院公安、环保、卫生、质检、交通运输部门确定并公布的剧毒化学品目录中的化学品。一般是指具有剧烈急性毒性危害的化学品,包括人工合成的化学品及其混合物(含农药)和天然毒素,还包括具有急性毒性易造成公共安全危害的化学品。满足下列条件之一即为剧毒化学品:大鼠试验经口 $LD_5 \leqslant$ 50mg/kg,经皮 $LD_{50} \leqslant 200$mg/kg,吸入(4h) $LC_{50} \leqslant 500$ppm(体积)或 2.0mg/L(蒸气)或 0.5mg/L(尘、雾),经皮 LD_{50} 的试验数据可参考兔试验数据。《剧毒化学品的分类和品种目录》将剧毒化学品分为三大类共335种。

(1)剧毒化学品的购买

《危险化学品安全管理条例》第三十八条规定:购买剧毒化学品,应当遵守下列规定:

① 生产、科研、医疗等单位经常使用剧毒化学品的,应当向所在地县级人民政府公安部门申请领取购买许可证,凭购买许可证购买;

② 单位临时需要购买剧毒化学品的，应当凭本单位出具的证明(注明品名、数量、用途)向所在地县级人民政府公安部门申请领取准购证，凭准购证购买；

③ 个人不得购买除农药、灭鼠药、灭虫药以外的剧毒化学品。

剧毒化学品生产企业、经营企业不得向个人或者无购买凭证、准购证的单位销售剧毒化学品。剧毒化学品购买凭证、准购证不得伪造、变造、买卖、出借或者以其他方式转让，不得使用作废的剧毒化学品购买凭证、准购证。剧毒化学品购买凭证和准购证的式样和具体申领办法由国务院公安部门制定。

(2) 剧毒化学品的储存

《危险化学品安全管理条例》第二十四条规定，剧毒化学品以及储存数量构成重大危险源的其他危险化学品，应当在专用仓库内单独存放，并实行双人收发、双人保管制度。剧毒化学品应单独存放在专用仓库的保险柜中，由专人负责管理，严格按照"五双"(双人保管、双人领取、双人使用、双把锁、双本账)制度进行管理。剧毒化学品专用仓库应当符合国家标准的要求，按照国家有关规定设置相应的技术防范设施，并经常维护、保养，保证安全设施和设备的正常使用。剧毒化学品专用仓库应配备24h专职治安保卫人员。剧毒化学品的储存场所必须设置明显的安全警示标识，应当设置报警装置，并保证其处于适用状态。剧毒化学品的储存单位应当建立剧毒化学品出入库核查登记制度，如实记录剧毒化学品的数量和流向，且必须保证账、物相符(包括品种、规格和数量)。

(3) 剧毒化学品的领用

剧毒化学品须由两名在职人员凭已获批准的剧毒化学品使用申请表同时领取，严禁在校学生领取剧毒化学品。剧毒化学品的领用量为一次实验的使用量，且须在实验前领取并如实登记。领取后的剧毒化学品应放入具有明显标志的专用容器内，领取后须尽快返回实验室，严禁随身携带、夹带剧毒化学品离开实验室。领用的剧毒品必须一次用完，如实记录并备案。严禁将剧毒化学品存放在实验室，实验结束若剧毒化学品还有剩余，要立即将剩余部分退回剧毒化学品仓库。

(4) 剧毒化学品的使用

剧毒化学品使用场所的安全设施必须符合规范，应设置明显的安全警示标识。使用剧毒化学品的人员必须参加专业的学习与培训，掌握相关法律法规和剧毒化学品安全防护知识，具备使用剧毒化学品的操作方法和应急技能，取得岗位培训合格证。使用剧毒化学品的实验室应根据剧毒化学品的种类、危险特性、使用量及使用方式等，建立和健全安全管理制度和安全操作规程，以保证剧毒化学品的安全使用。实验室必须把所使用剧毒化学品的安全技术说明书(MSDS)放置在明显位置，以供实验操作人员随时查阅。涉及使用剧毒化学品的实验必须做好翔实的记录，实验记录一年内可由本实验室保存，一年后须上交存档。剧毒品使用单位或个人须定期向主管部门提交剧毒化学品使用台账。

在剧毒化学品的领用、使用及进行实验过程中，必须有两人(其中至少一人为在职教师)在场，相关人员必须佩戴合适的个体防护装备，采取有效的防护措施。实验操作人员必须根据剧毒化学品的特性和仪器设备的操作规程小心谨慎进行实验，实验完毕后须仔细做好个人消毒，并妥善处理实验废弃物。

(5) 剧毒化学品废弃物处置及应急救援

剧毒化学品的原包装容器不得任意丢弃或出售给他人，必须退还剧毒化学品仓库，并按照环保规定统一交予有资质的危险品处理单位进行处置，严禁随意丢弃或擅自处理。剧毒化学品使用后所产生的废液、废渣，应先按规定进行无害化处理，再作为普通废液进行处置。若无法自行处理，应严格进行分类回收，贴好标识后统一交予有处理资质的单位处置，严禁随意倾倒或擅自处置。剧毒化学品储存、使用单位应当制定适用于本单位的事故应急救援预案，配备必要的应急救援器材、设备，并定期组织应急演练。若发现剧毒化学品丢失、被盗、误用、流失等突发情况，应立即启动应急预案，保护好现场，并逐级上报。

（6）实验室防止中毒的措施

① 以无毒、低毒的化学品代替有毒或剧毒的化学品。这是从根本上解决防毒问题的最好方法。例如，苯对人体有致癌、致畸、致突变毒害，在确保实验效果的前提下，尽可能用毒性较低的环己烷来代替。

② 提高实验设备的密封性能，化学反应尽可能采用连续工艺，以减少剧毒物的"跑、冒、滴、漏"。

③ 对实验装置进行自动化、网络化、可视化改造，通过远程操作实验来避免人和有毒物质直接接触。

④ 充分利用通风设施。若实验用到毒性物质，务必在通风柜中操作。通风系统可将有毒气体及时抽出，经处理达标后排入大气。

⑤ 无害化处理。将有毒废液收集到专门的容器内再做无害化处理，使之达到排放标准。

⑥ 加强个人防护。操作毒性物质实验时务必做好个人防护。主要措施有防护服、橡胶手套、防毒面具、氧气呼吸器、防护眼镜等。

⑦ 完善实验室安全环保设施。若条件允许，可在实验室安装空气质量监测报警设施，实时关注空气中有毒有害气体的浓度。

6. 易制毒化学品

易制毒化学品是指国家规定管制的、可用于制造麻醉药品和精神药品的化学品。此类化学品既广泛应用于工农业生产和群众日常生活，流入非法渠道又可用于制造毒品。我国《易制毒化学品管理条例》（国务院第 445 号令）颁布了易制毒化学品名录，列管了三类 24 个品种：第一类主要是用于制造毒品的原料，包括 1-苯基-2-丙酮、3,4-亚甲基二氧苯基-2-丙酮、胡椒醛、黄樟素、异黄樟素、麻黄素等；第二类、第三类主要是用于制造毒品的配剂，第二类包括苯乙酸、醋酸酐、三氯甲烷、苯丙酮、乙醚、溴等，第三类包括甲苯、丙酮、甲基乙基酮、高锰酸钾、硫酸、盐酸等。2012 年 8 月 29 日公安部、商务部、卫生部、海关总署、国家安全监管总局联合发布《关于管制邻氯苯基环戊酮的公告》，自 2012 年 9 月 15 日起邻氯苯基环戊酮也被列入第一类易制毒化学品名录。随后，国务院相关部门又在 2014 年、2017 年对易制毒化学品名录进行了增补，共列管了三类共 32 种物料。2021 年 5 月，国务院同意将 α-苯乙酰乙酸甲酯等 6 种物质列入易制毒化学品目录。若实验室用到《易制毒危险化学目录（2021 版）》（附录 2）中列出的化学品，应严格遵守《易制毒化学品管理条例》，确保安全合规使用，避免违反国家规定或发生事故。

7. 感染性物质

感染性物质通常是指含有病原体的物质，包括生物制品、诊断样品、基因突变的微生物、生物体和其他媒介，如病毒蛋白、病毒株、病理样品、使用过的针头等。由于各种感染性物质处于不同的状态，实验室工作人员应根据情况对其进行相应的管理，保证实验室生物安全。

对感染性物质的严格管理是保证实验室生物安全的重要内容之一，建立严格规范的管理制度并对制度执行情况进行有效监督，才能防止实验室在教学、科研过程中造成感染性物质的扩散或遗失。规范的管理可确保实验操作及保管人员的安全，避免发生传染病的传播，确保师生的身体健康和生命安全。因此，感染性物质的采集、包装、运输、接收、领取、保存、使用与管理以及销毁程序的全过程，操作人员都要严格遵守相关的规定，确保万无一失。

3.3.7 放射性物质

1. 放射性化学品的定义和分类

放射性化学品是指含有放射性核素，并且其活度和比活度均高于国家规定的豁免值的物品。这类化学品含有一定量的天然或人工放射性元素，能不断地、自发地放出肉眼看不见的X、α、β、γ射线和中子流等。放射性化学品的放射能被广泛应用于工业、农业、医疗、卫生等领域，具有重要的应用价值。但是，人和动物若受到放射线的过量照射，会引发放射性疾病，严重的甚至导致死亡。

放射性化学品发射的放射线大致分五种：α射线、β射线、γ射线、X射线、中子流。前三种射线是放射性同位素的核衰变所放射出来的，有的只放出一种，有的能同时放出几种。

α射线的电离特性强，主要危险是进入人体易造成内照射伤害；β射线穿透能力强，外照射危害比α射线大；γ射线的穿透能力比β射线大50~100倍，比α射线大1000倍；X射线对人的伤害主要是通过外照射破坏人体细胞；中子流在自然界不单独存在，只有在原子核发生分裂时从原子核中释放出来，穿透力也很强。

放射性化学品按物理状态可分为固体、晶粒、粉末、液体、气体等五种。按品种可分为放射性同位素、放射性化学试剂和化工制品、放射性矿石和矿砂、涂有放射性发光剂的工业成品等四种。根据放射性物品的特性和危害程度，可将其分为三种类型，具体如下：

（1）一类放射性化学品，是指Ⅰ类放射源、高水平放射性废物、乏燃料等释放到环境后对人体健康和环境产生重大辐射影响的放射性化学品。

（2）二类放射性化学品，是指Ⅱ类和Ⅲ类放射源、中等水平放射性废物等释放到环境后对人体健康和环境产生一般辐射影响的放射性化学品。

（3）三类放射性化学品，是指Ⅳ类和Ⅴ类放射源、低水平放射性废物、放射性药品等释放到环境后对人体健康和环境产生较小辐射影响的放射性化学品。

2. 放射性化学品的使用

辐射是无形的，因此很容易被人们忽视。使用放射性核素需要特别小心谨慎，若不具备一定的辐射安全知识，很可能发生辐射事故。实验室对放射性核素的订购、接收、运输、使用、存储、处理及射线仪器操作等，都必须有严格的管理规定和规范的操作规程。

（1）订购放射性化学品

购买放射性核素首先要上报辐射安全主管部门批准。使用者提出的申请中需说明实验基本内容，包括负责人姓名、核素名称、化学形态、活度和生产厂商等信息。购买带有放射源或产生辐射的仪器设备也应上报辐射安全主管部门批准并备案。

（2）收发放射性化学品

放射性核素的接收或转移，都要及时通知辐射安全主管部门，征得同意后方可执行，必要时还须辐射安全主管部门现场监督。运送的放射性物品应有完备的包装和清晰的标签，并应检测包装物的辐射剂量。检测合格后再由专用运输工具或专业运输部门负责运送，不得私自搭乘公共交通工具运送。

（3）操作使用放射性化学品

使用放射性物质的实验室门外应贴有放射性标志，标明负责人的姓名和联系电话。实验室内所有存放放射性物品、辐射发生设备或受到放射性污染的物品，包括仪器设备、推车、托盘及容器等，凡辐射值高于本底的地点和器物，都应贴上放射性标签或胶条，并标明包含的放射性核素、日期、活度等。放射性污物收集桶也应贴上放射性标签，并附放射性废物列表。

3. 放射性废物的处置

放射性废物是指含有放射性核素或被放射性污染，其活度和浓度大于国家规定的清洁解控水平，并预计不可再利用的物质。放射性废物处理的目的是降低废物的放射性水平，最有效的手段是控制放射性废物的发生量。可通过改进工艺流程、减少原料用量等措施来减少放射性废物的量，或使其易于处理；处理放射性废物应防止或减少二次污染，尽量缩小废物体积；废物应按等级和组成分类处理，便于存储和进一步处理。

实验室应设收集放射性废物的专用容器，并配备套桶以防泄漏或沾污，存放地点还应安装屏蔽设施，防止外照射。放射性废物应与其他非放射性废物分开，严禁将任何放射性物质投入非放射性废物收集桶。根据废物的放射性、化学毒性及环境保护的要求，采取相应的处置方法。在废物包装上一定要标明放射性废物的核素名称、活度、其他有害成分以及使用者和日期。放射性化学品从原料到废弃物都要有完整的标签，实行全生命周期管理。废物往往要在实验室存放一定时间再处理，减少废物量和注明日期非常必要。

处理放射性废液时，要根据其理化特性和排放限值选择合适的处理工艺。常用的工艺有蒸发、离子交换、膜技术、絮凝沉降、吸附、过滤和离心分离等，目的是将放射性废液浓缩。浓度高的放射性废液可通过离子交换、蒸发等方法提取其中的放射性核素。处理时要注意高温产生的安全隐患，如火灾、爆炸、核临界点等。

处理放射性固体废物也应根据其理化特性和排放限值选择适当的处理工艺，通常采用焚烧和压缩等方法。放射性废气包括气态放射性物质和放射性气溶胶，可直接对环境构成威胁。处理放射性废气时，一般先将废气引入过滤装置（除去固体颗粒），再引入吸附和洗涤装置（除去有害物），最后排入大气。

4. 放射性事故的处置预案

放射性事故根据其危害程度可分为一般事故、重大事故和紧急情况三类。一般事故是指发生少量放射性物质溅洒等异常情况时，操作者能够利用实验室的去污剂自行处理，不会造成扩散和辐射伤害；重大事故是指发生大量放射性物质溅洒、高毒性核素大面积污染、皮肤沾污、气溶性放射性物质污染或放射性物质扩散出限制区等情况，操作者应立即向实验室负责人和主管部门报告。紧急情况指发生严重危及生命健康的辐射事故，或伴随火灾、爆炸、人身伤害和大量有毒有害气体泄漏等事故发生的同时，还可能涉及辐射伤害的情况。

（1）一般事故应急处理方法

① 立即使用吸附纸和吸附剂覆盖；

② 围堵泄漏物并隔离事故现场，防止不必要的污染扩散和人员照射；

③ 使用辐射监测仪检测人体皮肤、衣物、实验仪器和场地的污染情况；

④ 妥善清理和清洗污染场所，检测合格后上报有关部门。

（2）重大事故应急处理方法

① 通知事故区域内的所有人员立即撤离，确定所有可能被沾污的人员，防止污染进一步扩散；

② 锁好受污染的房间，避免污染扩散到非限制区；尽可能屏蔽污染源，减少人员的被辐照量；

③ 皮肤沾污应先测量污染强度并记录，再用温水和肥皂自上而下清洗。脱掉所有受污染的衣服集中存放，在专家指导下进行去污；

④ 向主管部门报告。

（3）紧急情况应急处理方法

① 通知事故区域内所有人员立即撤离；

② 呼叫紧急救援组织，等候救援人员的指令；

③ 在辐射安全专家指导下实施救助。

3.3.8 腐蚀性化学品

1. 腐蚀性化学品的定义和分类

腐蚀性化学品是指通过化学作用使生物组织接触时造成严重损伤或在渗漏时会严重损害甚至毁坏其他货物或运载工具的化学品。腐蚀性物质包括与完好皮肤组织接触不超过 4h 之后在 14 天观察期内引起皮肤厚度毁损的物质，或在 55℃ 下对钢或铝的表面腐蚀率超过 6.25mm/年的物质。

腐蚀品能灼伤人体组织并对金属、纤维制品等造成腐蚀。所谓腐蚀，是指物质与腐蚀品接触后发生化学反应、表面受到破坏的现象。腐蚀品按其化学性质可分为酸性腐蚀品、碱性腐蚀品和其他腐蚀品三大类，而各类腐蚀品又依其腐蚀性强弱和化学组成，分为以下几项：

（1）酸性腐蚀品

① 一级无机酸性腐蚀品。包括具有氧化性的强酸和遇湿能生成强酸的物质，均有强烈的腐蚀性，如硝酸、浓硫酸、浓盐酸、氢氟酸等。

② 一级有机酸性腐蚀品。这类物品具有强腐蚀性并有酸性，如苯甲酰氯、苯磺酰氯等。

③ 二级无机酸性腐蚀品。如磷酸、三氯化锑、四碘化锡等。

④ 二级有机酸性腐蚀品。如冰醋酸、苯甲酸等。

（2）碱性腐蚀品

① 无机碱性腐蚀品。如氢氧化钠、氢氧化钾等。

② 有机碱性腐蚀品。主要为有机碱金属化合物，如烷基醇钠等。

（3）其他腐蚀品

① 其他无机腐蚀品。如亚氯酸钠溶液、氯化铜溶液、氯化锌溶液等。

② 其他有机腐蚀品。如苯酚钠、甲醛溶液等。

2. 腐蚀品的危险特性

（1）腐蚀性

这是腐蚀品的主要特性，其腐蚀作用主要包括以下三个方面：

① 对人体的伤害。人体直接接触这些物品后，会引起表面灼伤或发生破坏性创伤。特别是接触氢氟酸时，能发生剧痛，使组织坏死，若不及时治疗会导致严重后果。若吸入

腐蚀品挥发出的蒸气或飞扬到空气中的粉尘，会造成呼吸道黏膜损伤，引起咳嗽、呕吐、头痛等症状。因此，在储运和使用腐蚀品时，操作人员必须严格执行操作规程，做好个人防护。

② 对有机物的腐蚀。腐蚀品能夺取有机物中的水分，破坏其组织并使之炭化。

③ 对金属和非金属有机物的腐蚀。在腐蚀性化学品中，无论是酸还是碱，对所有金属和部分非金属有机物均能产生不同程度的腐蚀。

（2）毒害性

多数腐蚀品具有不同程度的毒性，如发烟氢氟酸的蒸气、发烟硫酸挥发的三氧化硫，对人体都具有相当大的毒害性。

（3）氧化性

有些无机腐蚀品虽然本身并不燃烧，但具有氧化性，有的甚至是强氧化剂，与可燃物接触或遇高温时可引起燃烧、甚至爆炸。这类腐蚀品以无机腐蚀品为主，如浓硫酸、硝酸、过氯酸等。

（4）燃烧性

有机腐蚀品大多可燃或易燃，如苯酚、甲酚、甲醛等，不仅本身可燃，而且能挥发出有刺激性或毒性的气体。

（5）遇水反应性

有些腐蚀品具有遇湿或遇水反应特性，如氯磺酸、氧化钙等，反应过程中可放出大量的热或有毒、腐蚀性的气体。

3. 实验室常见腐蚀品

（1）硫酸

硫酸是一种无色透明、黏稠的油状液体，难挥发，在任何浓度下与水都能混溶并放出热量，常用的浓硫酸质量分数为98.3%，沸点338℃，密度1.84g/cm³。硫酸具有非常强的腐蚀性。高浓度的硫酸不仅具有强酸性，还具有脱水性和强氧化性，能与蛋白质及脂肪发生水解反应并造成严重化学灼伤，与碳水化合物发生高放热性脱水反应并使其炭化，造成二级火焰性灼伤，因此会对皮肤、眼睛等组织造成极大刺激和腐蚀。硫酸具有强氧化性，与易燃物和有机物接触会发生剧烈反应，甚至引起燃烧。硫酸能与一些活性金属粉末发生反应，遇水大量放热，可发生沸溅。存储时应保持容器密封，储存于阴凉、通风处，且与易燃物、还原剂、碱类、碱金属、食用化学品等分开存放。

（2）氢氧化钠

氢氧化钠俗称烧碱，为白色颗粒或片状固体，其水溶液呈强碱性，有涩味和滑腻感。纯氢氧化钠有吸湿性，易吸收空气中的水分和二氧化碳，常用作碱性干燥剂。氢氧化钠易溶于水、乙醇，与酸混合时放出大量热，能与许多有机、无机化合物起化学反应。氢氧化钠具有强烈的刺激性和腐蚀性，其粉尘或烟雾会刺激眼和呼吸道，腐蚀鼻中隔；皮肤和眼与氢氧化钠直接接触会引起灼伤；误服可造成消化道灼伤、黏膜糜烂、出血和休克。氢氧化钠能与玻璃发生缓慢的反应，生成硅酸钠，因此一般不用玻璃瓶装固体氢氧化钠，装有氢氧化钠溶液的试剂瓶应使用胶木塞。

（3）氯磺酸

氯磺酸为无色油状液体，熔点-80℃，沸点152℃，属酸性腐蚀品。氯磺酸很容易水解，与空气中的水蒸气反应生成酸雾并放出大量热，遇水会发生猛烈反应，甚至使容器炸裂。若与多孔性或粉末状的易燃物质接触，会引起燃烧。氯磺酸不仅对金属有强烈的腐蚀作用，而且对眼睛也有强烈的刺激作用，还会侵蚀咽喉和肺部。

（4）氢氟酸

氢氟酸是氟化氢气体的水溶液，为无色透明、有刺激性气味的发烟液体。氢氟酸具有极强的腐蚀性，能强烈地腐蚀金属、玻璃和含硅的物质，吸入蒸气或接触皮肤则会造成难以治愈的灼伤，民间称其为"化骨水"。氢氟酸有剧毒，最小致死量（大鼠，腹腔）为 25mg/kg。储存时应放入密封的塑料瓶，并保存于阴凉、通风处。取用时需对人体实施全面防护。

4. 腐蚀品储存和使用

（1）腐蚀品应储存于阴凉、干燥、通风处，远离火源、热源；酸类腐蚀品应与氰化物、氧化剂、遇湿易燃物质分开储存。

（2）具有氧化性的腐蚀品不得与可燃物和还原剂同柜储存；有机腐蚀品严禁接触明火或氧化剂。

（3）使用腐蚀品时应在通风柜中操作，并做好个人防护。若受到腐蚀应立即用大量的水冲洗；漂白粉、次氯酸钠溶液等应避免阳光直射。

（4）若有条件，应将受冻易结冰的冰醋酸、低温易聚合的甲醛等腐蚀品储存于恒温库房。

5. 腐蚀品火灾扑救预案

（1）腐蚀品可造成人体化学灼伤，扑救腐蚀品火灾时灭火人员必须穿防护服，佩戴防护面具。

（2）腐蚀品着火一般可用水、消防沙、泡沫进行扑救。使用水扑救腐蚀品火灾时，应尽量使用低压水流或雾状水，不宜用高压水扑救，避免腐蚀品溅出。

（3）有些强酸、强碱遇水能产生大量的热，不可用水扑救。遇水产生酸性烟雾的腐蚀品引发的火灾，也不可用水扑救，应用干粉或消防沙扑救。

（4）若腐蚀品容器发生泄漏，在火灾被扑灭后应将泄漏的腐蚀品收集到专用容器，并及时封堵漏点。

3.3.9 杂项危险物质和物品

《危险货物分类和品名编号》（GB 6944—2012）将杂项危险物质和物品定义为在危险但不能满足其他类别定义的物质和物品。主要包括以下 8 类：

（1）以微细粉尘吸入可危害健康的物质。

（2）会放出易燃气体的物质。

（3）锂电池组。

（4）救生设备。

（5）一旦发生火灾可形成二噁英的物质和物品。

（6）在高温下运输或提交运输的物质，具体指在液态温度达到或超过 100℃，或固态温度达到或超过 240℃条件下运输的物质。

（7）危害环境物质，包括污染水生环境的液体或固体物质，以及这类物质的混合物（如制剂和废弃物）。

（8）经基因修改的微生物和生物体，不属感染性物质，但能以非正常的天然繁殖的方式改变动物、植物或微生物。

3.4 危险化学品储存

3.4.1 危险化学品储存库房要求

普通的化学品储存库房没有特殊要求，只需满足通风、便于取放等基本要求即可。但危险化学品仓库要求较为严格，须符合下列条件：

1. 建筑结构

（1）危险化学品仓库的墙体应是采用不燃烧材料砌成的实体墙。

（2）危险化学品仓库应设置高窗，窗上应安装防护铁栏，窗户应采取避光和防雨措施。

（3）危险化学品仓库门应根据危险化学品性质相应采用具有防火、防雷、防静电、防腐、不产生火花等功能的材料制成，门应向疏散方向开启。

（4）存在爆炸危险的危险化学品仓库应设置泄压设施。泄压方向宜向上，侧面泄压应避开人员集中场所、主要通道。泄压设施应采用轻质屋面板、轻质墙体和易于泄压的门窗等。

（5）危险化学品仓库应为单层且独立设置，不应设有地下室。

（6）危险化学品仓库的防火间距应符合《建筑防火通用规范》（GB 55037—2022）的规定。

2. 电气安全

（1）危险化学品仓库内照明、事故照明设施、电气设备和输配电线路应采用防爆型。

（2）危险化学品仓库内照明设施和电气设备的配电箱及电气开关应设置在仓库外，可靠接地，并安装过压、过载、触电、漏电保护设施，此外还应采取防雨、防潮措施。

（3）储存有爆炸品的危险化学品仓库内电气设备应符合国家标准《爆炸危险环境电力装置设计规范》（GB 50058—2014）的要求。

3. 安全措施

（1）危险化学品仓库应设置防爆型风机。

（2）危险化学品仓库及其出入口应安装视频监控设备。

（3）危险化学品仓库设置的灭火器数量和类型应符合国家标准《建筑灭火器配置设计规范》（GB 50140—2005）的要求。

（4）危险化学品仓库应设置防雷和防静电设施。

（5）储存易燃气体、易燃液体的危险化学品仓库应设置可燃气体监测报警装置。

（6）搬运危险化学品时应轻装轻卸，严禁摔、碰、撞、击、拖拉、倾倒或滚动。

（7）装卸、搬运有燃烧爆炸危险性化学品时，所用机械和工具应为防爆型。

（8）危险化学品仓库的地面应平整、坚实、防潮、易于清扫且不产生火花。储存腐蚀性危险化学品仓库的地面应防腐，开凿沟槽，并连接事故池。

3.4.2 危险化学品储存规范

化学品储存的基本原则是根据化学品的特性分区、分类、分库储存，各类化学品不得与禁忌化学品混合储存。危险化学品的储存须按照《危险化学品仓库储存通则》（GB 15603—2022）执行。

1. 危险化学品储存的基本要求

（1）储存危险化学品必须遵照国家法律法规和其他有关规定。

（2）危险化学品必须储存在经公安部门批准设置的专门的危险化学品仓库中。

（3）危险化学品露天堆放，应符合防火、防爆的安全要求，爆炸物品、一级易燃物品、遇湿燃烧物品、剧毒物品不得露天堆放。

（4）储存危险化学品的仓库必须配备有专业知识的技术人员，其库房及场所应设专人管理，管理人员必须配备安全可靠的个人防护用品。

（5）储存的危险化学品应有明显的标志。同一区域储存两种或两种以上不同级别的危险品时，应按最高等级危险物品的性能标志。

（6）各类危险化学品不得与禁忌物料混合储存，禁忌物料配置参见国家标准《危险化学品仓库储存通则》（GB 15603—2022）。禁忌物料是指化学性质相抵触或灭火方法不同的化学物料。

（7）储存危险化学品的建筑物、区域内严禁吸烟或使用明火。

2. 危险化学品的储存方式

危险化学品的储存方式分为隔离储存、隔开储存和分离储存三种。

（1）隔离储存。隔离储存是指在同一房间或同一区域内，不同的物料之间分开一定的距离，非禁忌物料间用通道保持空间的储存方式。

（2）隔开储存。隔开储存是指在同一建筑或同一区域内，用隔板或墙将其与禁忌物料分离开的储存方式。

（3）分离储存。分离储存是指在不同的建筑物或远离所有建筑的外部区域内的储存方式。

3. 危险化学品储存的分类要求

（1）遇火、遇热、遇潮能引起燃烧、爆炸或发生化学反应，产生有毒气体的危险化学品不得储存在露天或潮湿、积水的建筑物中。

（2）受日光照射能发生化学反应引起燃烧、爆炸、分解、聚合或能产生有毒气体的化学危险品应储存在一级建筑物中。其包装应采取避光措施。

（3）爆炸物品必须单独隔离、限量储存，不准和其他物品同时存放。爆炸物品的仓库不准建在城镇，还应与周围建筑、交通干道、输电线路保持安全距离。

（4）压缩气体和液化气体必须与爆炸物品、氧化剂、易燃物品、自燃物品、腐蚀性物品隔离储存；易燃气体不得与助燃气体、剧毒气体同储，氧气不得与油脂混合储存；盛装液化气体的容器属压力容器的，必须有压力表、安全阀、紧急切断装置，并定期检查。

（5）易燃液体、遇湿易燃物品、易燃固体不得与氧化剂混合储存；具有还原性的氧化剂应单独存放。

（6）有毒物品应储存在阴凉、通风、干燥的场所，不要露天存放，不要接近酸类物质。

3.4.3 危险化学品储存注意事项

1. 危险化学品存放基本原则

（1）化学品应放在不高于 1.5m 的架子上，这些架子应足够结实、牢固。存放场所应通风良好、干净、干燥、避光，且要远离热源。

（2）禁止在紧急喷淋区、实验室出入口、安全通道等区域存放化学品。

（3）遵循"固体在上、液体在下"原则，液体化学品下方应放置托盘。

（4）化学品应分类存放，禁止将易发生反应的或不相容的化学品混存。

（5）所有化学品容器必须贴有标签，在标签上注明购买日期及使用人；自配试剂要标示名称、浓度、配制日期、配制者姓名及潜在危险性。

（6）挥发性、有毒或有特殊气味的化学品应存放在排风试剂柜中。

（7）爆炸品应单独存放，存放场所应远离火源、热源，且避光、通风良好。

（8）易燃试剂与易爆试剂必须分开存放，存放地应阴凉、通风、避光。

（9）爆炸品、剧毒品、易制毒品要严格执行"五双"管理制度，并存放在保险柜内。

（10）腐蚀性化学品应存放在指定容器中，最好在容器外增加辅助储存容器或设施，如托盘、塑料容器等。储存场所应阴凉、干燥、通风，远离火源。

（11）经常检查药品存储状况，存储危险药品的设备应由专人管理并定期检查。

2. 低温保存化学品注意事项

（1）存储化学药品的冰箱只能用于储存药品，严禁放入生活用品、食品。

（2）用防水标签对每种药品做好标记，包括名称、组成、使用者、配制日期及危害性等。

（3）若易燃液体化学品有冷藏要求，必须使用防爆冰箱，且不得与氧化剂或高活性物质混存；严禁将易燃液体保存在普通冰箱中。

（4）盛放药品的所有容器必须牢固、密封，必要时增加辅助存放容器。

（5）将冰箱内化学品清单及存放人贴在冰箱外部醒目处，便于寻找。

（6）应保持冰箱整洁、干净，及时清除标签脱落或长期不用的化学品。

3. 易燃化学品的存放

（1）实验室中易燃化学品的存放总量不应超过 50L 或 50kg，且单一包装容器不应大于 20L 或 20kg（以 $50m^2$ 为标准，存放量以实验室面积比考量）。

（2）易燃液体不得敞口存放，在存放及使用过程中必须保证通风良好。

（3）易燃液体要远离强氧化剂，如硝酸、重铬酸盐、高锰酸盐、氯酸盐、高氯酸盐、过氧化物等。

（4）易燃液体储存场所要远离着火源。特别需要注意的是，比空气重的易燃液体蒸气可能引来远处的明火。

（5）如果条件允许，使用专门的易燃液体存储柜存放易燃液体。储存场所须加装可燃气体监测报警器，储存部位应加装 24h 连续排风装置或与监测报警联动的排风装置。

4. 高反应活性物质的存放

（1）存放前务必先查阅该物质的化学品安全技术说明书（MSDS），用适合的容器存放，并及时做好标记，贴好标签；存放高活性液体化学品的容器不能过满，要留有一定空间。

（2）实验室存放高反应活性物质的量应尽可能少，仅够完成当前实验需要即可。

（3）不要擅自打开盛有过期高反应活性物质的容器，应交由专门的废弃化学品处理机构处理。

（4）不要打开出现结晶或沉淀的盛有有机过氧化物液体的容器，应将其视为高危险性废弃化学品，交由专门机构处理。

（5）须分开存储下列试剂：①氧化剂与还原剂；②强还原剂与易被还原的物质；③高氯酸与还原剂。

（6）存放高氯酸的试剂瓶应为陶瓷或玻璃材质；过氧化物存放场所应远离热源和火源，并定期检测，若已过期须及时处理。

（7）遇湿易燃物质的包装必须严密，不得破损，存储场所须远离水槽，且不得与其他类别的危险品混放。

（8）热不稳定的物质须存放在安装过温控制器和备用电源的防爆冰箱中；高敏感物质或爆炸品须存储在耐燃防爆型存储柜中。

（9）对于特别危险的物质，其存储区应用警示语标明，以加强提醒。

3.5 危险化学品管理

危险化学品往往具有易燃易爆、有毒有害、腐蚀等特性，而化工生产过程又多在高温高压状态下进行。因此，不管是生产、储存，还是运输和使用过程中，都存在很多危险因素。随着化学品和化工生产事故的频繁发生，人们的安全意识逐渐增强，人类对化学品的认识和应对措施也不断提高。从 20 世纪 60 年代开始，一些发达国家和国际组织纷纷制定有关法规、标准和公约，旨在加强化学品的安全管理，有效预防和控制化学品的危害。

化学工业是我国的重要支柱产业之一，做好危险化学品的安全管理对促进化工行业持续健康发展和保护广大人民群众的生命财产安全都有非常重要的意义。在高校化学化工实验室，强化危险化学品管理是保障教学、科研正常开展的前提，是保证师生员工的身体健康和生命安全的必要手段。《危险化学品安全管理条例》详细阐述了危险化学品的生产、储存、使用经营和运输的安全规范。任何单位和个人不得生产、经营、使用国家禁止生产、经营、使用的危险化学品。高校在危险化学品管理的各环节中，应严格对照执行。

3.5.1 危险化学品的采购与运输

1. 危险化学品的采购

在采购危险化学品前，需取得危险化学品安全使用许可证。申请剧毒化学品购买许可证时，需要向所在地县级人民政府公安机关提交下列材料：

（1）营业执照或者法人证书复印件；

（2）拟购买的剧毒化学品品种、数量；

（3）购买剧毒化学品用途的说明；

（4）经办人的身份证明。

采购危险化学品时应遵守下列要求：

（1）不得向未取得危险化学品经营许可证的企业采购危险化学品。

（2）不得向未取得《危险化学品安全生产许可证》的危险化学品生产企业采购危险化学品。

（3）剧毒化学品生产企业、经营企业不得向个人或者无购买凭证、无准购证的单位销售剧毒化学品。

（4）剧毒化学品、易制毒化学品的购买凭证、准购证不得伪造、变造、买卖、出借或者以其他方式转让，不得使用作废的剧毒化学品、易制毒化学品购买凭证、准购证。剧毒化学品、易制毒化学品购买凭证和准购证的式样和具体申领办法由国务院公安部门制定。

（5）危险化学品使用单位和销售单位均不得委托不具备危险化学品运输资质的单位承运危险化学品。

（6）危险化学品使用单位采购危险化学品时，应向危险化学品的生产或经营单位索取与所采购危险化学品完全一致的化学品安全技术说明书（MSDS）和化学品安全标签。

2. 危险化学品的运输

化学品在运输过程中可能发生事故，全面了解化学品的安全运输规定，掌握有关化学品的安全运输要求，对降低运输事故具有重要意义。危险化学品的安全运输要求如下：

（1）国家对危险化学品的运输实行资质认定制度，未经资质认定，任何单位和个人不得运输危险化学品。

（2）托运危险化学品必须出示有关证明，在指定的铁路、交通、航运等部门办理手续。托运物品必须与托运单上所列的品名相符，托运未列入国家品名表内的危险化学品，应附交上级主管部门审查同意的技术鉴定书。

（3）危险物品的装卸人员，应按装运危险化学品的性质佩戴相应的防护用品，装卸时必须轻装、轻卸，严禁摔拖、重压和摩擦，不得损毁包装容器，并注意标志，堆放稳妥。

（4）危险化学品装卸前，应对搬运工具进行必要的通风和清扫，不得留有残渣，对装有剧毒化学品的运输车辆，卸车后必须洗刷干净。

（5）装运爆炸、剧毒、放射性、易燃液体、可燃气体等危险化学品，必须使用符合安全要求的运输工具，禁止用电瓶车、翻斗车、铲车、自行车等运输爆炸物品；运输强氧化剂、爆炸品及用铁桶包装的一级易燃液体时，若未采取可靠的安全措施，不得用铁底板车或挂车；禁止用叉车、铲车、翻斗车搬运易燃、易爆液化气体等危险化学品；温度较高地区装运液化气体或易燃液体，要有防晒设施；放射性化学品应采用专用运输搬运车和抬架搬运，装卸机械应按规定负荷降低25%。

（6）运输爆炸、剧毒和放射性物品时，应指派专人押运，押运人员不得少于2人。

（7）运输危险化学品的车辆，必须以安全车速行驶，与前车保持车距，严禁超车、超速和强行会车。运输危险化学品的行车路线，必须事先经当地公安交通管理部门批准，在规定时间内按指定路线运输，运输路线应避开繁华街道，不得在人员密集场所停留。

（8）运输易燃、易爆化学品的机动车，其排气管应加装阻火器，并悬挂"危险品"标志。

（9）运输散装固体危险化学品，应根据其性质采取防火、防爆、防水、防粉尘和遮阳等措施。

（10）禁止利用内河或其他封闭水域运输剧毒化学品。通过公路运输剧毒化学品的，托运人应当向目的地县级人民政府公安部门申请办理《剧毒化学品公路运输通行证》。办证时应向公安部门提交危险化学品详细信息，包括品名、数量、运输始发地和目的地、运输路线、运输单位、驾驶人员、押运人员、经营单位和购买单位资质情况等。

（11）运输危险化学品时若需添加抑制剂或者稳定剂，托运人应在交付托运时加入，并告知承运人。

（12）危险化学品运输企业应当组织驾驶员（或船员）、装卸管理人员和押运人员参加安全培训。相关从业人员必须掌握危险化学品运输的安全知识，并经所在地设区的市级人民政府交通运输部门考核合格，船员经海事管理部门考核合格，取得上岗资格证，方可上岗作业。

3.5.2 危险化学品的保管与领用

剧毒、易制毒和爆炸品是国家管制类化学品，这类化学品的购买、保存及使用须严格按国家法律法规执行，在管理中实行"五双"制度，即双人领取、双人使用、双人管理、双把

锁、双本账。具体流程如下:

1. 购买

购买危险化学品时,由课题负责人提出申请,依次经学院主管领导、校实验室处、校保卫处审批,再送归管公安部门审批,获准后到指定供应商处购买。

2. 登记、保管

购回的危险化学品应统一交由指定老师登记、保管。不同的危险化学品应分类设专柜保存,柜门上两把锁,实行双人双锁制管理,即设两人同时管理,两位保管人各自保管一把锁的钥匙。尤其要注意,爆炸品必须存入专门的阻燃防爆柜,且严禁与禁忌化学品混存。

3. 领用

危险化学品出入柜时,两位保管人须同时在场监督签发,且须建立专用登记本,记录化学品的存入量、发放量及使用人姓名、用途等,随时做到账物相符。使用化学品时应至少有两人在场,使用完毕及时放回专柜保存。领取剧毒化学品的人员,必须规范穿戴防护用具,用专用工具取用,防止发生中毒事故。

4. 检查

剧毒与易制毒化学品要每周检查一次,并做好检查记录,防止因变质或包装腐蚀损坏而造成泄漏。若危险化学品为液体,应加托盘并置于专用柜最底层,定期检查有无泄漏。

5. 废物处理

过期的危险化学品及实验废弃物应集中存放,存放场所应符合安全和环保要求。若实验室自行无法处理,应委托具备相应资质的专业公司处理,严禁乱扔、乱放、乱倒。接触过剧毒化学品的用具也必须进行无毒化处理,以免造成环境污染或人员中毒。

6. 其他

管制类化学品领用人必须是在职教师,其他人员不得领用;领用人不得将管制类化学品私自外借、赠送或出售给他人。

3.5.3 MSDS 和化学品全生命周期管理系统

1. 化学品安全技术说明书

化学品安全技术说明书(Material Safety Data Sheet,缩写为 MSDS),有些国家也称作物质安全资料表,缩写为(SDS),国际上称作化学品安全信息卡,是化学品生产商和经销商按法律要求必须提供的关于化学品理化特性(如 pH 值、闪点、易燃度、反应活性等)、毒性、环境危害以及对使用者健康(如致癌、致畸等)可能产生危害的一份综合性文件。化学品安全主要包括其燃爆性能、毒性、环境危害、安全使用、泄漏应急处理等内容。一份合格的MSDS 应该提供化学品 16 个方面的信息(见表 3-3),每部分的标题、编号和前后顺序不可随便变更。16 个部分中,除"其他信息"外,其余部分均不能留下空项。在进行描述时,每一部分还可以细分出若干小项。

表 3-3 MSDS 需提供的化学品信息

项　　目	项　　目	项　　目	项　　目
化学品及企业标识	预防措施	理化特性	废弃处置
成分/组成信息	泄漏应急处理	稳定性和反应性	运输信息
危险性概述	操作处置与储存	毒理学信息	法规信息
急救措施	接触控制与个体防护	生态学信息	其他信息

2. 危险化学品全生命周期管理系统

近年来高校实验室安全事故频发，监管部门对实验室安全愈加重视。随着高校办学规模的不断扩大，实验室变得越来越拥挤，传统的实验室安全管理模式受到严重挑战。利用现代化信息技术建立危化品全生命周期管理系统，通过技术手段有效管控危化品使用和储存，实现危化品的储存安全可靠和流向清晰明确。

（1）基本原理

危险化学品全生命周期管理系统利用现代物联网技术，结合实际场景需要，采用全生命周期管理的模式对危化品进行全流程管控。系统从申购信息对接、标签打印、危化品赋码入库、申请和审批、领用及归还、试剂报废、废弃处置的全流程管理，实现危化品在全生命周期内的操作可视、管理可控、流向可查。将智能硬件和软件系统结合，在原有试剂柜加上智能锁，并配合智能摄像头，用户事先申请领用危化品，管理员远程授权开锁。这种智能管理模式，可随时查询库存及领用明细，实时监控存放地及周围环境，既能大幅提高管理效率，又能降低危化品的安全风险。

（2）主要功能

① 从申购、审批、采购、入库、领用出库、归还，到废弃物处理，全生命周期记录。

② 对申购、领用的物品实时统计，归属清晰、责任到人；结合信息化试剂柜，利用摄像头对危化品实行 24h 监控。

③ 库存明细数据可实时查询，库存不足时发出预警，提醒管理员及时补充，使库存处于合理区间；若化学品过期，及时发出预警，提醒管理员更换。

④ 根据逐级审批原则，线上申请、在线审批，避免线下审批周期长、效率低的缺点，提高管理效率。

（3）主要特点

① 与智能硬件实时联动

系统可以与智能试剂柜联动，自动记录入库、出库、归还等库存操作，同时也可以接入智能门禁、智能监控、智能天平、电子标签、气体监测、温湿度监测等智能硬件，实现仓库智能化管理。

② 全流程管理

危化品采购、验收入库、库存台账、领用出库、归还、盘点、废弃物处置等全流程管理。每一笔入库、出库、归还、处理等操作，都会自动形成操作记录。

③ 单瓶精细管控

危化品、标准物质等特殊化学品，施行单瓶单码管理，支持接入天平自动称量，精确管控每一瓶试剂及每次使用的量。

④ 自动预警提醒

支持库存不足、试剂过期、参数超限等消息提醒，保管人可在微信上接收到实时消息。

（4）实施效果

① 过程管理智能化

系统通过物联网技术灵活搭载智能硬件，如视频监控、智能试剂柜、天平、电子标签等，将整个使用环节中人与物的相关信息实时管理起来，弥补人工管理的不足，实现智能化管理，让管理者更轻松。

② 领用过程规范化

系统对整个流程进行实时记录和监控，同时采用全生命周期管理模式，确保"双人验收、双人使用、双人领取"制度的严格执行，保证使用者在领用过程中规范操作。

③ 审批操作便捷化

系统支持移动终端应用，与电脑端数据同步，管理者可以通过移动端进行在线审批，操作简便，大幅提高审批效率。

④ 提高资源利用率

智能天平的称重数据直接录入系统，精确管控每瓶试剂每一次的使用量，减少浪费、提高利用率。

【思考题】

1. 危险化学品分为哪几大类？

2. 为什么爆炸品着火不能用沙土覆盖？

3. 易燃液体有哪些危险特性？如何储存？

4. 毒害性物质侵入人体的途径有哪些？如何预防？

5. 遇水放出易燃气体的物质有哪些？使用时应注意什么？

6. 有机过氧化物有哪些危险特性？如何储存和使用？

7. 实验室常见的腐蚀性化学品有哪些？使用时有哪些注意事项？

8. 实验室防止中毒的技术措施有哪些？

9. 实验室如何储存高反应活性物质？

10. 简述剧毒、易制毒和爆炸品的领用流程。

11. 简述"五双"制度及具体操作流程。

12. 如何实现危险化学品全生命周期管理？

第4章　实验室仪器设备安全

化学实验包括无机化学、分析化学、有机化学、物理化学等四门基础化学实验，化学实验室常用的仪器设备有玻璃仪器、加热设备、冷却设备、搅拌设备、分离设备、抽真空设备、测量仪器、分析仪器等。仪器设备本身的安全，是化学实验室安全管理的重要内容，只有确保仪器设备处于良好的状态，才能提升实验室的本质安全水平，为教师安全教学、学生实验安全提供有力保障。

4.1　玻璃仪器安全

玻璃材质的仪器称为玻璃仪器。与其他材料相比，玻璃具有诸多优良的性能，如很好的透明度、化学稳定性，以及一定的机械强度和良好的绝缘性能。利用玻璃的优良性能而制成的玻璃仪器，广泛地应用于各种实验室，如化学实验室、生物实验室、医学检验实验室等。除了上述优点之外，玻璃仪器也存在缺陷，如易碎、不耐高温等，破碎的玻璃易对人造成伤害。因此，实验操作人员应高度重视玻璃仪器的使用安全。

4.1.1　玻璃仪器分类及用途

实验室玻璃仪器种类繁多，每种仪器都有其特定功能，要做到安全操作，使用者必须了解其性质、用途和操作方法。表4-1列出了化学化工实验室常见的22种玻璃仪器。

表4-1　化学实验常用玻璃仪器

仪器名称	用　　途	注意事项
试管	用作少量试剂的反应容器，便于操作和观察	普通试管可直接加热，硬质试管可加热至高温。加热时应用试管夹夹持
烧杯	用作较大量试剂的反应容器，反应物易混合均匀。也用来配制溶液	加热时应置于石棉网上，使受热均匀。热烧杯不能直接置于桌面上，应放在石棉网垫上
锥形瓶	用作反应容器，振荡方便，适用于滴定操作	加热时应置于石棉网上，使受热均匀。热烧杯不能直接置于桌面上，应放在石棉网垫上
量筒	用于计量液体的体积	不能加热，不能量热的液体，不能用作反应容器
移液管	用于精确移取一定体积的液体	不能加热，使用后及时洗净，置于移液管架上晾干
滴定管	用于滴定或量取较准确体积的液体	不能加热，不能量热的液体，不能用毛刷洗涤内壁，酸式管和碱式管不能互换使用

仪器名称	用　　途	注意事项
容量瓶	用于配制准确浓度的溶液	不能加热，不能量装热的液体，不能用毛刷洗涤内壁，塞与瓶应配套使用，不能互换
称量瓶	用于准确称取固体样品	不能直接用火加热。盖与瓶应配套使用，不能互换
干燥器	用于存放易吸湿样品	灼烧过的样品应稍冷后放入，在冷却过程中每隔10min开一次盖子，盖子磨口处应均匀涂上凡士林，确保密封
滴瓶	用于存放液体样品	不能直接加热，瓶塞不能互换。盛放碱液时要用橡皮塞，防止瓶塞被腐蚀粘牢
表面皿	盖在烧杯上，防止液体迸溅	不能用火直接加热
漏斗	用于过滤分离固液混合物	不能用火直接加热
圆底烧瓶	用作反应物较多、需长时间加热的反应容器	通常用水浴、油浴、加热套加热。不可直接放在桌面上，应垫合适器具，以防滚动和物料洒出
四口烧瓶	用作反应容器，也可用作蒸馏液体的容器	通常用水浴、油浴、加热套加热。不可直接放在桌面上，应垫合适器具，以防滚动和物料洒出
分液漏斗	用于液液分离	不能用火直接加热，考克活塞、漏斗塞应配套使用，不能互换
恒压滴液漏斗	用于液体物料的加料	不能用火直接加热，考克活塞应配套使用，不能互换。滴液时须打开漏斗塞
抽滤瓶	与布氏漏斗配套使用，用于减压抽滤	不能用火直接加热
分水器	用于混合液体中水的脱除	不能用火直接加热，考克活塞应配套使用，不能互换
蛇形冷凝管	用于冷却溶剂蒸气	不能用火直接加热，注意冷却介质的接入方向
直形冷凝管	用于冷却溶剂蒸气	不能用火直接加热，注意冷却介质的接入方向
球形冷凝管	用于冷却溶剂蒸气	不能用火直接加热，注意冷却介质的接入方向
空气冷凝管	用于冷却溶剂蒸气	不能用火直接加热

4.1.2　玻璃仪器的洗涤、干燥与存放

化学实验中玻璃仪器洁净程度对实验结果有不同程度的影响，每次实验完成后应及时正确地将玻璃仪器洗涤干净。洗涤玻璃仪器的方法有很多，应根据实验的要求、污物的性质和沾污的程度选用正确的洗涤方法。一般来说，附着在玻璃仪器上的污物既有可溶性物质，也有尘土和其他不溶性物质，还有油污和有机物质。针对不同情况，可分别采用下列洗涤方法：

（1）用水刷洗。用毛刷就水刷洗，可洗去水溶性物质，使附着在仪器上的尘土和不溶性物质脱落下来，但不能洗去油污和有机物质。

（2）用去污粉或合成洗涤剂清洗。去污粉中含有碳酸钠，合成洗涤剂含有表面活性剂，它们都能除去仪器上的油污。去污粉中还含有白土和细沙，刷洗时起摩擦作用，使洗涤效果更好。刷洗后再用自来水冲洗，以除去附着在仪器内外壁上的白土、细沙或洗涤剂。

（3）用铬酸洗液清洗。对于口颈细小的仪器，如容量瓶、吸管、滴定管、称量瓶等，很

难用上述方法洗涤，可用铬酸洗液洗。将 4g 重铬酸钾溶解在 100mL 温热的浓硫酸中，即得到铬酸洗液。因其具有很强的氧化性，故对有机物和油污的去除能力特别强。洗涤时，在仪器中加入少量洗液，倾斜容器，来回旋转，使内壁完全被洗液润湿，稍等片刻，待洗液与污物充分作用，然后把洗液倒回原瓶，再用自来水把残留洗液冲洗干净。若把待洗仪器浸泡在洗液中一段时间，清洗效果则更好。

使用洗液时必须注意下列几点：

① 先倒尽待洗容器内的积水，再注入洗液，以免洗液被稀释，降低清洗效果。

② 使用后的洗液应倒回原来瓶内，可以反复使用至失效为止。失效的洗液呈绿色（重铬酸钾被还原为硫酸铬的颜色）。

③ 禁止将毛刷放入洗液中刷洗。

④ 洗液具有强腐蚀性，会灼伤皮肤和损坏衣物。若操作不慎导致洗液洒在皮肤、衣物或实验桌上，应立即用大量水冲洗。

⑤ 将清洗器壁的第一、二遍残液回收至废液桶，严禁直接排入下水道。

（4）用有机溶剂洗涤。一些有机溶剂（如丙酮、苯、二氯乙烷或工业碱的酒精溶液）常常是有机污垢的良好洗涤液。由于有机溶剂成本较高，同时存在一定的危险性，一般只在特殊情况下使用。

（5）用超声波清洗。有机合成实验中常用超声波清洗器来洗涤玻璃仪器，该法操作方便、清洗效率高。把用过的玻璃仪器放在配有洗涤剂的溶液中，利用超声波的振动达到清洗目的。

（6）特殊物质的去除应根据沾在器壁上的污物的性质，采取"对症下药"的方法进行处理。如 MnO_2 用 $NaHSO_3$ 或草酸溶液洗净，$AgCl$ 沉淀可用氨水处理，难溶的硫化物沉淀可用硝酸加盐酸溶解，银镜反应黏附的银或铜可用硝酸处理，有机合成实验中不易洗净的焦油状物可用回收的有机溶剂浸泡。

用以上方法洗涤后的仪器，经自来水冲洗后，往往还残留有 Ca、Mg 离子，如果实验中不允许有这些杂质存在，则应该用蒸馏水或去离子水把它们洗去，一般冲洗 3 次为宜。采用"少量多次"的洗涤方法，既洗得干净又节约用水。已洗净的仪器，可以用水润湿，将水倒出后并把仪器倒置，可观察到仪器透明、器壁不挂水珠。已经洗净的仪器不能用手指、布或纸擦拭内壁，以免仪器重新沾污。

化学实验常需使用干燥的仪器以保证反应不受到水的干扰，特别是一些要求绝对无水的实验更是如此，因此仪器的干燥是不能忽视的基本工作。实验中若能合理利用时间净化、干燥仪器，随用随取，无疑可提高实验效率和质量，节约实验时间。

玻璃仪器最简单的干燥办法是晾干法，即将洗净的仪器，如烧杯、量筒等，倒净水滴（器壁应不挂水珠）倒置或将管形仪器开口端向下竖立于柜内，几天后即阴干。若仪器急需干燥，可使用气流烘干器、烘箱及有机溶剂干燥法等来实现。

气流烘干器上斜立着若干粗细不同的带孔的管子，热风经过管孔吹入套在这些管上的仪器中，吹干后再换冷风，烘干效果良好，最适于管状仪器如冷凝管、量筒、容量瓶、分液漏斗（拔开活塞）等的吹干。

烘箱容积大，适用于干燥体积较大的仪器。烧杯、烧瓶等仪器尽量倒净水后，开口朝上放入箱内，烘干后放石棉网上冷却后使用。量筒、容量瓶、抽滤瓶等、普通冷凝管等不宜用烘箱烘干；分液漏斗、滴液漏斗宜沥干，若急用，烘干时要拔开活塞、盖子，去掉橡皮筋或连带的橡皮塞等附件后再烘。

4.1.3　磨口玻璃仪器的保养

标准磨口仪器制作精密且价格较高，因此在使用时应特别小心，并应做到以下几点：

（1）始终保证磨口表面清洁，一旦沾有固体杂质，磨口处就不能紧密连接，硬质沙粒还会造成磨口表面永久性损伤，严重破坏磨口的严密性。因此，标准磨口仪器使用后应立即洗涤干净，洗涤时不许使用秃顶的毛刷，以免划伤磨口表面。

（2）在装配玻璃仪器时，要先选定主要仪器（如圆底烧瓶）的位置，用烧瓶夹夹牢，再逐个接上其他配件，并按其自然位置夹紧，勿使仪器的磨口连接处受到应力，防止开裂或破碎。实验完毕，应按与安装相反的顺序拆卸仪器，由后往前逐个拆除，在拆开一个夹子时，必须先用手托住所夹的部件，特别是倾斜安装的部件，切勿使仪器的重量对磨口施加侧向压力，易造成仪器破损。

（3）磨口仪器使用完毕后，必须立即拆卸、洗净，各个部件一一分开存放，决不允许将连接在一起的磨口仪器长期放置，这样会使磨口连接处粘连在一起。特别需注意的是无机盐或碱溶液会渗入磨口连接处，水分蒸发后析出固体物质，更易使磨口处黏结在一起，很难分开。

（4）在常压下使用时，磨口处一般不需润滑，为防止磨口连接处黏结，可在磨口靠粗端涂敷少量凡士林、真空脂或硅脂。通过涂有润滑脂的内磨口倒出物料时，需用脱脂棉或滤纸蘸取少量易挥发溶剂（乙醚、丙酮等）将磨口表面的润滑脂擦净，以免污染样品。

在使用磨口玻璃仪器时，由于操作不慎或加热温度较高，或磨口处有碱性物质及无机盐等，使两个磨口粘连在一起很难打开。遇此情况可视不同成因采取不同方法，具体做法如下：

（1）若粘连时间不长，粘连不太牢，可用小木块自上而下轻轻敲击外面配件的边缘，不可用力过猛或用金属物敲击，以免损坏仪器。

（2）若是由于沾有无机盐或碱性物质致使两个有磨口的配件粘在一起，可将它们放入水中浸泡一段时间，或放到水浴中加热煮沸一段时间，冷却后稍用力旋转即可打开。

（3）如果粘连不太牢，也可将磨口仪器竖立起来，往连接处滴入少许乙醇或甘油水溶液，待其渗入磨口处，再稍用力旋转可将两配件打开。

（4）用电吹风加热粘连处，在内、外配件存在温差条件下，稍用力旋转即可打开（加热时间不可太长，以免内配件也受热）。如果粘连时间很长，粘连又太牢，以上方法均不能打开时，应请有经验的玻璃工师傅进行处理，以免损坏仪器。

以上所述都是被动的，最好的预防方法是养成良好的操作习惯，做完实验及时将所有玻璃仪器清洗干净。

4.1.4　玻璃仪器使用注意事项

玻璃仪器质地坚硬、容易破碎，在实验过程中常因操作不慎而造成伤害事故，且大多数为割伤和烫伤。为了防止这类事故的发生，必须充分了解玻璃的性质及玻璃仪器的操作方法。按玻璃的性质不同可以简单地分为软质玻璃仪器和硬质玻璃仪器两类。软质玻璃承受温差的性能、硬度和耐腐蚀性都比较差，但透明度比较好，一般用来制造不需要加热的仪器。硬质玻璃是一种硼硅酸盐玻璃，具有良好的耐受温差变化的性能，用它制造的仪器可以直接加热。

硬质玻璃的硬度较高，质脆，抗压力强但抗拉力弱，导热性差，稍有损伤或局部施加温差都易断裂或破碎，其裂纹呈贝壳状，像锋利的刀具一样危险。所以在使用玻璃仪器时容易出现意外破损，需采取适当的安全防范措施。操作常用玻璃仪器时应注意以下几点：

（1）剪切或加工玻璃管及玻璃棒时，必须戴防割伤手套。

（2）玻璃管及玻璃棒的断面要用锉刀锉平或用喷灯熔融，使其断面圆滑、不易造成割伤后再使用。

（3）连接橡胶管和玻璃管，或将温度计插入橡胶塞时，先用水、甘油或润滑脂等润滑，边旋转边插入，如果感觉过紧可用锉刀等工具扩孔后再插入。

（4）玻璃器具在使用前要仔细检查，避免使用有裂痕的仪器。特别是用于减压、加压或加热操作的场合，更要认真检查。

（5）在组装烧瓶等实验装置时，不要过于用力，防止夹具拧得过紧使玻璃容器破损。

（6）加热和冷却时，要避免骤热、骤冷或局部加热。加热和冷却后的玻璃仪器不能用手直接触摸，以免烫伤和冻伤。

（7）不能在玻璃瓶和量筒内配制溶液，以免配制过程中产生的溶解热使容器破损。

（8）不能使用薄壁或平底的玻璃容器进行加压或抽真空实验。

（9）薄壁玻璃容器在往台面上放置时要轻拿轻放，进行搅拌操作时避免局部用力。拿放较重的玻璃仪器时要用双手，且要轻拿轻放。

（10）一般情况下，不允许给密闭的玻璃容器加热。

（11）洗涤烧杯、烧瓶时不要局部用力过大，以防破碎。

（12）玻璃碎片要及时清理，并放入指定的收集容器内。

4.2　加热设备安全

4.2.1　小型加热设备

1. 酒精灯

酒精灯一般由玻璃制成，其灯罩带有磨口，由灯体、灯帽、灯芯管和灯芯组成。灯体内盛有适量酒精，一般要求所盛酒精不超过其总容量的 2/3，也不宜少于灯体容量的 1/4。点燃酒精灯时，切不可用燃着的酒精灯直接去点燃另一盏酒精灯，此操作易导致灯内酒精洒出，引起燃烧而发生火灾。熄灭酒精灯时，切勿用嘴去吹，应用灯帽盖灭，然后再提起灯帽，待灯口稍冷再盖上灯帽，这样可以防止灯口破裂。酒精灯内酒精快用完时，必须及时添加。添加酒精时，应将火焰熄灭，再把酒精加入灯内。酒精灯的火焰由内至外分别为焰心、内焰和外焰，焰心温度最低，内焰温度稍高，外焰温度最高，加热时应根据具体情况选择火焰。

2. 酒精喷灯

酒精喷灯是用酒精作燃料的加热器。酒精汽化后与空气或氧气混合，点燃混合气体生成火焰，温度约 900℃，常用于加工玻璃仪器。酒精喷灯有挂式和座式两种，这里着重介绍挂式酒精喷灯。其喷灯部分由金属制成，除灯座外还有预热盆和灯管。灯管处有一蒸气开关，预热盆下方有一支管为酒精入口，支管通过橡皮管与酒精储罐相连。使用时先将储罐悬挂在高处，打开储罐下的开关，在预热盆中注入酒精并点燃，以预热灯管。待盆内酒精将近燃完时，开启蒸气开关，由于灯管已被灼热，进入灯管的酒精迅速汽化，酒精蒸气与气孔进来的空气混合，即可在管口点燃。调节灯管处的蒸气开关可控制火焰的大小。使用完毕，关上蒸气开关及储罐下的酒精开关，火焰即自行熄灭。使用时须注意：

（1）在点燃前必须充分预热灯管，否则酒精在管内不能完全汽化，开启蒸气开关时，会有液态酒精从管口喷出，形成"火雨"四处洒落而酿成事故。此时应立即关闭蒸气开关，重新预热。

（2）应经常用特制的金属针穿通酒精蒸气喷出口，以防阻塞。

（3）不用时须将储罐口用盖子盖紧，关闭酒精储罐开关，以免酒精挥发造成危险。

3. 电炉

电炉由底盘和在其上盘绕的电阻丝以及电源进线等组成。电炉生热面较大，温度较高，适合给盛有较多流体的横截面积较大的容器加热。使用电炉应注意用电安全，进线应能承受较大电流容量，电炉与所置平面接触物及容器间应绝缘。另外，使用电炉加热时，在其四周要留有足够的空间，远离易燃物，炉盘与容器间应加石棉网，起到防止漏电伤人和加热均匀的作用。

4. 电热套

电热套（图4-1）是实验室常见的一种加热器，其构成组件包括由无碱玻璃纤维与金属加热丝编制的半球形加热内套和控制电路，主要用于对玻璃容器的精确控温加热。由于不使用明火，因此不易着火，并且升温速度快、热效应高、给热均匀。因其操作简单、安全便捷、经久耐用，现已成为化学实验室最常见的控温加热设备。使用电热套应注意：

图4-1　电热套

（1）新电热套首次使用时，会有白烟和异味从套内冒出，颜色从白色变为褐色再变成白色，这是由于玻璃纤维中含有的油脂被加热挥发出来，应当将其放置于通风柜中，待异味消失后再使用。

（2）当电热套内溢入液体时，应立即关闭电源，将其放置在通风处，待液体挥发后方可使用，避免因漏电或短路引发火灾。

（3）当环境湿度过大时，可能有感应电流通过保温层传到外壳，易发生触电事故，因此外壳必须接地，且注意防潮。

（4）加热套内无容器时禁止开启加热开关，易导致温度失控，引发火灾。

（5）若长时间不使用电热套，应将其置于干燥、无腐蚀气体处保存。

5. 电加热板

实验室常见的电加热板是云母电加热板（图4-2），它是利用云母板良好的绝缘性能和耐高温性能，以云母板为骨架和绝缘层，辅以镀锌板或不锈钢板作支持保护，通过电热丝加热产生高温的加热器件。电加热板应在指定电压下使用，与接有地线的三孔插座和漏电开关相连。非专业人士不能打开电加热板外壳，或擅自改动内部接线。不可用手直接接触发热板，以免烫伤。长期不用时，应切断电源。

6. 水浴锅

当被加热物质要求受热均匀，温度在100℃以下，可用水浴锅（图4-3）加热。例如蒸发浓缩溶液时，把溶液放在蒸发皿中，将蒸发皿置于水浴锅上，煮沸锅中的水，利用热水加热。实验室中也常用大烧杯代替水浴锅使用。使用水浴锅加热应注意以下几点：

图 4-2　云母电加热板

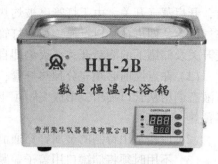

图 4-3　水浴锅

（1）水浴中水量不要超过容量的 2/3。水量不足时用少量的热水补充，使水浴中的水面稍高于容器内的物料液面。切记水位务必不可低于电热管，否则将导致电热管损坏。

（2）根据被加热的器皿尺寸，选择不同的圈盖，保持水浴口的密闭，避免热量散失。

（3）在水浴上受热的蒸发皿不能浸入水中。烧杯或锥形瓶可直接浸入水浴中，但不能触及锅底，以防因受热不均而破裂。

（4）控制箱内部不可受潮，以防漏电和损坏控制器。应随时注意水箱是否有渗漏现象。

图 4-4　油浴锅

7. 油浴锅

油浴锅（图 4-4）就是用油作为导热介质的热浴方法。当加热温度在 100~200℃ 时，宜使用油浴，优点是反应物受热均匀。容器中反应物的温度一般低于油浴温度 10℃ 左右。油浴常用的导热介质有以下几种：

（1）甘油。可以加热到 140~150℃，温度过高会炭化。

（2）植物油。如菜籽油、花生油等，可以加热到 220℃ 左右，常加入 1% 的抗氧化剂（对苯二酚），以延长使用时间。温度过高时会分解，达到闪点可能燃烧。

（3）石蜡油。可以加热到 200℃ 左右，高温下不分解，但较易燃烧。

（4）硅油。硅油在 250℃ 时仍较稳定，透明度好，安全可靠，是目前实验室较为常用的油浴热介质，但其价格较贵。

使用油浴加热注意事项如下：

（1）向油浴锅内注入导热介质时，要控制液位，严防过量溢出，当实验温度达到 300℃ 时，液位应控制在容积的 80% 左右。

（2）根据温度和实验要求来选择导热介质。温度低的用甘油，温度高的用硅油。

（3）使用油浴时要防止导热油着火燃烧。油浴锅使用场所应保持通风，远离火源或易产生火花的地点，以免引发火灾。

（4）禁止在无油的情况下空烧，空烧易导致加热管烧坏，引起漏电或发生火灾。电源必须使用接地插头。

（5）当油浴受热冒烟时，应立即停止加热。油浴中应插入一支温度计，用来观察有无局部过热现象。油浴温度不宜过高，否则受热后有溢出危险。

（6）加热完毕，将反应容器从油浴中移出时，反应器离开油浴液面后应悬停片刻，待容器外壁无明显油滴后，再用纸巾或干布将其擦干。

8. 沙浴

沙浴就是用黄沙作为导热介质的热浴方法，温度可达 350℃ 以上。沙浴操作方法与水浴基本相同，往铁盆中装入干燥的细海沙或河沙，把反应器埋在沙中，特别适用于加热温度在 220℃ 以上的反应。沙浴传热慢，升温较慢，且不易控制，因此沙层不可太厚。沙浴中应插入温度计，温度计水银球要靠近反应器。

4.2.2 烘箱

烘箱(图 4-5)，又称恒温鼓风干燥箱，是一种利用电热丝加热使物体干燥的设备。适用于 50~300℃ 范围的烘焙、干燥和热处理等。烘箱的型号很多，但基本结构相似，一般由箱体、电加热系统和控温系统三部分组成。使用烘箱应注意以下几点：

图 4-5　烘箱

(1) 烘箱属大功率高温设备，使用时要注意安全，防止火灾、触电及烫伤等事故。

(2) 烘箱应安放在室内干燥、水平处，防止振动。电源线不可设置在金属器物旁，不可置于潮湿环境中，避免橡胶老化导致漏电。该设备四周严禁囤放易燃易爆物品或酸性、腐蚀性、易挥发化学品(例如有机溶剂、压缩气体)及油盆、油桶、棉纱、布屑、胶带、塑料、纸张等。

(3) 严禁将易燃易爆、酸性、挥发性、腐蚀性物品放入烘箱。不得将属性未知的物料放入烘箱烘烤。

(4) 为防止烫伤，取放物品时要戴防高温手套。烘箱处于工作状态时，不得在其附近取用易挥发溶剂。不得在烘箱内存放物品，如工具、器材、零件、油料、试剂等。

(5) 烘箱透明视窗不可用有机溶剂擦拭，不可用锐物刮伤刮裂，需保持洁净透亮。将烘箱门锁调整适当，使烘箱无漏风、串风现象。

(6) 依据烘箱耗电功率安装足够容量的电源闸刀，选用足够截面积的电源线，并有良好的接地线。定期检查电路系统是否连接良好。

(7) 定时检查风机运转是否正常，若有异常声音立即关闭机器，检查修复；定时检查热风循环通风口是否堵塞，并及时清理积尘；定时检查温控器、加热管有无损坏，线路有无老化，若发现问题应立即关机，检查修复。

(8) 若突然停电，要及时关闭烘箱电源开关和加热开关，防止恢复供电后自动开启加热。

(9) 烘箱温控一旦失灵，造成烘箱中物料温度过高自燃时，需进行以下操作：

① 立即关闭加热开关，关闭电源，同时报警，通知相关部门；

② 不得打开烘箱门，阻止空气进入；进行外部强制冷却，若有明火，应利用现场灭火器材进行扑救；

③ 通电状态下切忌用手触及箱体电器部位，切忌用湿布或水进行扑灭、冲淋等。

(10) 烘箱在无人看管状况下或非工作时间禁止使用。若特殊状况需要使用，须经分管领导批准，并安排专人看管。

4.2.3 马弗炉

图 4-6 马弗炉

马弗炉(图 4-6)，也称高温电炉，实验室常用于灼烧沉淀、测定灰分、材料制备等工作。热力丝结构的马弗炉最高使用温度为 950℃，短时间可以用到 1000℃。硅碳棒式马弗炉的发热元件是炉内的硅碳棒，最高使用温度为 1350℃，常用工作温度为 1300℃。马弗炉根据使用需求又分为固定速率升温和程序升温两种类型。

马弗炉使用注意事项：

(1) 马弗炉必须放置在稳固的水泥台面上，将热电偶从马弗炉背后的小孔插入炉腔内，将热电偶的专用导线接至温度控制器的接线柱上，正、负极不要接反。

(2) 查明电炉所需电源电压，配置功率合适的插头、插座和保险丝，并接好地线，避免触电危险。炉前地面宜铺一块厚胶皮布，操作更为安全。

(3) 灼烧完毕，应先拉下电闸，切断电源。但不可立即打开炉门，以免炉腔骤然受冷而碎裂。可先开一条小缝，加快降温速度，待炉温降至 100℃ 左右时，再用长柄坩埚钳取出被烧物件。

(4) 操作人员在使用马弗炉时不可离岗，要经常查看温度，防止自控失灵造成电炉丝烧断。夜间若无人值守，严禁使用马弗炉。

(5) 要保持炉腔清洁，周围不要堆放易燃易爆物品。不用时应切断电源，并将炉门关好，防止耐火材料受潮气侵蚀。

4.2.4 管式炉

管式炉(图 4-7)，又称管式气氛电阻炉，其结构简单、操作容易、便于控制，广泛应用于冶金、玻璃、电极材料、新能源等行业，实验室通常用其对材料进行热处理。

图 4-7 管式炉

1. 管式炉操作步骤

(1) 把炉管对称放到炉腔中间，样品放在炉管中间，管堵放于炉腔两端，然后按照"内法兰套、密封圈、压环、密封圈、外法兰套"的顺序安装好，紧固 3 颗六角螺丝，保证法兰不偏斜。

(2) 按照"气瓶主阀、分压阀、管路开关"的顺序打开气路，关闭时顺序相反。

(3) 按照"进气管道、进气阀门、出气阀门、安全瓶"的顺序连接气路，通过气路开关及进气阀调节气体流速，通常以安全瓶中连续鼓出一个气泡为准。

(4) 将空气开关打开后接通电源，设置升温程序，按"加热"键开始运行。

(5) 程序运行结束，待炉腔温度冷至 100℃ 以下再停止通气。

(6) 戴上防烫伤手套，打开炉腔，取出物料。

2. 管式炉操作注意事项

(1) 管式炉为大功率用电设备，务必要有效接地，保证其安全使用。

(2) 当管式炉第一次使用或长期停用后再次启用时，必须进行烘炉。使用时炉温最高不得超过额定温度，以免烧毁电热元件。管式炉最好在不高于50℃的环境下工作，有利于延长使用寿命。

(3) 管式炉必须在相对湿度不超过85%、没有导电尘埃、爆炸性气体或腐蚀性气体的场所工作，且保证有良好的通风和散热条件。

(4) 若需加热的金属附有油脂，在加热前一定要做好预处理，否则挥发性气体会影响或腐蚀加热元件，降低使用寿命。

(5) 使用中要定期检查电炉、控制器等接线是否良好，温控表是否显示正常。热电偶不要在温度较高时骤然拔出。

(6) 无论是使用中还是使用后都要保证炉膛清洁，及时清除炉内氧化物及杂物。

(7) 炉膛若为石英管，当温度高于1000℃时，石英管的高温部分会出现不透明现象，这是连熔石英管的一个固有缺陷，属于正常现象。

(8) 冷炉使用时，由于管式炉膛是冷的，须大量吸热，所以低温段升温速率不宜过快，各温度段的升温速率差别不宜太大，设置升温速率时应充分考虑所烧材料的物理化学性质，以免出现喷料现象，造成炉管污染。

(9) 装料时应将料盒放置在料盆支架上，打开并取出炉管一端的密封端盖，放入带料盒的料盒支架，再将密封端盖安装在炉管法兰上，并拧紧卡箍螺栓。通入工艺气直到炉管内氧含量达到工艺要求，再进行升温烧结。产品烧结工艺完成后，应继续通入少量的工艺气并进行降温，直到炉内温度低于工艺要求，方可打开炉管密封端盖，取出产品。

4.2.5 消化炉

消化炉(图4-8)，又称消煮炉，是一款专门用来对粮食、食品、饲料、土壤、肥料、水、沉淀物、化学品、乳制品、饮品、药物、煤炭、橡胶等物质进行消化的仪器。消化液与物质产生化学反应后，生成可溶于水的新物质，选择适当的消化液可加速消化过程。消化炉采用井式电加热方式，样品在炉内取得较佳热效应，缩短消化煮解时间。加热体采用红外石英管，耐强酸强碱，不易爆裂，使用寿命长。特点是消化管受热面积

图4-8 消化炉

大、温差小，热效率高，有利于样品的消煮。消化管内溢出的 SO_2 等有害气体，通过通风柜或万向抽气罩排出实验室。

1. 样品的消化步骤

(1) 称取1g左右样品，放入洗净烘干的消化管，加水、催化剂和10mL硫酸。

(2) 将消化管分别放入各个消化架孔内，置于消化器上，放上已装好密封圈的排污管。

(3) 打开抽气三通进水(自来水)，使抽气三通处于吸气状态。

(4) 接通电源，打开各控制开关，转动电位器，调节指示电压为220V。

(5) 在消化初始阶段需注意观察，防止样品因急速加热而飞溅。

（6）消化结束，将消化管、排污管和整个托架一起移到冷却架上进行冷却。冷却过程中排污管必须保持吸气状态，千万不可将消化管放入水中冷却。

2. 消化炉使用注意事项

（1）消化时要防止废气逸出，如气体外逸，应加大自来水压力。每次实验结束，应清洗消化密封圈外壁。

（2）每次使用完，应切换到手动模式，把 NaOH 溶液外接皮管移入蒸馏水瓶内，套好消化管抽洗 3 次。下次使用时须先排出 100mL NaOH 溶液，以防第一个样品 NaOH 浓度不够。

（3）为保证仪器正常运行及保护人身安全，仪器必须严格接地。

（4）若操作不当导致保险丝烧断，应拔去电源插头，换上新保险丝，排尽蒸发炉水，重新开机。

（5）使用过程中若出现不正常现象，应及时关闭电源，检查故障原因；在没有专业维修工程师在场的情况下，不得私自拆卸消化炉。

4.3　冷却设备

在低温操作实验中，实验人员通常根据所需的工作温度选择合适的低温设备或介质。常见的制造低温的设备有低温恒温槽、低温冷却液循环泵、冷水机、冷冻干燥机等。此外，还可以借助冷冻剂获得低温，如干冰的温度为 $-80 \sim -70℃$，液氮的温度为 $-196℃$。在操作与低温相关的设备及容器时务必注意安全。

4.3.1　低温恒温槽

图 4-9　低温恒温槽

低温恒温槽（图 4-9）是自带制冷的高精度恒温源，可在机内水槽进行恒温实验，或通过软管与其他设备相连，作为恒温源配套使用。

低温恒温槽使用注意事项：

（1）使用低温恒温槽前，应先向槽内加入液体介质，液面应高于工作台板 30mm 左右。

（2）低温恒温槽内液体介质的选用应符合以下原则：

① 当工作温度在 $5 \sim 85℃$ 时，液体介质一般选用水；

② 当工作温度在 $85 \sim 95℃$ 时，液体介质可选用 15% 甘油水溶液；

③ 当工作温度高于 $95℃$ 时，液体介质一般选用开口闪点高于工作温度 $50℃$ 以上的油。

（3）采用 220V、50Hz 交流电，电源功率应大于仪器的总功率，必须有良好接地。

（4）仪器应安置于干燥通风处，周围 300mm 内无障碍物。

（5）当恒温槽工作温度较低时，不要开启上盖，手勿伸入槽内，以防冻伤。

（6）使用完毕，所有开关置于关闭状态，切断电源；仪器应做好经常性清洁工作，保持工作台面和操作面板的整洁。

（7）注意观察槽内液面高低，当液面过低时，应及时添加液体介质；注意引出管连接处是否牢固，严防脱落，以免介质流出。

4.3.2　低温冷却液循环泵

低温冷却液循环泵(图4-10)是一种采用压缩法制冷的循环泵设备，可直接将试管、反应瓶等置入冷冻槽中，也可将冷却液用软管引出并循环，可用于低温化学反应，也可用于化学品和生物制品的低温储存。通常与旋转蒸发仪、真空冷冻干燥箱、循环水式多用真空泵等配套使用。

1. 主要用途

低温冷却液循环泵作为稳定的冷冻液来源，被广泛应用于有机合成中的溶剂脱除、反应釜降温和高发热仪器冷却等，具体如下：

(1) 对旋转蒸发仪、电泳仪、黏度计、光化学反应仪光源部分及双层玻璃反应釜夹层进行低温冷却。

图4-10　低温冷却液循环泵

(2) 对超声波破碎的试料和激光加工设备的发热部分进行低温冷却。

(3) 对蚀刻装置的电机部分和电子显微镜的电源、光源部分进行低温冷却。

(4) 对分子泵、离子泵、扩散泵、微波治疗机进行低温冷却。

2. 低温冷却液循环泵使用注意事项

(1) 根据需要达到的温度，选择相应的介质(液面低于浴槽上沿2cm)。

(2) 选择合适的工作电源，电源功率应大于或等于仪器总功率，电源必须接地良好。

(3) 仪器应安置在干燥通风处，后背及侧面与其他物体至少保持400mm。

(4) 实验仪器需接入冷却液循环泵，宜用保温软管将其与仪器连接。若将其用作冷浴，只需将进、出液口连接即可。

(5) 打开制冷开关，3min后压缩机开始工作。待温度达到设定值，打开循环开关和阀门，对仪器进行冷却。

图4-11　冷却水循环机

(6) 实验结束，先关闭需冷却的仪器，再依次关循环泵开关、制冷开关、电源开关，最后拉下安全开关，拔下电源插头。

(7) 若长时间不使用，应放掉冷却液，用清水冲洗干净。严禁无液体或液体较少时开机。

(8) 制冷系统停机后，若要重新启动，必须间隔5min以上。

4.3.3　冷却水循环机

冷却水循环机(图4-11)又名小型冷水机，其工作原理也是通过压缩机进行制冷，再与水进行热交换，使水的温度降低，通过循环泵送出。同时使用温度控制器进行温度控制，具备恒温、恒流、恒压三种功能。冷却水循环机广泛应用于扫描电子显微镜、X射线粉末衍射仪、X射线荧光光谱仪、等离子发射光谱仪、核磁共振波谱仪等科学仪器工作部件的冷却。

冷却水循环机使用注意事项

（1）开机前应再次检查电源、气路、水路管线的连接是否正确，确认运行开关在"停止"位置，控制箱内的空气开关在"ON"位置。

（2）将水箱下面的水旁通阀调节手柄放在开与关的中间位置。打开机组后面的出水阀门和回水阀门，检查机组及管道是否漏水。

（3）接通电源。将操作面板上的运行开关放在"运行"位置，电源指示灯亮，数字温控表开始初始化。温控表初始化期间，操作面板上的"水温超限"故障指示灯会亮几秒钟。

（4）温控表初始化结束后，水泵开始运转，室内机前面板上的水压表开始有压力显示。调节水旁通阀，使水压表读数为被控设备的要求水压。再次确认管道、接头无漏水点。

（5）调整温控表，将温度设定为被控设备的要求值。温控表为双数字显示，正常工作时，上一行显示实际水温，下一行显示设定水温。按（<）、（∨）、（∧）键，调整下一行显示为所需温度设定值，两秒钟后自动计入，温控表回到工作状态。

（6）一般情况下，水泵开始运行3min后制冷压缩机开始工作。延时时间由控制箱内的时间继电器调节，出厂时已调整好，一般情况不需改动。压缩机启动后，若制冷指示灯点亮，检查室内机前面板上的压力表，冷媒高压应在0.8~1.8MPa之间，低压应在0.4~0.7MPa之间。

（7）水冷机启动时，如果室外气温低于5℃，"压机加热"指示灯亮，压缩机不工作，延时20min后压缩机开始工作，延时时间由时间继电器调整。

（8）当实际水温高于设定水温4℃时，压缩机启动，制冷指示灯亮，机组处于制冷工作状态；当实际水温低于设定水温时，压缩机停止工作，制冷指示灯灭，机组停止制冷。

（9）当水温高于设定值时，室外机的风扇启动，向外排出热量，待水温降至设定值以下，风扇自动停止运行。

（10）机组运行一段时间后，水箱中的水会减少，应随时观察水位，并及时补水。

4.3.4 冷冻干燥机

图4-12 冷冻干燥机

冷冻干燥机（图4-12）是利用升华原理进行干燥的一种设备。将被干燥的物质在低温下快速冻结，然后在适当的真空环境下，使冻结的水分子直接升华成为水蒸气逸出。冷冻干燥得到的产物称作冻干物，该过程称作冻干。物质在干燥前始终处于冻结状态，冰晶均匀分布于物质中，升华过程不会因脱水而使被干燥物质发生浓缩，避免产生泡沫、氧化等副作用。干燥物质呈干海绵多孔状，体积基本不变，极易溶于水而恢复原状。最大程度防止干燥物质的理化和生物性质的改变。

1. 冷冻干燥机使用方法

（1）使用前，先将准备干燥的物品置于低温冰箱或液氮中，使物品完全冰冻结实，方可放入冷冻干燥机。

（2）主机与真空泵之间由真空管连接，连接处采用国际标准卡箍。卡箍内含一只密封橡胶圈，连接前可在橡胶圈上涂抹适量真空脂，再用卡箍卡紧。

（3）主机的右侧板上设有真空泵的电源插座，将真空泵的电源线连接好。

（4）检查真空泵，确认已加注真空泵油，不可无油运转。油面不得低于油镜中线。

（5）主机冷阱上方的 O 形密封橡胶圈应保持清洁，每次使用时可涂上一层真空脂，有机玻璃罩置于橡胶圈上，轻轻旋转几下，有利于密封。

（6）拧开排水阀门，让里面残留的水流出，排干后再拧紧阀门。

（7）检查冻干腔与冷阱的接触部分是否完好，必要时清洁及重新调整。

（8）先关闭与冻干瓶直接相连的阀（白色旋钮向上即为关闭），再关闭冷阱与真空泵相连接的阀。

（9）打开冷阱电源开关，打开真空泵电源开关。15min 后打开冷阱与真空泵相连接的阀门，1min 后把预冻好的样品挂在支架上，打开相对应的阀门后即可进行冻干。

（10）冻干结束后，关闭相对应的阀，取下冻干瓶。待所有冻干瓶取下后，依次关闭真空泵电源和冷阱电源。待冷阱中的霜融化后，打开排水阀进行排水，排完后关闭。

2. 冷冻干燥机使用注意事项

（1）样品在冻干之前首先要进行预冻处理，样品必须在固态（结冰状态）下才能冻干，预冻时间越长冻干效果越好。样品装入量最好不要超过样品瓶容积的 1/3。

（2）开机预热 15min 后才可以冻干，目的是先让冷阱预冷，让真空泵预热，使仪器在最佳工作状态下运行。

（3）在冻干时若出现样品融化现象，其原因是真空度不够，系统漏气。应检查所有的阀门是否关闭，冻干腔与冷阱表面接触处是否密封，必要时清洁冷阱表面及冻干腔的密封圈。

（4）冻干结束，关闭阀门，冻干瓶内部与外界相通，待气压平衡后即可取下冻干瓶。待冷阱盘管上的冰化成水后，用毛巾清除干净。冻干结束，旋开"充气阀"向冷阱充气时，一定要缓慢打开，以免冲坏真空计。

（5）定期清洁冷阱腔、冻干腔及压缩瓶内部的灰尘，真空泵中油量不够时要及时补充。操作过程中切勿频繁开关机器，若因操作失误造成制冷机停止运转，不能立即启动，至少等20min 后方可再次启动。

4.3.5 冰箱

冰箱是实验室用来储存需低温冷藏物品的设备，要求具备恒温、无霜、数字显示温度、湿度功能。与家用冰箱不同，实验室冰箱要带安全锁，特别是用于储存特殊试剂的冰箱，需要双人双锁，并由专人看管。若在冰箱内存放易挥发有机溶剂，冰箱还必须具备防爆功能。

1. 使用注意事项

（1）检查电源电压是否符合要求。使用的电源应为 220V、50Hz 单相交流电源，正常工作时，电压波动允许在 187~242V 之间，若波动太大将影响压缩机正常工作，甚至会烧毁压缩机。

（2）勿损坏电源线绝缘层，不得重压电线，不得擅自更改或加长电源线。

（3）接通电源后，通过声音判断压缩机启动和运行是否正常，若有管路互相碰击的声音，应检查是否摆放平稳，并做相应调整。若有较大的异常声音，应立即切断电源，联系维修人员。

（4）在存放物品前先空载运行 1h，等箱内温度降低后再放入物品，存放物品不宜过多，尽量避免冰箱长时间满负荷工作。

（5）禁止在冰箱内存放与实验无关的物品，放入冰箱的所有化学品必须密封。

（6）若温度超出规定范围，调节温控使其回到正常范围，并做记录；使用过程中不要频繁开启箱门。

（7）保持箱体四周区域清洁干净，且具备一定的散热空间，无热源。

（8）定期清洁冰箱，清洁时切断电源，用软布蘸水擦拭冰箱内外，确保箱内清洁卫生。

（9）在冰箱侧面贴出试剂清单，包括试剂名称、存放量、存放人及存放时间等。

2. 故障检查及排除

（1）若冰箱面板指示灯不亮，检查电源插头是否插好。

（2）若冰箱制冷不良，检查箱内物品是否挡住冷气出口或吸入口，检查物品是否太挤、太多；检查箱门是否关闭不严，检查箱门封条是否变形或破损。

（3）若故障无法排除，应请专业人员维修，切勿擅自拆卸元器件。

4.3.6 低温液体容器

低温液体是指常态下沸点在-150℃以下的液体。在大规模储存和运输氧、氮、氩、氦、氢和液化天然气等工业气体时，通常通过降低温度使其转变为液体，以提高运输和储存效率。鉴于低温液体的特性，其储运方式有其特殊性，为了维持低温系统正常工作，需要将通过对流、传导和辐射等途径传递给低温液体的热量减少到尽可能低的程度。因此，储存和运输低温液体的容器必须具备良好的绝热性能。

1. 低温液体的潜在危险

低温液体可能存在以下潜在危险：

（1）所有低温液体的温度都极低。低温液体及其蒸气能够迅速冷冻人体组织，而且能导致许多常用材料，如碳素钢、橡胶和塑料等变脆，甚至在压力下破裂。当容器和管道温度低于液化空气沸点(-194℃)时能够浓缩周围的空气，导致局部空气富氧。液氢和液氦甚至能冷冻或凝固周围空气。

（2）所有低温液体在蒸发时都会产生大量的气体。例如，在101325Pa压力下，单位体积的液氮在20℃时蒸发成694个单位体积的氮气。如果这些液体在密封容器内蒸发，它们产生的巨大压力能使容器破裂。

（3）在封闭区域内，除了氧以外的低温液体会降低空气中氧气的含量，导致人员窒息。在封闭区域内的液氧蒸发会导致氧富集，能支持和加速易燃和可燃材料的燃烧，若存在火源将导致起火。

2. 低温液体使用注意事项

（1）使用低温液体时一般要有两人在场，初次操作必须在有经验人员的指导下进行。

（2）一定要穿防护服，戴防护面具或防护眼镜，并戴加厚棉手套等防护用具，以免低温液体直接接触皮肤、眼睛或手脚等部位。

（3）容器中的液态气体应通过减压阀进入一个耐压的橡皮袋或缓冲瓶，再进入仪器，可防止液态气体因减压而突然沸腾汽化，避免压力猛增导致爆炸危险。

（4）使用低温液体的实验室要保持通风良好，实验仪器和设备要固定牢靠。

（5）存放低温液体的场所应通风良好、无阳光直射。在搬运低温液体容器时，要轻搬轻放，避免剧烈震动。

（6）装低温液体的真空玻璃瓶容易破裂，不要把脸靠近容器的正上方。

（7）若低温液体沾到皮肤上，要立刻用水冲洗，若沾到衣服时要立即脱去衣服。若发生严重冻伤，要及时送医院治疗。

（8）若实验室发生人员窒息事故，要立刻把伤员转移到空气新鲜的地方进行人工呼吸和心肺复苏，并迅速拨打120。

（9）若因发生事故而引起低温液体大量汽化时，应采取与高压气体泄漏场合相同的措施进行处理。

3. 使用不同低温液体的注意事项

（1）使用液态氧，严禁与有机化合物接触，以防燃烧。

（2）使用液态氢时，对已汽化的氢气必须极为谨慎地将其燃烧掉或放入高空，否则会发生猛烈爆炸。

（3）从液氮罐中倒出液氮时，应戴好棉手套、穿实验服、戴防护面罩，在通风处操作。四周禁止人员靠近，以防液氮溅出伤人。

（4）制干冰时应先在二氧化碳钢瓶出口处接一个保温、透气的棉布袋，打开钢瓶总阀，将液态二氧化碳迅速放出，因压力急剧降低，二氧化碳在棉布袋中结成干冰。干冰与某些物质混合可得到-80~-60℃的低温，但与其混合的大多数物质为丙酮、乙醇之类的有机溶剂，因而必须有防火措施。

（5）充氨操作时应将液氨钢瓶放置在充氨平台上，瓶嘴与充氨管接头间必须垫好密封垫，并检查有无漏氨现象。打开氨瓶阀门时必须先打开输氨总阀。充氨量应不超过液氨瓶总容积的80%。操作时必须配备氨用防毒面具，以备氨泄漏时使用。

4.4 抽真空设备

4.4.1 循环水真空泵

1. 循环水真空泵（图 4-13）使用方法

（1）将循环水真空泵平放于工作台上，打开水箱上盖，注入干净的自来水，当水面即将升至溢水嘴时停止加水。每星期至少更换一次水，若水质污染严重，则须缩短换水周期，保持水质清洁。

（2）将循环水真空泵抽气嘴与容器接口相连，接通电源，打开电源开关，开始抽真空作业，通过与抽气嘴对应的真空表观察真空度。当泵长时间连续作业时，水箱内的水温将升高，导致真空度下降，此时可将放水软管与自来水接通，溢水嘴作排水出口，适当控制自来水流量，保持水箱内水温稳定。

（3）当需要为反应装置提供冷却循环水时，在前面操作的基础上将反应装置的进水、出水管分别接到循环水真空泵后部的出水嘴和进水嘴上，转动循环水开关至"ON"位置，即可供应循环冷却水。

2. 循环水真空泵使用注意事项

（1）开机前水箱须注满水，严禁脱水空转

图 4-13　循环水真空泵

或反转，以防止损坏电机。

（2）使用前须仔细检查各部位紧固件，若有松动须立即拧紧。

（3）停机前先放空，使真空表读数降到 0.092MPa 以下，然后关闭电源，防止因真空度过高引起倒吸，损坏止回阀。若止回阀失灵，打开止回阀盖，将杂物清理干净。

（4）循环水的温度过高会影响排气量和真空度，需及时补充冷水。

（5）若真空度达不到要求，可能是泵头下面的进水口被堵塞所致，应立即清理。

（6）若真空表不动，可能是真空表后部气孔堵塞所致，应立即疏通。

（7）若表针跳动，可能是止回阀漏气所致，应拧紧丝扣。

（8）若电机不启动，可能是电源未接通或保险丝熔断所致。若电机通电后发出声响而不启动，应立即切断电源，更换电机电容。

图 4-14　旋片式真空泵

4.4.2　旋片式真空泵

旋片式真空泵（图 4-14）是实验室最基本的真空获得设备之一，主要用来抽除密封容器中的干燥气体，若附有气镇装置，还可抽除一定量的可凝性气体，但不适用于抽除含氧过高、对金属有腐蚀性、与泵油起化学反应或含有固体颗粒的气体。旋片式真空泵有单级和双级两种。所谓双级，就是在结构上将两个单级泵串联起来。做成双级的旋片式真空泵可以获得较高的真空度。旋片式真空泵可以单独使用，也可以作为高真空泵的前级泵或预抽泵使用，如作为油扩散泵、罗茨真空泵、涡轮分子泵的前级泵，作为溅射离子泵的预抽泵。由于旋片式真空泵抽真空效果好，且结构紧凑、占地面积小，在实验室通常被用于真空干燥、真空焙烧、溶剂脱除、减压蒸馏等。

1. 旋片式真空泵使用注意事项

（1）查看油位，以停泵时液位处于油标区间中部为宜。若油位过低，不能起到封油作用，影响真空度；若油位过高，通大气启动时会发生喷油。运转时油位有所升高，属正常现象。将规定牌号的清洁泵油从注油孔加入，加油完毕后旋紧螺塞。泵油应先过滤，以免杂物进入，堵塞油孔。

（2）泵可在通大气或任何真空度下一次启动，泵口若安装了电磁阀，应与泵同时操作。

（3）环境温度过高时油的温度升高，黏度下降，饱和蒸气压增大，会引起极限真空有所下降，此时应加强通风散热。

（4）检查真空泵的极限真空通常采用压缩式水银真空计。水银真空计经充分预抽，泵温达到稳定，泵口与水银真空计直接相连，运转 30min 将达到极限真空。

（5）若被抽气体含较多可凝性气体，在泵与被抽容器连接后，应先打开气镇阀，待泵运行 20~40min 后再关闭。停泵前可打开气镇阀空载运行 30min，以延长泵油寿命。

2. 故障排除

运转中的旋片式真空泵若操作不当，常会出现故障，如真空度下降、喷油、冒烟、油封处漏油、噪声大、泵油乳化等现象。常见故障的排除方法如下：

（1）冒烟。泵刚开始运转时冒烟属于正常现象，若长时间冒烟，说明泵的进气口外（包括管道、阀门、容器)有泄漏，应先检漏再处理。

（2）喷油。说明进气口外有大口径的漏点，甚至是进气口暴露大气。封住泵的进气口使泵运转，若不喷油，说明排气阀片损坏，应更换。

（3）敲缸。泵运转时发出不规律的响声，似金属敲打金属的声音。这是旋片击打泵体发出的声音。这种情况主要是由配对旋片间的弹簧发生断裂造成。应打开泵，将损坏的弹簧取下，装上好的弹簧。

（4）排气阀片噪声。该故障由泵排气阀片破损造成，应更换排气阀片。

（5）真空度下降。可能因真空泵油牌号不匹配导致。由于不同牌号真空泵油的饱和蒸气压不一样，导致抽真空效果也不一样。应根据产品的型号规格更换正确的新油。若发现真空泵油乳化变色，应更换同类型的新油。此外，可在管路上安装脱除水汽和杂质的装置，延长泵油使用寿命。

4.4.3　无油隔膜真空泵

图4-15　无油隔膜真空泵

无油隔膜真空泵(见图4-15)是一种无须任何工作介质就能运转的机械真空泵，具有结构简单、操作容易、能提供完全洁净的真空环境、泵体本身无须保养、不产生任何污染物等优点。和一般容积泵相同，无油隔膜真空泵由定子、转子、旋片、缸体、电机等主要零件组成。带有旋片的转子偏心安装在定缸内，当转子高速旋转时，转子槽内四个径向滑动的旋片将泵腔分隔成四个工作室，在离心力作用下旋片紧贴在缸壁，把定子进口和出口分离开来，周而复始进行变容，将吸入气体从排气口排出，从而达到抽气目的。

1. 隔膜真空泵使用方法

（1）隔膜真空泵应安装在地面结实、坚固的场所，周围应留有充分的操作空间，便于检查、维护和保养。

（2）隔膜真空泵底座地基应保持水平，底座四角处建议垫减震橡皮，确保隔膜真空泵运转平稳，减少振动。

（3）隔膜真空泵与容器的连接管道应密封可靠，大隔膜真空泵可采用金属管路连接，密封垫采用耐油橡胶，小隔膜真空泵可采用真空胶管连接，且管路应短而少弯头。焊接管路时应清除管道中焊渣，严禁焊渣进入隔膜真空泵腔。

（4）可在隔膜真空泵进气口上方安装阀门及真空计，以便随时检查真空度。

（5）按电动机标牌规定连接电源、接地线，安装合适的熔断器及继电器。

（6）隔膜真空泵通电试运转时，须确认其转向符合规定，方可投入使用。

（7）若隔膜真空泵需冷却水对部件降温，应按规定接通冷却水。

（8）若隔膜真空泵出口安装电磁阀，阀与隔膜真空泵应同时动作。

（9）若隔膜真空泵排出的气体影响环境，可在排气口加装油雾过滤器。

2. 隔膜真空泵使用注意事项

（1）若在隔膜真空泵工作过程中吸入少量有机气体，为防止有机气体冷凝液造成内部元件腐蚀，应抽空气至少0.5h。

（2）禁止将液体直接吸入隔膜真空泵内，若在工作过程中吸入少量液体，使用结束后不要立即关机，应抽空气至少 0.5h。

（3）隔膜真空泵不宜抽过热气体。若确有需要长时间抽吸高温气体，应在泵进气口前增加一道冷阱，降低入口气体的温度。

（4）保持工作场所通风良好，利于散热，以延长泵的使用寿命。

（5）用于真空干燥箱时，应先打开与真空干燥箱连接的阀门，再启动泵，达到目标真空度后再开启真空干燥箱加热电源。

（6）用于抽滤装置或废液吸取时，应及时清空集液瓶中的液体，若液体被抽入极易造成泵损坏。

图 4-16　油扩散泵

4.4.4　油扩散泵

扩散泵是依靠从喷嘴喷出的高速、高密度的蒸气流而输送气体的泵。由于依靠被抽气体向蒸气流扩散进行工作，故取名为扩散泵。以油为工作介质的扩散泵称为油扩散泵（见图 4-16）。扩散泵是应用于 $10^{-7} \sim 10^{-1}$Pa 压强范围的高真空泵，由于不能直接从大气压开始工作，所以必须与机械泵（作为前级泵）组合使用。

1. 油扩散泵操作步骤

（1）检查真空系统各单元，熟悉系统的气路结构，了解真空系统各元件的作用以及电路连接。

（2）关闭放气阀门，启动机械泵，对系统进行抽气，并随时用火花检漏器对系统各部分进行检漏。如系全金属系统，则可关闭阀门，用真空计记下 $p\text{-}t$ 曲线，若压强随时间呈直线上升，可断定系统有漏气点，应进行检漏。

（3）当系统真空度达到油扩散泵的前置压强（5×10^{-2}Torr）后，打开冷却水，启动扩散泵，使加热电流逐渐升到额定值。

（4）扩散泵正常工作后，用电火花真空检漏仪测量系统的真空度，到 10^{-3}Torr 以上才能使用电离真空计。使用时先对规管除气，再测量真空度。

（5）对系统进行烘烤去气处理。对玻璃系统而言，硬玻璃烘烤温度为 400~450℃，软玻璃为 350~400℃。去气时间视具体要求而定，一般 1~2h。

（6）若去气后真空度仍达不到要求，应使用电离计记录 $p\text{-}t$ 曲线，以判断是否漏气。亦可用丙酮、酒精等涂抹可疑处，看表针的摆动以发现漏点。

2. 油扩散泵使用注意事项

（1）定期检查泵的性能，更换符合要求的扩散泵油。

（2）扩散泵加热前及工作过程中必须保证冷却水畅通，停止加热后，必须保证泵油已完全冷却后才能关闭冷却水。

（3）扩散泵停止工作时，泵内应保持真空状态，避免放入大气造成泵油氧化。

（4）只有达到扩散泵的前级真空度时才能开启加热器，否则会加速泵油的氧化。

（5）被抽的气体应当干燥、无腐蚀性，且不含固体颗粒。

（6）如果扩散泵正常工作时真空度突然下降，应首先检查加热器是否短路，再检查是否存在漏点。

（7）新安装的扩散泵达不到极限真空度，应检查系统密封是否可靠，装配是否正确。

（8）扩散泵工作过程中，应注意前级机械泵的运行状态，若前级机械泵发生故障将影响油扩散泵的正常工作。

3. 油扩散泵保养注意事项

（1）油扩散泵安装或维修时应垂直放置，使泵芯部件处于正常工作状态。

（2）清洗零件及泵腔时，先用航空煤油清洗，然后用软布蘸乙醇或丙酮进行擦洗，并置于80~100℃烘箱中烘干或用电吹风吹干。

（3）清洗完毕，按顺序进行装配，注意保持泵芯与泵底垂直，并与泵腔同心，各级喷嘴间隙要按要求调整好。

（4）扩散泵若暂时不用，应在室温保持真空状态下存放，以免泵油污染或零件腐蚀，并将冷却水套内的剩水放净。

（5）若泵性能逐渐变坏，应检查油量是否减少或被氧化，必要时更换新油，换油前要先清洗再烘干。

4.5 搅拌设备

搅拌是化学实验中常见的基本操作之一。搅拌的目的是使反应物混合均匀，同时促进热量散发和传导，从而使反应体系的温度均匀，有利于反应进行，尤其是非均相反应，搅拌更是必不可少的操作。若搅拌不充分，由于局部浓度或温度过高，易导致有机物的分解或其他副反应的发生。实验室常用的搅拌设备是磁力搅拌器和电动搅拌器。

4.5.1 磁力搅拌器

磁力搅拌器由搅拌子（或称磁力子）和可旋转的磁铁组成（图4-17）。将搅拌子投入盛有物料的容器中，将容器置于内有旋转磁场的搅拌托盘上，接通电源。由于内部磁场不断旋转变化，容器内的搅拌子也随之旋转，达到搅拌的目的。采用磁力搅拌时需根据容器的大小来选择搅拌子的尺寸，两者匹配才能搅拌均匀。磁力搅拌不能用于高黏度液体。

图4-17 磁力搅拌器

1. 磁力搅拌器的使用方法

（1）磁力搅拌器需放置在平整的试验台上，插上电源，将盛有溶液的器皿放于底盘中部，并把搅拌子沉入器皿底部；

（2）开启电源，指示灯亮，顺时针调节调速旋钮，速度由慢至快，调至所需转速，搅拌子带动溶液旋转，进行搅拌；

（3）若需对物料加热，将热电偶插入溶液中，输入所需温度，开始加热；

（4）若需定时操作，将定时开关顺时针旋至所需的时间刻度，此时电源灯亮，仪器处于工作状态，当定时开关返回到起始位时，搅拌自动停止；

（5）使用完毕，关闭电源，将反应装置拆下，拔掉电源插头。

2. 磁力搅拌器使用注意事项

（1）根据物料性质和反应容器尺寸选择合适的磁力搅拌器和搅拌子。

（2）第一次使用时，先对照仪器说明书检查仪器所带配件是否齐全。

（3）往容器中盛放溶液不宜过满，务必留下足够空间，以免搅拌过程中溶液溢洒。

（4）调速时应由低速逐步调至高速，最好不要从高速挡直接启动，以免引起搅拌子跳动；中速运转可延长搅拌器的使用寿命。

（5）若发现搅拌子跳动或不搅拌，检查容器是否放平稳，转速是否合适。

（6）转动定时开关时不应过快过猛，以免发生损坏。

（7）热电偶放入溶液中的高度应适中，不能与搅拌子碰撞，以防损坏。

（8）应保持搅拌器清洁干燥，尤其不能使溶液进入机器内；使用完毕，应将热电偶、搅拌子等清洗干净，磁盘表面擦拭清洁。

图 4-18　电动搅拌器

4.5.2　电动搅拌器

1. 电动搅拌器结构

电动搅拌器(图 4-18)是一种用于黏度较大的溶液或固液非均相体系的搅拌器，主要包括电动机、搅拌棒和密封装置三部分。电动机是动力部分，固定在支架上，由调速器调节其转速。搅拌棒与电动机相连，当接通电源后，电动机带动搅拌棒转动而进行搅拌。搅拌密封装置连接搅拌棒与反应器，可以使反应在密闭体系中进行。搅拌的效率在很大程度上取决于搅拌棒的结构。老式搅拌棒是用粗玻璃棒制成，后来逐步被金属制成的搅拌棒替代。在金属搅拌棒外层包裹一层聚四氟乙烯，可防止有机溶剂或酸碱对金属棒的腐蚀。选择搅拌棒时，应根据反应器的大小、形状、瓶口内径、反应条件及物料黏度等来确定。实验室电动搅拌器具有功率大、噪声低、转矩大、调速方便等优点，是较为理想的实验室搅拌设备。

2. 电动搅拌器使用方法

（1）将立柱装入底座并拧紧，将十字节装在立柱上，再将主机横杆插入十字节并固定；

（2）将搅拌棒和密封组件插入四口烧瓶，用烧瓶夹夹住瓶颈，通过十字节调节烧瓶的高度，使其完全浸没于热浴中；

（3）调节电机高度，将搅拌棒上端直接装入夹头并夹紧，手动扭转搅拌棒，再次调整烧瓶位置，使搅拌棒转动顺畅；

（4）开机前，先把电源开关置于关的位置，把旋钮逆时针调至最小，然后插上电源；开启电源开关，内置指示灯亮，转速显示为"0000"，顺时针缓慢调节旋钮至所需转速。

3. 电动搅拌器使用注意事项

（1）根据需要选择合适的搅拌棒，安装时要保持搅拌棒垂直于实验台，且与密封件连接顺畅；若搅拌棒不直，可采用软连接轴连接，中间用支撑套固定；

（2）搅拌器密封件应与烧瓶内径匹配，并保持良好密封，防止反应器中的蒸气外逸；

（3）搅拌棒与封管之间不发生摩擦，与烧瓶不发生共振，搅拌器运转平稳；

（4）使用时应由慢到快缓慢加速；操作者应与搅拌轴和搅拌棒保持一定距离，以免发生

衣物、头发被卷入等危险;

（5）使用完毕，将电机转速调至最小，关闭控制器，清洗搅拌棒。平时应保持搅拌器清洁干燥，防潮防腐蚀。

4.6 高能高速设备

4.6.1 激光器

激光设备是利用激光进行作业的仪器设备。将激光器和其他模块组合，可应用到很多领域，如常见的激光扫描、激光打标、激光焊接、激光切割、光纤通信、激光测距、激光雷达等。激光器属高能设备，使用时应注意安全。

1. 激光器使用注意事项

（1）严禁非激光专业人士操作激光器，使用前应仔细阅读《激光器操作说明》。

（2）严格按照作业指导书操作，避免因操作不当造成人身伤害事故。

（3）使用前确保激光器接地；操作激光器时务必佩戴激光防护眼镜。

（4）禁止眼睛与激光器出光口处于同一水平线，严禁将身体暴露在激光传输光路上。

（5）出光前应确保激光输出窗口无遮挡，禁止在激光光路上放置易燃、易爆物品。

（6）若激光器发生故障，切勿用眼睛检查，在检查激光器时务必确保其处于断电状态。

（7）禁止将激光直射向面前的玻璃。常规玻璃对激光的反射率约为4%，可能导致反射激光入眼，造成眼睛伤害。

2. 激光危害预防措施

（1）在应用激光器的场合，粘贴激光器警示标志。

（2）操作人员须穿戴激光防护服和防护目镜。

（3）严禁操作人员携带首饰、手表等操作激光器。

（4）对放出高能激光的装置，要配备光线捕集器。

（5）在实验环境末端放置黑色金属板，防止激光泄漏到工作区以外的空间。

4.6.2 微波反应器

1. 微波反应器工作原理

微波是一种高频率的电磁波，其本身并不产生热。自然界的微波因为分散不集中，不能作为一种能源，而利用磁控管可将电能转变为微波，以2450MHz的振荡频率穿透介质，当介质有合适的介电常数和介质损耗时，会在交变的电磁场中发生高频振荡，使能量在介质内部积蓄起来。对化学反应而言，可同时产生热效应和非热效应。

2. 微波反应器使用注意事项

（1）反应器应水平放置，且接地良好。

（2）严禁将金属物品或含有金属材料的样品放入反应器。

（3）开启前应检查炉门是否关好，若未关好，磁控管不会工作，也无微波输出。

（4）若反应器内无任何负载，禁止开启微波输出，否则会使磁控管损坏。

（5）负载物质需有一定极性。非极性物质在微波下不会消耗能量，易造成微波发生器损坏。

（6）在做微量或半微量实验时，负载不能吸收所有微波，会造成磁控管损伤，所以须在反应器内放置辅助物质用于吸收微波，例如适量的甘油或水。

（7）工作完毕，从炉腔拿出器皿时应戴隔热手套，以免高温烫伤。

（8）若发现温度异常波动或其他异常情况，应立刻关机，联系厂家解决。

4.6.3　光化学反应器

光化学反应器是一种用于研究光化学反应的仪器，它利用光能激发化学反应中的分子，通过测定反应速率、反应物浓度和产物浓度等参数来研究反应动力学机理。

1. 光化学反应器操作流程

（1）准备样品。根据实验方案选取合适的反应物和试剂，按照所需浓度制备样品溶液。对于液体样品，一般需在暗处或红外灯下进行样品混合。

（2）设置光源。根据实验需要选择适当的光源波长和光强度，调整光源位置和角度，使其能够覆盖所需要的反应区域。

（3）加入反应原料。将样品溶液装入反应池中，根据实验要求加入适量的催化剂或协同剂，将反应池放入反应室中，定位并固定反应池。

（4）反应。启动光源和反应室，调整反应条件(如温度、压力等)，实时监测反应过程中的吸光度或荧光信号等参数，记录反应速率和反应物浓度变化。

（5）收集数据。根据实验要求收集并整理数据，进行数据处理和分析。

2. 光化学反应器安装注意事项

（1）环境条件。放置光化学反应器的场所应具备良好的照明和通风条件，同时应设置防护设备，以确保安全。

（2）电源和接口。为光化学反应器提供稳定的电源和相应的接口设备，保证其正常运行和数据传输。

（3）仪器布局。综合考虑实验要求、设备性能和实验室空间等因素，合理布置光化学反应器和相关设备。

（4）系统调试。安装完成后须对光化学反应器进行系统调试和校准，以保证其正常运行和测量精度。

4.6.4　超声波清洗机

超声波清洗机使用注意事项：

（1）超声波清洗机电源及加热器电源必须接地良好。

（2）若清洗缸未加入规定量的清洗液，不得打开电源开关。

（3）带加热设备的超声波清洗机，无清洗液时严禁打开加热开关。

（4）禁止用重物撞击或压迫清洗缸底部，以免能量转换器晶片受损。

（5）应定期更换清洗溶剂，保持缸底清洁，不得有杂物或污垢。

4.6.5　离心机

离心机是化学实验室常见的一种分离设备，可用于悬浮液中固体颗粒与液体的分离，也可将乳浊液中两种密度不同且互不相溶的液体分离。根据不同密度或粒度的固体颗粒在液体中沉降速度不同的特点，离心机还可将固体颗粒按密度或粒度进行分级。

1. 离心机操作要点

（1）应将离心机放置在水平、坚固的地板或平台上，使机器处于水平位置，避免运行时产生震动。

（2）预冷状态下必须关闭离心机仓盖；离心结束后取出转头，倒置于实验台上，擦干腔内余水，使机盖处于打开状态。

（3）预冷状态下转头盖可放在实验台上，不可浮放在转头上，一旦发生误启动转头盖将飞出，造成伤害事故。

（4）拧紧转头盖后，一定要用手指触摸转头与转盖之间有无缝隙，若有缝隙应先拧开再重新拧紧，直至确认无缝隙后方可启动离心机。

（5）将预先平衡好的样品置于转头样品架上，离心筒须与样品同时平衡，关闭仓盖。

（6）按"RUN"键，离心机开始按设定参数运行，到预定时间将自动关机。

（7）运行过程中操作人员不得离开，发生异常时不可关闭电源，应按"STOP"键。

2. 离心机使用注意事项

（1）外接电源系统的电压要与仪器工作电压匹配，并有良好接地。

（2）开机前应检查转头安装是否牢固，机腔有无异物掉入。

（3）样品应预先平衡，使用离心筒离心时，离心筒与样品应同时平衡。

（4）分离挥发性或腐蚀性液体时，应使用带盖离心管，并确保液体不外漏。

（5）擦拭离心机腔时动作要轻，以免损坏机腔内的温度传感器。

（6）若有噪声或机身产生振动，应立即停止运行，及时排除故障。

（7）离心管必须对称放入套管中，若只有一支样品管，另外一支要用等质量的水代替。不得使用老化、变形、有裂纹的离心管。

（8）分离结束后，先关闭离心机电源，待其停止转动后方可打开离心机盖，取出样品，不可用外力强制其停止转动。

（9）每次使用完毕，应填写使用记录，并定期对机器进行检查和维护。

4.7 机械设备

使用机械加工设备时，初学者发生事故并造成意外伤害的频率较高。因此，初学者必须在熟练操作者的指导下进行作业。操作机械加工设备的注意事项如下：

（1）操作机床时要用标准工具。若发生机械损坏或工具丢失，必须由当事人说明情况并负责配备。

（2）加工材料的种类、形状的变化易引起意外事故，加工前须充分了解材料性质。

（3）机械的传动单元(如旋转轴、齿轮、皮带轮、传动带等)要安装保护罩，严禁用手触摸。

（4）启动机器时严格执行"检查""发信号"和"启动"三个步骤，关停机器时执行"发信号""停止"和"检查"三个步骤。

（5）对机械加工设备进行检查、维修、给油或清扫等作业时，要把启动装置锁上，并挂上"严禁启动"标志牌。

（6）若发生停电，一定要切断电源并拉开离合器，以防再送电时发生事故。

（7）指示机械的构造或运转情况时，要用木棒或细竹竿等工具，不可用手指代替。

（8）电焊或气焊须由具备特种作业资格的专业人员操作，其他人员不得擅自操作；作业人员须穿工作服、戴帽子、防护面罩及防护眼镜，着安全靴。

机械加工设备有很多种类，每种设备的原理、结构、功能各不相同，其操作方法也千差万别。使用各种机床应注意的事项见表4-2。

表4-2　机床使用注意事项

工具	使用规则
钻床	用老虎钳或夹具，将加工材料夹持固定。待钻床停止转动后方可取下钻头及加工材料。要用把手将夹头卡紧，使其不能旋转。切削下来的金属粉末温度很高，避免烫伤
车床	用夹具把加工材料固定。车刀要牢固安装于正确位置。操作时进刀量、物料进给量及切削速度要适中。进行检测或清理车刀前，一定要先停车。若机械和刀口发生异常振动或发出噪声，要立即停止作业，进行检查
铣床	用夹具牢固地夹住加工材料。在运转过程中，机器因铣刀被材料卡住而停止转动时，要立刻切断电源，在熟练操作人员指导下排除故障。不可强行进刀或加快切削速度
磨床	操作时要戴防护眼镜和防护面具。安装或调整磨石，要在熟练人员指导下进行。一定要先试车，在开车前检查磨石是否破裂及固定螺栓有无松动。支承台与磨石之间要保持2~3mm间隙。因磨石高速旋转，操作时身体禁止靠近磨石前面。不能用磨石的侧面进行加工。加工小件物品时可用钳子将其固定
电钻	要按照钻床的使用方法进行规范操作。钻孔时不可用腕力或身体重量压钻，在钻穿或钻头碎裂的瞬间，身体易失去平衡而受伤
锯床	要正确固定加工材料。若中途发现加工不合规格，一定要先切断电源，务必在断电状态下进行调整。在操作过程中不可离开现场

4.8　小型检测设备

4.8.1　阿贝折光仪

1. 阿贝尔折光仪(图4-19)使用方法

(1) 安装。将阿贝折光仪放在光亮处(但避免直接暴露在日光中)，用超级恒温槽将恒温水通入棱镜夹套内，其温度以折光仪上温度计读数为准。

(2) 加样。松开锁钮，开启辅助校镜，使其磨砂斜面处于水平位置，滴3~5滴丙酮于镜面，用拭镜纸轻轻擦干。滴几滴试样于镜面上(滴管切勿触及镜面)，合上棱镜，旋紧锁钮。若试样易挥发，可由加液枪直接加入。

(3) 对光。转动镜筒使之垂直，调节反射镜使入射光进入棱镜，同时调节目镜的焦距，使目镜中的十字线清晰明亮。

(4) 读数。调节读数螺旋，使目镜中呈半明半暗状态。调节消色散棱镜至目镜中彩色光带消失，再调节读数螺旋，使明暗界面恰好落在十字线的交叉处。若此时呈现微色散，继续调节消色散棱镜，直到色散现象消失为止。这时可从读数望远镜中的标尺上读出折射率。为减少误差，每个样品需重复测量三次，三次读数的误差应不超过0.002，再取其平均值。

图4-19　阿贝折光仪

2. 阿贝折光仪使用注意事项

（1）使用时必须注意保护棱镜，仅可用拭镜纸擦拭棱镜，擦拭时指甲不要碰到镜面，滴加液体时，滴管切勿触及镜面。保持仪器清洁，严禁手指触及光学零件。

（2）使用完毕要把仪器全部擦拭干净，拔出恒温水管，拆下温度计，将仪器放入包装箱，箱内放入干燥剂。

（3）不能用阿贝折光仪测量强酸、强碱或氟化物，若样品的折射率不在 1.3～1.7 范围内，也不能用阿贝折光仪测定。

（4）折光仪不能被日光直接照射，也不能离热源太近。若在目镜下看不到半明半暗界面，这是由棱镜间未充满被测液所致。

4.8.2 分光光度计

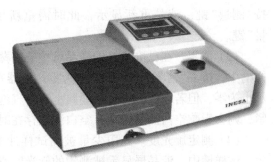

图 4-20 分光光度计

分光光度计见图 4-20。本节以 722 型分光光度计为例，介绍其使用方法和注意事项。

1. 仪器的使用方法

（1）在接通电源前，应检查仪器的电源线接线是否牢固，接地是否良好，各个调节旋钮的起始位置是否正确，然后接通电源开关。在使用仪器前先检查放大器暗盒的硅胶干燥筒，若已受潮变色，应烘干后再放入。

（2）将灵敏度旋钮调至"1"挡（放大倍率最小）。开启电源，指示灯亮，选择开关置于"T"，调节波长，仪器预热 20min。

（3）打开试样室盖，光门自动关闭。调节"0"旋钮，使数字显示为"00.0"，盖上试样室盖，使比色皿架处于蒸馏水校正位置，使光电管受光，调节透过率"100%"旋钮，使数字显示为"100.0"。

（4）若显示不到"100.0"，可适当增加微电流放大器的倍率挡数，但尽可能将倍率置于低挡，此时仪器稳定性更好。改变倍率后必须重新校正。

（5）预热完成，连续三次调整"0"和"100%"，即可测定样品。

（6）调整仪器"0"和"100%"，将选择开关置于"A"，调节吸光度调节器调零旋钮，使数字显示为"000"，然后将被测样品移入光路，显示值即为被测样品的吸光度。

（7）将开关由"A"旋至"C"，将已标定浓度的样品放入光路，调节浓度旋钮，使数字显示为标定值，将被测样品放入光路，即可读出被测样品的浓度值。

（8）若大幅度改变测试波长，在调整后应稍等片刻（因光能量变化急剧，光电管响应缓慢），稳定后重新调整"0"和"100%"，即可工作。

2. 仪器的使用注意事项

（1）仪器应放置在坚固平稳的工作台上，避免强烈振动或持续振动。仪器室内照明不宜太强，环境温度宜为 5～35℃，且避免日光直射，保持干燥和通风。

（2）仪器电源为 220V、50Hz，须有良好接地。电源最好经稳压器稳压后接入。

（3）使用场所应避免有腐蚀性气体、高强度的磁场或电场。

（4）仪器搬动后要对波长进行校准，以确保测量精度。

（5）若数字表无显示、光源灯不亮或开关指示灯无信号，应检查保险丝是否损坏。

（6）使用完毕，关闭电源开关，拔下插头，用布罩住整个仪器，避免积灰和沾污。

图 4-21　旋光仪

4.8.3　旋光仪

1. 旋光仪(图 4-21)使用方法

(1)接通电源,打开电源开关,预热 5min 使钠光灯发光稳定。打开光源开关,此时钠灯在直流供电下点燃。

(2)按下"测量"键,这时液晶屏应有数字显示。开机后"测量"键只需按一次,如果误按该键,仪器将停止测量,液晶屏无显示。若再次按"测量"键,液晶重新显示,此时需重新校零。若液晶屏已有数字显示,则不需按"测量"键。

(3)清零。在已准备好的样品管中装满蒸馏水或待测试样的溶剂,将其放入试样室的试样槽中,按下"清零"键,使显示为零。仪器在不放试管时示数为零,放入无旋光溶剂时显示也为零,但若在测试光束的通路上有小气泡或试管的护片上有油污,或将试管护片旋得过紧,则会影响空白测数,在有空白测数存在时必须仔细检查。

(4)测定旋光度。先用少量被测试样冲洗样品管 3~5 次,然后在样品管中装入试样,放入试样槽中,液晶屏显示被测物的旋光度值,此时指示灯"1"亮。按"复测"键一次,指示灯"2"亮,表示仪器显示第二次测量结果。再次按"复测"键,指示灯"3"亮,表示仪器显示第三次测量结果。按"shift/123"键,可切换显示各次测量的旋光度值。按"平均"键,显示平均值,指示灯"AV"亮,该平均值即为被测样品的旋光度值。

2. 旋光仪使用注意事项

(1)测定前应将旋光仪置于规定温度的恒温室中,用恒温水浴保持样品测试管恒温 1h 以上,特别是对温度敏感的旋光性物质,保持恒温尤为重要。

(2)打开电源前先检查样品室内有无异物,钠光灯源开关和示数开关是否在"关"的位置,仪器摆放位置是否合适,钠光灯启辉后,仪器不要再搬动。

(3)开启钠光灯后至少预热 20min 才能稳定,测定时钠光灯尽量采用直流供电,使光亮稳定。若有极性开关,应在关机后改变极性,以延长钠灯的使用寿命。

(4)旋光仪调零时必须重复按动复测开关,使检偏镜分别向左或向右偏离光学零位。左右复测的停点与仪器的重复性和稳定性相关。若误差超过规定值,应停机维修。

(5)将装有蒸馏水或空白溶剂的测定管放入样品室,测定管中若混有气泡,应先使气泡浮于凸颈处,用软布擦干通光面两端的液体。测定时应尽量固定测定管放置的位置及方向,并做好标记,以减少测定管及盖玻片应力的误差。

(6)用不同溶剂或在不同 pH 值下测定同一物质时,由于缔合、溶剂化和解离等作用将导致比旋度产生变化,甚至改变旋光方向,因此必须使用规定的溶剂。

(7)浑浊或含有小颗粒的溶液,必须先进行离心或过滤处理,方可测定。若待测物对光敏感,须避光操作。

(8)测定空白零点或测定供试液零点时,均应测定三次并取平均值。每次测定前应用空白溶剂校正零点,再用供试液核对,若零点变化很大,则应重新测定。

(9)测定结束后,应将测定管洗净晾干并放回原处。仪器应盖上防尘布,放置于干燥处,样品室内放少许干燥剂。

4.8.4 酸度计

1. 酸度计(图4-22)使用注意事项

(1)仪器的输入端(测量电极插座)必须保持干燥清洁。若长时间不用,应将Q9短路插头插入插座,防止灰尘侵入。

(2)电极转换器在配用其他电极时使用,平时应注意防潮防尘。

(3)测量时电极的引入导线应保持静止,否则会引起读数不稳定。

(4)仪器所使用的电源应有良好的接地。

(5)仪器采用了MOS集成电路,在检修时应保证电烙铁有良好的接地。

图4-22 酸度计

(6)用缓冲溶液标定仪器时,要保证缓冲溶液的可靠性,否则将导致测量不准。

2. 电极使用注意事项

(1)在测量前必须用已知pH值的标准缓冲溶液进行校准。

(2)取下电极保护套后,应避免电极的敏感玻璃泡与硬物接触,任何破损或擦毛都将造成电极失效。

(3)测量结束,及时将电极保护瓶套上,电极套内应放少量外参比补充液,以保持电极球泡的湿润,切忌浸泡在蒸馏水中。

(4)复合电极的外参比补充液为3mol/L的氯化钾溶液,补充液可以从电极上端小孔加入,使用完毕应用橡皮套堵上,防止补充液干涸。

(5)电极的引出端必须保持清洁干燥,防止短路,避免测量失准或失效。

(6)电极应与输入阻抗较高的pH计配套,以使其保持良好的性能。

(7)电极应避免长期浸在蒸馏水、蛋白质溶液或酸性氟化物溶液中。避免与有机硅油接触。

(8)不能用四氯化碳、三氯乙烯、四氢呋喃等溶剂清洗电极外壳,因为电极外壳采用聚碳酸树脂制成,上述溶剂能溶解聚碳酸树脂。外壳溶解后敏感玻璃球泡极易被污染,从而使电极失效。

(9)长期使用后电极的斜率会降低,可把电极下端浸泡在4%氢氟酸中3~5s,用蒸馏水洗净,再用0.1mol/L盐酸浸泡,使之复新。

(10)被测溶液中若含有易污染敏感球泡或堵塞液接界面的物质而使电极钝化,会出现斜率降低、读数不准等现象。若发生该现象,应根据污物的性质选择适当溶液清洗,使电极复新。

4.8.5 电导率仪

1. 电导率仪(图4-23)使用方法

(1)插接电源线,打开电源开关,并预热10min。

(2)用温度计测出被测液的温度,将"温度"钮置于被测液的实际温度。"温度"钮置于"25℃"位置时无补偿作用。

图 4-23　电导率仪

（3）将电极浸入被测溶液，将电极插头与插座上的定位销对准并插入插座。

（4）将"校正—测量"开关扳向"校正"，调节"常数"钮使显示值与所用电极的常数标值一致。例如，若电极常数为 0.85，调"常数"钮使读数显示 850；若电极常数为 1.1，则调"常数"钮使读数显示 1100。

（5）将"校正—测量"开关置于"测量"位，将"量程"开关扳在合适的量程挡，待显示稳定后，仪器显示数值即为溶液在实际温度时的电导率。若显示屏首位为 1，后三位数字熄灭，表明被测值超出量程范围，应扳至高一挡量程测量。若读数很小，为提高测量精度，应扳至低一挡量程测量。每切换一次量程都必须重新校准，以免造成测量误差。

（6）高电导率测量可使用 DJS-10 电极，此时量程扩大 10 倍，即 20ms/cm 挡可测至 200ms/cm，2ms/cm 挡可测至 20ms/cm，测量结果须乘以 10。

2．电导率仪使用注意事项

（1）在测量纯水或超纯水时，为避免测量值的漂移，应采用密封槽，在密封状态下进行流动测量，若用烧杯取样测量会产生较大误差。

（2）因温度补偿采用固定的温度系数，所以超纯水、高纯水的测量应采用温度不补偿方式进行，测量后查表。

（3）电极插头座应防止受潮，仪表应置于干燥环境，避免因受潮引起仪表漏电或测量误差。

（4）测量电极是精密部件，不可分解，不可改变电极形状和尺寸。

（5）电极不可用强酸、强碱清洗，以免改变电极常数，从而影响测量结果的准确性。

（6）为确保测量精度，电极使用前须用蒸馏水或去离子水冲洗二次（铂黑电极必须在蒸馏水中浸泡 30min），然后用被测试样冲洗三次方可测量。

4.8.6　电位差计

1．电位差计（图 4-24）使用方法

（1）通电。插上电源插头，打开电源开关，两组 LED 显示即亮，预热 5min。将右侧功能选择开关置于"测量"挡。

（2）接线。将测量线与被测电动势按正负极接好。仪器提供 4 根通用测量线，一般黑线接负，黄线或红线接正。

（3）设定内部标准电动势值。左 LED 显示为由拨位开关和电位器设定的内部标准电动势值，右 LED 显示为设定的内部标准电动势值和被测电动势的差值。

（4）测量。将右侧功能选择开关置于"测

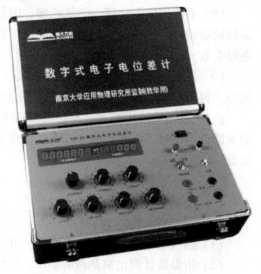

图 4-24　电位差计

量"挡，观察右边 LED 显示值，调节左边拨位开关和电位器，设定内部标准电动势值直到右边 LED 显示值在"00000"附近，待电动势指示数码显示稳定，即为被测电动势值。

（5）校准。打开仪器上面板后上电（不需外接标准电池），将面板右侧的拨位开关拨至"内标"位置，调节左边拨位开关和电位器，设定内部标准电动势值为 1000.00mV，观察右边平衡指示 LED 显示值，若不在零值附近，按校准按钮，放开按钮后平衡指示 LED 显示值为零，校准完毕。

2. 电位差计使用注意事项

（1）仪器不要放置在有强磁场或强电场干扰区域。

（2）电位差计的电源应根据其工作电流的大小进行选择，工作电流小于 10mA 时，一般用干电池供电，大于 10mA 时用蓄电池供电。

（3）测量时要注意标准电池、辅助电源、被测电势的极性，避免接错。

（4）操作前先校准工作电流。用手轻轻按下串有大电阻的粗调按钮，若发现差得很多，即校准检流计时，其指针偏转角很大，应当设法判断需增大还是减小电流调节电阻。若需要变动较大阻值，要先断开按钮，否则将有持续给标准电池充电或放电的可能，导致标准电池损坏。

（5）用于连接蓄电池的导线须专线专用，不得将曾接过蓄电池的一端接到电位差计的任何一个端钮上，防止产生腐蚀。若在未知端钮间含有酸性物质，就相当于构成了一个小小的化学电池，所产生的寄生电势往往会引起测定结果的失真，特别是在测量小电势时会产生不可忽略的影响。

（6）便携式检流计都是内附检流计，即内附电池，所以在携带时要尽量减少振动。干电池在不用时要取出，以防电池内化学溶液流出损害电位差计。

（7）测量完毕，应将倍率开关扳在"断"位置，防止电池放电。日常保养应注意显示仪表的清洁，特别是各端钮的防潮防腐。

4.8.7 恒电位仪

1. 恒电位仪（图 4-25）使用方法

（1）初次使用恒电位仪前必须仔细阅读使用说明书，掌握本仪器的基本原理和操作要领，正确连接电化学实验装置。检查 220V 交流电源是否正常，将"工作"置于"断"，"电流选择"置于"1A"，"工作方式"置"恒电位"，打开电源开关，将仪器预热 30min。

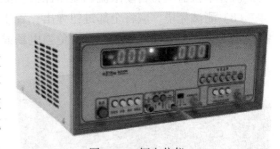

图 4-25 恒电位仪

（2）参比电位的测量。将"工作方式"置"参比测量"，工作键左键置"通"，右键置"电解池"。面板上电压表显示参比电极（RE）相对于研究电极（WE）的开路电位，符号相反。

（3）平衡电位的设置。"工作方式"置"平衡"，"负载选择"置"电解池"，调节内给定电位器，使电压表显示"0.000"，该给定电位即要设置的平衡电位。

（4）若要对电化学体系进行恒电位、恒电流极化测量，应先在模拟电解池上调节好极化电位、电流值，然后再将电解池接入仪器。若要利用内给定作为电化学体系的平衡电位的设置，而由外给定引入信号发生器，在此基础上给电化学体系施加不同的极化波形，可按平衡电位的设置，由内给定准确地设置到平衡电位上。"信号选择"开关置"外加内"。由外给定接入信号发生器作为极化信号，同时应先在模拟电解池上调节好极化电位、极化电流或极化波形。

（5）电化学体系的极化测量。"负载选择"置于"电解池"，接通电化学体系，记录实验曲线。在恒电位工作方式时应选择适当的电流量程，一般应从大到小依次选择，使之既不过载又有一定的精确度。

（6）溶液电阻补偿的调节和计算。一些电化学体系实验必须进行溶液电阻补偿方能得到正确结果。方法是按正常方式准备电解池体系，将给定电位设置在所研究电位化学反应的半波电位以下，即在该电位下电化学体系无法拉第电流。由信号发生器经外给定在该电位上叠加一个频率为1kHz或低于1kHz、幅度为10~50mV（峰-峰值）的方波。由示波器监视电流输出波形，溶液电阻补偿开关置"×1"或"×10"，调节多圈电位器，使示波器波形呈正确补偿的图形，然后在这种溶液电阻补偿的条件下进行实验。同时应注意，溶液电阻与多种因素有关，特别与电极之间的相互位置有关。因此在变动电解池体系各电极之间相对位置后，应重新进行溶液电阻补偿的调节。

2. 恒电位仪使用注意事项

（1）将电极输入的引线与电极体系可靠连接后，再将"通—断"开关置于"通"的位置，不可先"通"而后连接引线。

（2）全部测试工作中，研究电极、辅助电极、参比电极三者之间不可短路。

（3）"外接给定电位"的输入信号幅值应不大于2V。

（4）选择电流量程时，在数字电流表显示不溢出的前提下，尽可能用较小量程满度显示，以提高测量精度。

（5）测量极化电流时，电流量程应从大量程向小量程改变。实施恒电流极化实验的给定电流时，电流量程应从小量程改变，避免大电流输入电解池干扰研究电极工作。

（6）无论是将恒电位工作转换为恒电流工作，还是将恒电流工作转换为恒电位工作，均应先将"通—断"开关置于"断"位置。

（7）本仪器具有自动限流和短路保护功能，但不允许长期处于电流过载状态。

（8）测试完毕，应将全部键钮弹出，置于零位状态。仪器存放场所应保持干燥、清洁，空气中不含任何腐蚀性气体，并避免强电场或强磁场干扰。

图4-26 电泳仪

4.8.8 电泳仪

1. 电泳仪（图4-26）使用方法

（1）先将仪器输出端与电泳槽连接。"输出"端红色为正极，黑色为负极。然后接通电源线，按下"电源"开关，"电源指示"灯亮。

（2）根据实验要求选定"稳压"或"稳流"。选择"稳压"时"稳压V"指示灯亮，此时显示的数值为电压（V）。选择"稳流"时"稳流mA"指示灯亮，此时显示的数值为电流（mA）。

（3）顺时针缓慢调节"输出调节"旋钮，使输出电压或电流达到所需值。

（4）在稳压工作状态时，按住"查看"按键可显示当前电流值（mA）。在稳流工作状态时，按住"查看"按键可显示当前电压值（V）。

2. 电泳仪使用注意事项

（1）开机前先检查"输出调节"旋钮，应处于逆时针到底的位置。

（2）当仪器处于工作状态时，切不可拆除仪器与电泳槽的接线。

（3）更换保险丝时一定要拔下电源插头。所换保险丝规格须符合使用说明书的要求。

（4）电泳实验过程中若需变换"稳压"或"稳流"工作方式，应将输出电压调至零。

4.8.9 电化学工作站

电化学工作站（图4-27）是实验室常见的小型测试仪器，分为单通道工作站和多通道工作站两种，区别在于后者可以同时进行多个样品测试，较前者有更高的测试效率，适合大规模研发测试需要。电化学工作站使用方法及注意事项如下：

图4-27 电化学工作站

1. 电化学工作站使用方法

（1）开启电化学工作站电源，预热30min。

（2）将所需要检测的体系（一般为溶液）放置在烧杯或其他适合的容器中，将电极放置在溶液内。

（3）电极一般采用三电极系统，分别为工作电极、对电极和参比电极，绿色夹头接工作电极，红色夹头接对电极，白色夹头接参比电极；若使用两电极系统，绿色夹头接工作电极，红色和白色夹头接另一电极。

（4）双击电脑上的"CHI660E"图标，打开工作站软件。

（5）在软件中选择所需的电化学方法并设定参数，确认设定无误后开始测试。

（6）测量结束后，按需保存测量结果。关闭软件及电化学工作站电源。

2. 电化学工作站使用注意事项

（1）若软件显示"电流过大"，应立即停止实验，关闭仪器，检测电极系统之间是否有短路现象。

（2）严禁将装有溶液的容器放置在仪器上方，防止溶液腐蚀仪器外壳或溅入仪器内部。

（3）仪器应避免强烈振动或撞击。

【思考题】

1. 容量瓶如何清洗和干燥？
2. 如何保养磨口玻璃仪器？
3. 电动搅拌器和磁力搅拌器分别适用何种情形？
4. 使用液氮时有哪些注意事项？
5. 操作管式炉时有哪些注意事项？
6. 若旋片式机械真空泵在工作中突然停电，该如何处置？
7. 油扩散真空泵操作时应注意什么？
8. 分光光度计如何维护和保养？
9. 简述酸度计使用注意事项。
10. 简述电导率仪使用注意事项。

第 5 章　实验操作安全

由于化学反应的特殊性，化学化工实验所涉及的化学试剂和仪器设备均具有潜在危险，因此，在实验过程中操作人员必须严格遵守操作规程，按照规范进行操作，以确保实验过程的安全和实验结果的有效。不论是本科生的教学实验还是研究生的研究实验，都要求操作者怀有敬畏之心，以严肃认真的态度开展实验。如果操作人员具备娴熟的操作技能和标准的操作手法，可以大大降低化学实验的安全风险，杜绝安全事故。不规范的实验操作，轻者导致实验失败或数据无效，重者可能导致安全事故。因此，初学者一定要打好实验操作基础、掌握实验操作技能、养成良好的实验操作习惯。

5.1　化学实验操作安全

5.1.1　化学试剂安全取用

化学试剂是广泛应用于化学合成、成分分析、含量测定等研究的相对标准物质。实验室化学试剂种类繁多，性质各不相同。在实际工作中要根据其不同特性按操作规程使用，以确保实验操作的安全和实验结果的可靠。

1. 化学试剂的分类

我国化学试剂产品的相关标准有国家标准（GB）、专业（行业）标准（ZB）和企业标准（QB）。按照试剂中杂质含量的多少，把常用试剂分为实验试剂（L. R.，四级）、化学纯试剂（C. P.，三级）、分析纯试剂（A. R.，二级）和优级纯试剂（G. R.，一级）四种规格（见表5-1）。

表5-1　化学试剂等级及标志

等级	一级	二级	三级	四级
中文名称	优级纯	分析纯	化学纯	实验试剂
英文符号	G. R.	A. R.	C. P.	L. R.
标签颜色	绿色	红色	蓝色	棕色
用途	精密分析实验	一般分析实验	一般实验	①

注：①用于要求不高的实验或作辅助试剂。

2. 化学试剂的存放

化学试剂是实验室必备的物品，如果保存不当会对人类健康和环境安全造成威胁，妥善存放化学试剂需做到以下几点：

（1）化学试剂储存室应符合有关安全规定，有防火、防爆等安全措施，室内应干燥、通风良好，温度一般不超过 28℃，照明应采用防爆灯。

（2）化学试剂储存室应由专人看管，并有严格的账目和管理制度。

（3）室内应备有消防器材；储存柜应装有排风装置。

（4）化学试剂应分类存放，特别是互为禁忌的化学品须按其特性单独存放。

（5）室内地面应为水泥、地砖或阻燃地板，顶面须设隔热层；堆放的试剂与墙四周应留有通风道，与屋顶距离应不小于 1m。

（6）液体试剂瓶应放在试剂柜内，放在试剂架上的试剂和溶液要避光、隔热，附近不能放置发热设备，如电炉、烘箱等。

（7）液体试剂与固体试剂应分柜存放；强酸与强碱、氨水分开存放；过氧化氢及过氧化物应存放在阴凉处；具有强氧化性或强腐蚀性、易燃的试剂多属危险化学品，应严格按照危险化学品储存与管理规定执行。

（8）过期试剂应进行无害化处理，不可随意丢弃。

3. 化学试剂的取用

（1）固体试剂的取用

① 固体试剂一般装在广口瓶内，取用固体粉末或小颗粒试剂时可使用干净的药匙，取用块状药品应用干净的镊子。

② 定量取用固体试剂时，应将试剂置于称量纸上，易潮解或具有腐蚀性的试剂必须放在表面皿或玻璃容器内称量。

③ 试剂应按量取用，多取的试剂不能倒回原瓶，应另装指定容器或供他人使用，以免污染整瓶试剂。

④ 试剂取出后应立即盖上瓶塞，注意瓶塞不能盖错。

⑤ 往试管（尤其是湿试管）中加入粉末状固体试剂时，可用药匙操作，或将试剂放在对折的称量纸上，伸进平放的试管中约 2/3 处，然后把试管竖直，让试剂滑下去。

⑥ 加入块状固体试剂时，应将试管倾斜使其沿管壁慢慢滑下，不得垂直悬空投入，防止击破管底。

⑦ 固体试剂的颗粒较大时，可在洁净且干燥的研钵中研碎，然后取用。

（2）液体试剂的取用

① 取滴瓶中的液体试剂时，要使用与滴瓶配套的滴管，滴头不要与容器的器壁接触，更不应伸入其他液体中，以免污染。滴管不能平握或倒置，以免试剂倒灌入橡皮帽。滴管放回滴瓶时，管内试剂要排空。

② 应采用倾注法取液体试剂，见图 5-1。

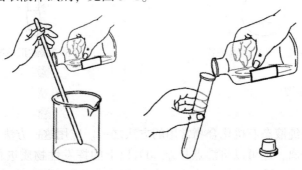

图 5-1 倾注法取液体试剂

先将瓶塞取下，反放在试验台上。用手心握住瓶上贴有标签的一面，慢慢倾斜试剂瓶，让液体试剂沿试管壁注入试管，或沿干净的玻璃棒流入容器。操作完毕，将试剂瓶瓶口与容器口短暂触碰，再立起试剂瓶，以免残留瓶口的液滴流沿瓶外壁流出。已倒出的液体试剂不能再倒回试剂瓶。倒入容器的液体量不应超过容器容量的 2/3。

③ 若需准确量取试剂，可根据准确度的要求，选用量筒、移液管或滴定管。

（3）部分特殊试剂的存放与取用

① 黄磷应浸于水中密闭保存，用镊子夹取后用小刀分切。

② 钠、钾浸入无水煤油保存，宜用小刀分切。

③ 汞应低温密闭保存，宜用滴管吸取。若洒落桌面，可用硫黄粉覆盖。

④ 溴水应低温密闭保存，宜用移液管吸取，以防中毒或灼伤。

5.1.2 常用操作规范与安全

1. 回流

有机化学反应往往需要使用溶剂且长时间进行加热。为了尽量减少溶剂及原料的蒸发逸散造成的损失，确保产率以及避免因其易燃、易爆或有毒造成事故或污染，可在反应瓶上垂直安装回流冷凝管，这种装置就是回流装置。回流过程是反应过程中产生的蒸气经过回流冷凝管时被冷凝成液体再流回到原反应瓶中。这种连续不断地蒸发或沸腾气化与冷凝回流的操作叫作回流。普通回流装置（如图 5-2）所用仪器主要由以下两部分组成：

（1）烧瓶。烧瓶是化学实验室常用的反应容器，具有耐热、耐腐蚀、易固定等优点，一般根据原料的量选择合适的大小，比较复杂的反应可酌情选用两颈、三颈或四颈烧瓶。

（2）回流冷凝管。根据反应混合物的沸点选择不同类型的冷凝管，沸点高于 130℃时选用空气冷凝管，低于 130℃时选用球形冷凝管，使用沸点很低或毒性大的原料或溶剂时，可选用蛇形冷凝管（图 5-3），以提高冷却回流的效率。

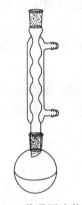 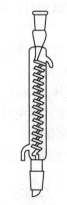

图 5-2　普通回流装置　　　　　　图 5-3　蛇形冷凝管

2. 蒸馏及减压蒸馏

（1）蒸馏

蒸馏是分离和提纯液态有机化合物常用的方法之一。应用这一方法，不仅可将挥发性物质与不挥发性物质分离，还可以将沸点相差 30℃以上的挥发性物质进行有效分离。需要说明的是，蒸馏不能分离恒沸混合物。此外，蒸馏还可以测定液体化合物的沸点，一般而言，常压下被纯化的液体化合物的沸点在 150℃ 以下比较适宜，有些化合物温度高于 150℃ 可能会分解。

蒸馏过程是先加热液体使之变成蒸气，然后使蒸气冷凝并收集在接收器中。实验室蒸馏操作所用仪器主要由烧瓶、蒸馏头、温度计、冷凝管、接引管和接收器组成，如图 5-4 所示。

蒸馏的操作要点如下：

① 装置按由下往上、由左往右的顺序逐次安装，要求整套装置准确端正，无论从正面还是侧面观察，各个仪器的轴线都应在同一平面内。

② 蒸馏烧瓶的大小应与蒸馏物的量相适应，一般蒸馏物的体积占蒸馏烧瓶容量的 1/3 ~ 1/2。

③ 蒸馏烧瓶内必须加入沸石等助沸物，助沸物内小气泡为液体分子提供汽化中心，保证液体沸腾平稳，避免因局部过热而发生暴沸现象。如果加热前忘记加入助沸物，必须移去热源，待液体冷却

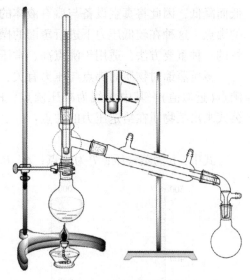

图 5-4　普通蒸馏装置

后再补加。如果沸腾中途停止，应在重新加热前加入新助沸物。

④ 根据液体的沸点及可燃性等性质，选取适当的热源装置，以确保蒸馏操作安全进行。液体沸点在 80℃ 以下通常采用水浴；80℃ 以上选用油浴或沙浴；在 100 ~ 250℃ 之间加热可用油浴，油浴所能达到的最高温度取决于油的种类。

⑤ 蒸馏用的冷凝管主要有直形冷凝管和空气冷凝管，若被蒸馏物质的沸点低于 130℃，使用直形冷凝管；沸点高于 130℃，则使用空气冷凝管。

⑥ 调整温度计的位置，务必使水银球能被蒸气完全包围（见图 5-4 中温度计水银球的位置）。

⑦ 如果所蒸馏的液体易挥发、易燃或有毒，可在接引管上接一根长橡皮管，通入通风柜或万向抽气罩。若室温较高，馏出物沸点低甚至与室温接近，可将接收器放在冷水浴或冰水浴中冷却。

⑧ 如果蒸馏出的馏出物易受潮分解，可在接收器上连接一个氯化钙干燥管，以防湿气侵入；如果蒸馏的同时还放出有毒气体，则需加装合适的气体吸收装置。

⑨ 先通上冷凝水再加热，最初宜用较小功率，逐渐加大，使液体沸腾并调整加热温度，使馏分以合适的速度蒸出（一般以每秒 1 ~ 2 滴为宜）。

注意事项：

① 整个蒸馏装置不能封闭，尤其在装配有干燥管及气体吸收装置时更应注意。

② 若用油浴加热，切不可将水洒入油中。为避免水误入油浴导致飞溅伤人，宜选用甘油作为导热介质。

③ 若要停止蒸馏，应先停止加热，再关冷凝水。

④ 若同一实验台上有两组以上同学同时进行蒸馏操作且相距较近，两套装置间必须是蒸馏烧瓶靠近蒸馏烧瓶，接收器靠近接收器，以避免着火。

（2）减压蒸馏

液体的沸点是指液体蒸气压与外界大气压相等时的温度，液体的沸点温度随外界压力降低而降低，因此将真空设备与盛有液体的容器相连，使液体表面的压力降低，即可降低液体的沸点。这种在较低压力下进行蒸馏的操作称为减压蒸馏。减压蒸馏是分离和提纯有机化合物的一种重要方法，适用于沸点高、常压蒸馏时受热易发生分解、氧化或聚合反应的物质。

减压蒸馏时物质的沸点与压力有关，通过图 5-5 的经验曲线可找到某物质在减压下的沸点（近似值），其中 A 线为减压沸点，B 线为常压沸点，C 线为系统压力。也可通过下列公式求出某物质在给定压力的沸点：

$$\lg p = A + BT$$

式中，p 为蒸气压；T 为沸点；A、B 为常数。

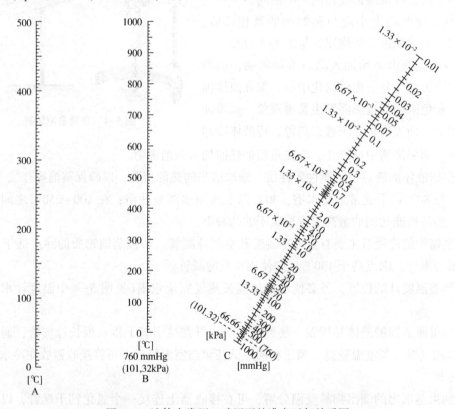

图 5-5　液体在常压、减压下的沸点近似关系图

① 减压蒸馏装置

图 5-6 是常用的减压蒸馏装置，整个系统可分为蒸馏、减压、保护和测压四部分。A 为减压蒸馏瓶，上面连接克氏蒸馏头 C，C 有两个颈，一颈插入温度计，一颈插入毛细管，其下端距瓶底 1~2mm，上端有一带螺旋夹 D 的橡皮管，调节 D 可使少量空气进入液体中产生微小气泡，作为液体沸腾的汽化中心，保证蒸馏平稳进行。接收器 B 可用圆底烧瓶或梨形瓶，与多头接引管相连。热浴介质和冷凝管根据液体的沸点来选择。实验室用水泵或油泵提供真空。水泵所能达到的最低压力为当时室温下水的蒸气压，油泵的效能决定于其机械结构及油的性能，好的油泵能抽至 13.33Pa。当用油泵进行减压时，为防止易挥发有机溶剂、酸性物质和水汽进入，需在馏出液接收器与油泵之间安装安全瓶、冷却阱和吸收塔以保护泵油和机件。安全瓶 E 连接的二通活塞 G 供调节系统压力及放气用。冷却阱是盛有冷却剂的广

口保温瓶，冷却剂根据需要选择冰-水、冰-盐、干冰等。吸收塔通常设两个，一个装无水氯化钙，一个装粒状氢氧化钠。有时为了吸收烃类气体，再加一个装有石蜡片的吸收塔。实验室通常采用数字压力计来测量减压系统的压力。

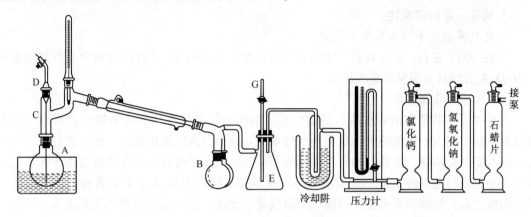

图5-6　减压蒸馏装置图

② 减压蒸馏操作

在蒸馏瓶中放置待蒸馏的液体(不超过容积的一半)，按图5-6装好仪器，注意整套装置的紧密性能。旋紧毛细管上的螺旋夹D，打开安全瓶上的二通活塞G，然后开泵抽气。逐渐关闭G，观察压力计读数变化。调节螺旋夹D，使液体中有连续平稳的小气泡通过，开启冷凝水，开始加热，控制馏出液的馏出速度为每秒1~2滴。蒸馏过程中注意温度和压力的变化，记录压力、沸点等数据和蒸馏情况。蒸馏结束，先移去热源，待蒸馏瓶冷却后再缓慢打开G，待系统内外压力平衡后关闭油泵，防止油泵中的油倒吸进入干燥塔。

③ 减压蒸馏注意事项

a. 被蒸馏液体中若含有低沸点物质时，通常先进行普通蒸馏，再进行水泵减压蒸馏，而油泵减压蒸馏应在水泵减压蒸馏后进行。

b. 减压蒸馏的接收器必须使用耐压玻璃仪器，如圆底烧瓶或梨形瓶等，不可使用平底的锥形瓶。减压状态下瓶壁外部和内部存在压差，可能造成内向爆炸。应采用厚壁耐压橡皮管连接泵和蒸馏系统。玻璃仪器的磨口处需涂凡士林或真空油脂，防止系统漏气。

c. 在系统充分抽空后接通冷凝水，再开始加热，一旦减压蒸馏开始，就应密切注意蒸馏情况，调整体系内压，记录压力和相应的沸点值，根据要求收集不同馏分。

d. 螺旋夹和安全瓶的打开速度均不能太快，否则会使水银柱快速上升而冲破测压计。

e. 实验结束，必须待系统内外压力平衡后方可关闭油泵，以免泵油倒吸入干燥塔。

3. 水蒸气蒸馏

水蒸气蒸馏过程是在不溶或难溶于热水的有机物中通入热的水蒸气使其沸腾，使有机物和水同时被蒸馏出来，然后冷却使其与水分离。

(1) 水蒸气蒸馏适用状况

常用于以下几种情况：

① 混合物中存在大量树脂状杂质或不挥发性杂质，其分离效果优于一般蒸馏或重结晶；

② 除去易挥发的有机物；

③ 某些有机物在达到沸点时容易被破坏，采用水蒸气蒸馏可在100℃以下蒸出。

水蒸气蒸馏是分离和纯化与水不相溶的挥发性有机物的常用方法之一，适合分离那些在其沸点附近容易分解的物质，也适用于从不挥发物质或树脂状物质中分离出所需组分（如植物精油、生物碱等）。适用此法提纯的物质必须具备以下条件：

① 不溶于水或微溶于水；

② 具有一定的挥发性；

③ 在共沸温度下与水不发生反应；

④ 在100℃左右，必须具有一定的蒸气压，至少1.33kPa，并且待分离物质与其他杂质在100℃左右时具有明显的蒸气压差。

（2）水蒸气蒸馏装置

图5-7是实验室常用的水蒸气蒸馏装置，由水蒸气发生器和普通蒸馏装置组成。向水蒸气发生器中加入一定量的水，从侧面的玻璃管查看容器内的液位高度，使水位处于中间位置。插入安全玻璃管，使其下端距发生器底部约2cm，可根据管中水柱的高低估计水蒸气压力的大小，同时还可防止系统发生堵塞而出现危险。蒸汽出口管与T形管相连，下口接一段软的橡皮管，用螺旋夹夹住，以便调节蒸气量。此外，也可用蒸馏烧瓶组装成简易的水蒸气发生器。使用水蒸气发生器时，尽量缩短与蒸馏系统连接的管路，若管道过长，会有更多的水蒸气在管道中冷凝，从而降低水蒸气利用率。

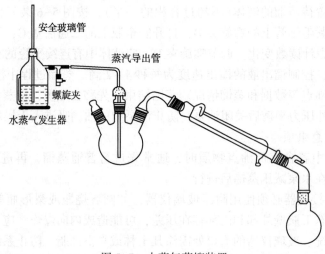

图5-7　水蒸气蒸馏装置

（3）水蒸气蒸馏的操作要领

把要蒸馏的物质加入烧瓶，加入量不能超过总容量的1/3。操作前须对水蒸气蒸馏装置进行仔细检查，确保密封良好。开始蒸馏时，先打开T形管上的螺旋夹，开启发生器的加热电源。当有水蒸气从T形管的支管中冲出时，旋紧螺旋夹，让水蒸气进入烧瓶，此时可看到瓶中液体迅速沸腾，在冷凝管中出现有机物质和水的混合物。调节火焰，使瓶内混合物翻腾幅度减小，并控制馏出液的速度为每秒钟2~3滴。为了使水蒸气不致在烧瓶内过多地冷凝，蒸馏时通常使烧瓶保持在80~100℃。操作中要随时注意安全玻璃管中的水柱是否发生异常上升，烧瓶中的液体是否发生倒吸。一旦发生，应立即打开螺旋夹，停止加热，找出原因，将故障排除后方可继续蒸馏。当馏出物澄清透明、不再有油状物时可停止蒸馏。先移去热源，再缓慢打开螺旋夹。

4. 萃取与洗涤

萃取是提取或纯化化学物质的方法之一，由于该方法操作简便，因而被广泛应用。萃取可以从固体或液体混合物中提取出所需要的物质，也可以用来提取混合物中的少量杂质，通常前者称为提取、抽提或萃取，后者称为洗涤。

萃取是利用待提取物在两种互不相溶（或微溶）的溶剂中溶解度或分配比的不同，使其从混合物存在的溶剂（溶液）转移到另一种溶剂（萃取溶剂）中而达到分离、提纯或纯化的目的。在一定温度下，一种物质在两种互不相溶的溶剂中分配达到平衡时，两层中溶质的浓度之比为一常数，这就是分配定律。其数学表达式如下：

$$K = \frac{c_1}{c_2}$$

式中，K 是常数，称为分配系数；c_1 为溶质在溶剂 1 中的浓度；c_2 为溶质在溶剂 2 中的浓度。分配系数越大，萃取效率越高。在实际操作中，可根据分配系数和实验要求确定萃取次数，一般萃取 3~5 次。

（1）液-液萃取

实验室常用的萃取仪器是分液漏斗。使用分液漏斗前必须检查旋塞和玻塞与磨口是否匹配，玻塞与漏斗颈部应用塑料线连接，防止丢失；检查旋塞和玻塞是否密封严密，若漏水应及时拔下旋塞，用纸或干布擦净旋塞及旋塞孔道的内壁，然后用玻璃棒蘸取少量凡士林，先在旋塞粗端表面抹上一薄层，再在细端抹上一圈（不要抹在旋塞的孔中），然后插入旋塞，逆时针旋转至透明，即可使用。分液漏斗使用后，应用水冲洗干净，玻塞用纸包好塞进孔中。使用分液漏斗时应注意：

① 旋塞上涂有凡士林的分液漏斗不可放在烘箱内烘干，否则很难再打开。

② 应将分液漏斗置于固定在铁架台上的铁圈中分离液体。

③ 放出液体时应先打开玻塞，再缓慢开启旋塞；下端出料管应紧贴接收容器内壁。

④ 放完下层液体后，再从加料口直接倒出上层液体，不要从下口放出。

在萃取或洗涤时，先将液体与萃取用的溶剂（或洗液）由分液漏斗的上口加入，盖好玻塞，用右手食指的末节将漏斗玻塞顶住，再用大拇指及食指和中指握住漏斗。用左手食指和中指卷握在旋塞的柄上，如图 5-8（a）所示。振荡过程中将玻塞和旋塞夹紧，上下轻轻摇动分液漏斗，每隔几秒将漏斗倒置（旋塞朝上），振荡完毕，缓慢打开玻塞，释放分液漏斗内的压力，重复上述操作 2~3 次，然后再用力振荡 2min，使互不相溶的两种液体充分接触，提高萃取率。

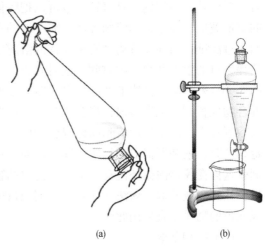

(a)　　　　　(b)

图 5-8　分液漏斗

振荡数次后，将分液漏斗放在铁圈上（最好用石棉网绳把铁圈缠扎起来）静置，如图 5-8（b）所示。有些溶剂和待萃取液体一起振荡，会形成较稳定的乳浊液，不易分层。破坏乳浊液的方法有：①加入食盐等电解质，使溶液饱和，以降低乳浊液的稳定性；②轻轻旋转分液漏斗或长时间静置，可达到使乳浊液分层的目的；③若因碱性物质的存在而发生乳化，可加入少量稀酸或采用过滤等方法消除；④用加热来破坏乳状液或滴加数滴醇来改变表面张力，可破坏乳状液。

分液漏斗中的液体分成清晰的两层后就可以进行分离。先把顶部的玻璃塞打开(若为旋转盖，应使盖子上的凹缝对准漏斗上口颈部的小孔，使其与大气相通)，把分液漏斗的下端靠在接收容器的内壁。缓慢旋开旋塞，让液体流下，当液面间的界限接近旋塞时关闭旋塞，再把剩下的上层液体从上口倒入另一个容器。

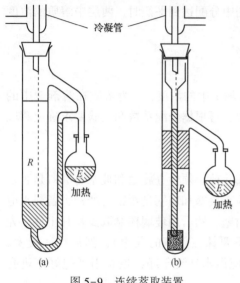

图 5-9　连续萃取装置

在萃取或洗涤时，上下两层液体都应保留到实验结束，否则，若实验过程中发生误操作，便无法补救和检查。在萃取过程中，将一定量的溶剂分多次萃取，效果比一次萃取要好。对于某些在溶液中溶解度很大的物质，用分液漏斗分次萃取效率很低，为了减少萃取溶剂的量，可采用连续萃取的方法。连续萃取装置有两种：一种适用于萃取剂的密度小于被萃取溶液的情况，即轻溶剂萃取器，如图 5-9(a)所示；另一种适用于萃取剂的密度大于被萃取溶剂的萃取器，如图 5-9(b)所示。连续萃取过程都是溶剂在萃取后自动流入加热容器中，经蒸发冷凝后再进行萃取，如此循环，从而萃取出绝大部分物质。连续萃取的缺点是萃取时间长。

(2) 液-固萃取

从固体混合物中萃取所需的物质，最简单的方法是先把固体混合物研细，加入适当溶剂后用力振荡，再用过滤或倾析的方法把萃取液和残留固体分离。若被提取的物质特别容易溶解，也可以把固体混合物置于垫有滤纸的锥形玻璃漏斗中，用溶剂洗涤，需萃取的物质就可以溶解于溶剂而通过滤纸，与固体分离。若萃取物的溶解度很小，用洗涤方法要消耗大量的溶剂和很长的时间，这种情况下一般用索氏提取器(见图 5-10)来萃取，将滤纸做成与提取器大小相适应的套袋，把固体混合物放置在滤纸套袋内，将套袋装入提取器。溶剂蒸气从烧瓶进入冷凝管中，冷凝后回流到固体混合物中，溶剂在提取器内达到一定高度时，就和所提取的物质一同从侧面的虹吸管流入烧瓶中。溶剂就这样在仪器内循环流动，把所要提取的物质集中到下面的烧瓶里，达到高效萃取。该法效率高、溶剂用量少，但萃取受热易分解或变色的物质不宜采用此法。

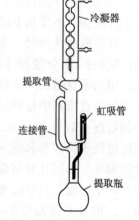

图 5-10　索氏提取器

(3) 固相萃取

固相萃取就是利用固体吸附剂将液体样品中的目标化合物吸附，与样品的基体和干扰化合物分离，然后再用洗脱液洗脱或加热解吸，达到分离和富集目标化合物的目的。固相萃取技术在分析领域应用广泛，专门用于分析前的样品纯化和浓缩。固相萃取技术能避免液-液萃取所带来的许多问题，比如，易乳化导致相分离不完全，较低的定量分析回收率，昂贵易碎的玻璃器皿和大量的有机废液。与液-液萃取相比，固相萃取减少了溶剂用量和工作时间，效率高、速度快。固相萃取通常用于液体样品的准备和不挥发样品的萃取，也可用于将目标物转移到溶液里的固体样品。固相萃取技术对样品的萃取、浓缩和净化效果都非常好。

固相萃取可同时处理多个样品，易于实现自动化，提高分析质量，减少背景干扰，提高回收率。基于上述诸多优点，固相萃取在许多分析方法中已逐步替代液-液萃取。

① 固相萃取小柱

最简单的固相萃取装置就是一根直径为数毫米的小柱，小柱可以是玻璃的，也可以由聚丙烯、聚乙烯、聚四氟乙烯等制成，还可以由不锈钢制成。小柱下端有一孔径为 $20\mu m$ 的烧结筛板，用于支撑吸附剂。若自制固相萃取小柱没有合适的烧结筛板，也可以用玻璃棉代替筛板，起到既能支撑固体吸附剂，又能让液体流过的作用。在筛板上填装一定量（100~1000mg）吸附剂，在吸附剂上再加一块筛板，以防止加样时破坏柱床。为了降低固相萃取空白值，可选用玻璃、聚四氟乙烯、医用聚丙烯等作为主体材料。筛板也是杂质的可能来源之一，可用聚丙烯、纯聚四氟乙烯、不锈钢和钛等材料制作。金属筛板不含有机杂质，但容易受酸腐蚀。由于柱体、筛板和填料都可能将杂质带入样品，因此，在建立和验证固相萃取方法时，必须做空白试验。

② 固相萃取操作

固相萃取操作一般分为活化吸附剂、上样、洗涤和洗脱三步，具体程序如下：

a. 活化吸附剂

在萃取样品之前要用适当的溶剂淋洗固相萃取小柱，对吸附剂进行净化。不同模式固相萃取小柱使用不同的活化溶剂。反相固相萃取所用的弱极性或非极性吸附剂，通常用水溶性有机溶剂淋洗（如甲醇），再用水或缓冲溶液淋洗。也可以在用甲醇淋洗之前先用强溶剂（如己烷），以消除吸附剂内杂质对目标化合物的干扰。正相固相萃取所用的极性吸附剂，通常用样品基体溶剂进行淋洗。离子交换固相萃取所用的吸附剂，在用于萃取非极性溶剂中的样品时，可用样品溶剂来淋洗；在用于萃取极性溶剂中的样品时，可用水溶性有机溶剂淋洗后，再用适当 pH 值的缓冲溶液进行淋洗。为了使固相萃取小柱中的吸附剂在活化后到样品加入前能保持湿润，活化处理后应在吸附剂上方保留约 1mm 高的活化溶液。

b. 上样

将液体样品或溶解后的固态样品倒入活化后的固相萃取小柱，然后利用抽真空（图 5-11）或加压（图 5-12）的方法使样品流过吸附剂。

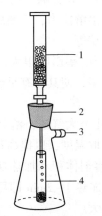

图 5-11　抽真空固相萃取
1—样品溶液；2—橡皮塞；
3—真空接口；4—收样试管

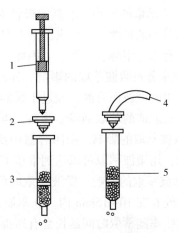

图 5-12　加压固相萃取
1—注射器；2—接口；
3，5—样品溶液；4—气体入口

c. 洗涤和洗脱

样品进入吸附剂、目标化合物被吸附后，可先用弱极性溶剂将弱保留干扰物洗出，然后再用较强的溶剂将目标化合物洗脱下来并收集。淋洗和洗脱同前所述，可采用抽真空或加压的方法使淋洗液或洗脱液流过吸附剂。

若吸附剂对目标化合物吸附很弱或不吸附，而对干扰化合物有较强吸附，此时也可让目标化合物先淋洗下来，而使干扰化合物保留在吸附剂上，两者分离。多数情况下是使目标化合物保留在吸附剂上，最后用强溶剂洗脱，这样更有利于样品的净化。

（4）微波辅助萃取

微波萃取主要用于固体样品的处理，用微波加热密闭容器中的样品及溶剂，将目标化合物从样品基体中提取出来。与索氏提取法、溶剂振摇法、超声波法相比，微波萃取法溶剂用量少、耗时少、萃取率高、结果重现性好。若结合自动控制系统，可以批量处理样品，使用方便，安全性好。

从微波萃取的原理看，微波的量子能级属于范德华力（分子间作用力）的范畴，其能量本身不会破坏分子结构，但能使分子产生高速旋转，辅以高温和高压可更容易从基体快速分离目标物，使其与基质间的分子间作用力迅速解除，迫使目标物从基质中解析并快速进入溶剂。快速微波溶剂萃取可避免样品长时间受热分解，有利于萃取热不稳定物质。微波萃取样杯一般为聚四氟乙烯材料制成，溶剂通常采用乙醇、甲醇、丙酮或水等。因非极性溶剂不吸收微波，所以不能将纯非极性溶剂用作微波萃取溶剂，但可在非极性溶剂中加入一定比例的极性溶剂。

① 微波萃取的操作

准确称取一定量的待测样品置于微波制样杯内，根据萃取物情况加入适量的萃取溶剂，萃取溶剂和样品总体积不超过制样杯总容积的1/3；将制样杯密闭后放入微波萃取系统中加热。根据目标组分的性质设置萃取温度和萃取时间，开启微波设备。萃取结束，取出制样杯，将杯内液体过滤或离心，制成可进行下一步操作的溶液。

② 微波萃取的影响因素

影响微波萃取回收率的主要因素有：

a. 溶剂对微波萃取的影响。溶剂的极性对于萃取效率有很大影响。利用微波进行萃取时，除了要考虑溶剂的极性，还要求溶剂对目标物有较强的溶解能力，方便后续处理。用于微波萃取的溶剂有水、甲醇、乙醇、异丙醇、丙酮、二氯甲烷等。

b. 试样中的水分对微波萃取的影响。样品的含水量对回收率影响很大，因为样品中含有水分才能有效吸收微波而升温。经过干燥的样品要进行增湿，使其含有足够的水分。也可加入能部分吸收微波能的萃取剂浸渍物料，再进行萃取。

c. 温度对微波萃取的影响。密闭容器内部压力可达十几个大气压，溶剂沸点比常压下高出很多。因此，用微波萃取可以达到常压下不能达到的萃取温度，以提高萃取效率。

d. 时间对微波萃取的影响。微波萃取时间与样品量、溶剂体积和加热功率有关。一般情况下，萃取时间宜在10~15min内。在萃取过程中，一般加热1~2min即可达到设定的萃取温度。萃取回收率随萃取时间延长会有所提高，但幅度不大。

5. 干燥

干燥是指去除附在固体、混杂在液体或气体中的少量水分，也包括去除少量溶剂。所以干燥是最常用且十分重要的基本操作。干燥的方法有物理法和化学法两种。物理法有吸附、分馏、共沸蒸馏、冷冻和加热等，化学法主要是跟水发生化学反应而将其除去。近年来，实验室也常用离子交换、分子筛吸附等物理脱水过程达到干燥目的。

（1）常用气体的干燥

化学化工实验室常用的气体有氮气、氧气、氢气、氯气、氨气、二氧化碳等，当对这些气体纯度要求严格时，需要去除其中的微量水分。气体干燥过程是指将气体从钢瓶或发生器接入干燥塔（内装固体干燥剂）和各种不同形式的洗瓶（内装液体干燥剂），脱除水分后再进入仪器或反应器。对气体进行干燥时，应根据气体的性质、潮湿程度以及使用要求选择不同的干燥仪器及干燥剂。一般气体干燥所用干燥剂见表 5-2。

表 5-2　气体干燥剂种类

干燥剂	可干燥的气体
CaO，碱石灰，NaOH，KOH	NH_3 类
无水 $CaCl_2$	H_2，HCl，CO，CO_2，N_2，O_2，低级烷烃，醚，氯代烃
P_2O_5	H_2，O_2，CO，CO_2，SO_2，N_2，烷烃，乙烯
浓 H_2SO_4	H_2，N_2，O_2，CO_2，HCl，烷烃
CaBr，ZnBr	HBr

为了达到良好的干燥效果并确保操作人员的安全，操作时应注意以下几点：

① 用无水氯化钙、生石灰、碱石灰干燥气体时，干燥剂应选用颗粒状，不可用粉末状，后者在吸潮后会结块，造成管路堵塞。

② 用浓硫酸干燥时，用量要适当，太少会影响干燥效果，太多则压力过大，气体不易通过。

③ 若干燥要求高，可同时串联两个或多个干燥装置，根据气体的性质选用干燥剂。

④ 用气体洗瓶时，进出管不能接错，通入气体的速度不宜太快，以防止干燥效果不好。

⑤ 使用气体钢瓶时，开启总阀后应先调节气流速度，然后再通入反应瓶，切不可将钢瓶气直接通入气体，以免气流太大造成危险。

⑥ 应在干燥器与反应瓶之间连接一个安全瓶（缓冲瓶），防止倒吸。

⑦ 停止通气时，应先减慢气流速度，打开安全瓶旋塞，再关闭钢瓶总阀。

⑧ 若干燥剂尚未失效，在停止通气后应立即将通路塞住，以防吸潮。

（2）液体有机化合物的干燥

液体有机化合物的干燥方法分为物理法和化学法两种，实验室中常用化学方法。向液体有机化合物中加入干燥剂，一类干燥剂可与水结合生成水合物从而去除水分，另一类干燥剂能与水起化学反应。例如：

$$CaCl_2+H_2O \Longleftrightarrow CaCl_2 \cdot 6H_2O$$

$$2Na+2H_2O \longrightarrow 2NaOH+H_2$$

化学法通常将干燥剂直接与液体有机化合物接触。在选择和使用干燥剂时应注意以下几点：

① 选用的干燥剂必须与被干燥的有机化合物不发生化学反应，也不溶于被干燥的有机化合物。例如，酸性干燥剂不能用来干燥碱性化合物，也不能用来干燥某些在酸性介质中会重排、聚合或起其他反应的液体样品（如醇、胺、烯烃等）；同样，碱性干燥剂不能用来干燥酸性有机化合物，也不能用于在碱催化下易发生缩合、氧化等反应的液体（如醛、酮、羧

酸、酯等）。氯化钙易与醇、胺类化合物形成络合物，所以不能用来干燥此类化合物。在选用干燥剂时，应注意其应用范围。各类有机化合物常用的干燥剂见表5-3。

表5-3 有机化合物常用干燥剂

化合物类型	干燥剂	化合物类型	干燥剂
烃	$CaCl_2$，Na，P_2O_5	酮	K_2CO_3，$CaCl_2$，$MgSO_4$，Na_2SO_4
卤代烃	$CaCl_2$，$MgSO_4$，Na_2SO_4，P_2O_5	酸、酚	$MgSO_4$，Na_2SO_4
醇	K_2CO_3，$MgSO_4$，CaO，Na_2SO_4	酯	$MgSO_4$，Na_2SO_4，K_2CO_3
醚	$CaCl_2$，Na，P_2O_5	胺	KOH，$NaOH$，K_2CO_3，CaO
醛	$MgSO_4$，Na_2SO_4	硝基化合物	$CaCl_2$，$MgSO_4$，Na_2SO_4

② 选用与水结合生成水合物的干燥剂时，必须考虑干燥剂的吸水容量和干燥效能。吸水容量是指单位质量干燥剂所吸收的水的量，干燥效能是指达到平衡时液体被干燥的程度。例如，无水硫酸钠可形成 $Na_2SO_4 \cdot 10H_2O$，1g 无水硫酸钠最多能吸 1.27g 水，其吸水容量为 1.27。但其水合物的水蒸气压也较大（25℃时为 255.98Pa），故干燥效能差。氯化钙能形成 $CaCl_2 \cdot 6H_2O$，吸水容量为 0.97，此水合物的水蒸气压为 39.99Pa（25℃），故干燥效能强。所以在干燥含水量较多而又不宜干燥的液体时，常常先用吸水容量大的干燥剂去除大部分水，然后再用干燥效能好的干燥剂去除残留的水分。与水发生不可逆反应的干燥剂的干燥效能都很强，常用于干燥须严格无水的溶剂，如制备无水乙醚时，常用无水氯化钙干燥后过滤去除，再压入钠丝，彻底干燥。常用干燥剂的性能和应用范围见表5-4。

表5-4 常用干燥剂的性能和应用范围

干燥剂	吸水作用	吸水容量/g	干燥效能	干燥速度	应用范围
氯化钙	形成 $CaCl_2 \cdot nH_2O$ $n=1$，2，4，6	0.97，按 $n=6$ 计算	中等	较快，吸水后表面覆盖黏稠薄层，故应放置较长时间	不能用于干燥醇、酚、胺。工业氯化钙不能干燥酸类
硫酸镁	形成 $MgSO_4 \cdot nH_2O$ $n=1$，2，4，5，6，7	1.05，按 $n=7$ 计算	较弱	较快	中性，可代替氯化钙，可干燥酯、醛、酮、腈、酰胺等
硫酸钠	$Na_2SO_4 \cdot 10H_2O$	1.27	弱	缓慢	中性，一般用于液体有机物初步干燥
硫酸钙	$2CaSO_4 \cdot H_2O$	0.06	强	快	中性，常与硫酸镁配合，做最后干燥
碳酸钾	$K_2CO_3 \cdot 1/2H_2O$	0.2	较弱	慢	弱碱性，用于干燥醇、酮、酯、胺及杂环等碱性化合物
氢氧化钾	溶于水		中等	快	强碱性，用于干燥胺、杂环等碱性化合物
金属钠			强	快	只能用于干燥醚、烃类中微量水分
氧化钙			强	较快	适用于干燥低级醇类
五氧化二磷			强	快，但吸水后表面覆盖黏浆液，操作不便	适用于干燥醚、烃、卤代烃、腈等中微量水分

③ 干燥剂的用量。根据水在液体有机化合物中的溶解度及干燥剂的吸水容量，可计算出干燥剂的最低用量。从化合物的结构来看，一般含亲水基团的化合物，如醇、醚、胺等，水在这些化合物中的溶解度较大，干燥剂用量应适当加大；在烃、卤代烃中的溶解度较小，干燥剂用量较小。若干燥剂添加量不足，干燥不彻底；若添加过量，则会吸附液体有机化合物，影响产量。在操作过程中，应根据待干燥液体含水量及干燥剂吸水容量来确定干燥剂用量，通常为每 10mL 液体添加 0.5~1g。

在加入干燥剂前，应尽可能用分液漏斗将水相分干净，不应有可见水层或肉眼可见的水滴。将待干燥液体置于洁净、干燥的锥形瓶中，先往液体中投入少量的干燥剂，进行振荡，若出现干燥剂附着在器壁或相互黏结，说明干燥剂用量不够，应再添加干燥剂，若投入干燥剂后出现水相，必须用吸管把水吸出，然后再添加新的干燥剂。若干燥前液体呈浑浊状，经干燥后变澄清，可作为水分基本去除的标志。

④ 干燥温度和时间。干燥一般在室温下进行，加热虽可加快干燥速度，但水合物放出水的速率也同时加快。干燥剂的吸水过程需要一定的时间，一般在 0.5h 以上，最好过夜，并经常振荡。干燥后的液体通过置有折叠滤纸的锥形漏斗进入蒸馏瓶，若干燥剂颗粒较大，过滤时可在漏斗内塞一小团棉花，以减少吸附损失。

（3）固体有机物的干燥

干燥固体有机化合物主要是去除残留在固体里的少量溶剂，如水、乙醇、乙醚、丙酮等。具体方法有以下几种：

① 自然晾干。这是最简便、最经济的干燥方法。把要干燥的固体放在瓷孔漏斗中的滤纸上，先压干再摊开，再用另一张滤纸将其覆盖，使其在空气中慢慢晾干。

② 加热干燥。对于热稳定的固体化合物，可放在烘箱或真空恒温箱内干燥，加热温度不可超过该固体的熔点，以免固体变色或分解。

③ 红外线干燥。此法的优点是穿透性强、干燥快，通常用于红外光谱检测过程中的样品烘烤。

④ 干燥器干燥。易吸湿或在较高温度会分解或变色的固体有机物可用干燥器干燥。干燥器有普通干燥器和真空干燥器两种。普通干燥器适用于保存易吸潮的样品，所耗时间长，干燥效率不高。真空干燥器可提高干燥效率，使用时应注意真空度不宜过高，一般用循环水泵抽气即可。要开启干燥器，应先缓慢开启放气阀，使内外气压平衡。放气速度不宜过快，以防气流将样品冲散。

⑤ 真空恒温干燥器干燥。该法干燥效率高，适用于去除结晶水。使用时将装有样品的小船放入夹层内，连接盛有干燥剂（一般为 P_2O_5）的曲颈瓶，用水泵抽至一定的真空再关闭活塞，停止抽气。在干燥过程中，应每隔一定时间抽气，保持一定的真空度。

⑥ 冷冻干燥。冷冻干燥又称升华干燥。将含水物料冷冻到冰点以下，使水转变为冰，然后在较高真空下将冰转变为蒸气而除去。物料可先在冷冻装置内冷冻，再进行干燥。升华生成的水蒸气借冷凝器除去。升华过程中所需的热量一般通过热辐射供给。冷冻干燥不同于普通的加热干燥，物料中的水分从冰冻的固体表面升华而被移除，物质本身则留在冻结时的冰架子中，因此，冷冻干燥后的产品体积不变、疏松多孔。其主要优点是：①干燥后的物料保持原来的化学组成和物理性质（如多孔结构、胶体性质等）；②能量消耗比其他干燥方法少。缺点是设备费用较高，不能广泛使用。

6. 重结晶与过滤

从有机合成反应中制得的固体产物，常含有少量杂质，除去这些杂质最有效的方法之一就是用适当的溶剂重结晶。固体有机化合物在任何一种溶剂中的溶解度均随温度的变化而变化，一般情况下，当温度升高时，溶解度增加，温度降低时，溶解度减小。重结晶就是把固体粗产物溶解在热溶剂中，使之成为饱和溶液，冷却后溶解度降低，溶液成为过饱和溶液而析出晶体的过程。重结晶通常先溶解固体，然后让晶体重新析出，利用被提纯物与杂质在溶剂中的溶解度差异去除杂质。一般适用于纯化杂质含量在 5% 以下的固体有机化合物，若杂质含量多，常会影响结晶生成的速度，有时会变成油状物而难以析出晶体。

重结晶的一般过程如下：

（1）选择溶剂

选择合适的溶剂是重结晶操作中最关键的一步，溶剂选择失当将影响纯化结果。适宜的重结晶溶剂应符合以下几个条件：

① 与被提纯的有机化合物不发生化学反应。

② 被提纯的有机化合物应在热溶剂中易溶，在冷溶剂中几乎不溶。若杂质在热溶剂中不溶，则应趁热过滤去除杂质；若杂质在冷溶剂中易溶，则留在溶液中，待结晶后分离。

③ 能使目标化合物在析出时生成较整齐的晶体。

④ 溶剂的沸点不宜太低，也不宜太高。若过低，溶解度改变不大，难以分离且操作困难；若过高，附着在晶体表面的溶剂不易除去。

⑤ 价格便宜、毒性小、安全风险低。

实验室常用溶剂及其常压下沸点见表 5-5。固体有机物往往易溶于结构与其相似的溶剂中，实验中应根据"相似相溶"的原理选择溶剂，通过查阅化学手册来获得溶解度数据。在实际工作中，往往通过实验来选择溶剂。溶解度实验方法如下：

表 5-5　常用溶剂及其常压下沸点

溶剂	沸点/℃	溶剂	沸点/℃	溶剂	沸点/℃
水	100	乙酸乙酯	77	氯仿	61.7
甲醇	65	冰醋酸	118	四氯化碳	76.5
乙醇	78	二硫化碳	46.5	苯	80
乙醚	34.5	丙酮	56	粗汽油	90~150

取几个小试管，各放入 0.2g 待重结晶的物质，分别加入 0.5~2mL 不同溶剂，加热到完全溶解，冷却后能析出最多量晶体的溶剂，一般认为是最合适的。如果固体物质在 3mL 热溶剂中仍不能完全溶解，可以认为该溶剂不适用于重结晶。如果固体在热溶剂中能溶解而冷却后无晶体析出，这时可用玻璃棒在液面下的容器内壁上摩擦，可以促使晶体析出，若仍得不到晶体，则说明此固体在该溶剂中的溶解度很大，该溶剂不适用于重结晶。

如果某固体有机物易溶于某一溶剂而难溶于另一溶剂，且该两溶剂能互溶，就可以用两者配成的混合溶剂来重结晶。操作时先将产物溶于沸腾或接近沸腾的溶剂中，滤掉不溶杂质或活性炭，趁热在滤液中滴加不良溶剂，至滤液变浑浊为止，再滴加良溶剂，使滤液转为清亮，放置冷却，使结晶全部析出。如果冷却后析出油状物，需要调整两溶剂的比例或另换一对溶剂。有时也可将两种溶剂按比例预先混合好再进行重结晶，常用的混合溶剂有乙醇和水、水和丙醇、水和乙酸、乙醇和乙醚、乙醇和丙酮、甲醇和乙醚、苯和乙醚、苯和石油醚、乙醚和石油醚、甲醇和二氯甲烷等。混合溶剂的重结晶操作与单一溶剂相同。

（2）热溶解

使用易燃溶剂时必须严格按操作规程进行，不可粗心大意。有机溶剂往往不是易燃的就是具有一定的毒性，或两者兼具。操作时要熄灭附近的一切明火，最好在通风橱内操作。常用三角烧瓶或圆底烧瓶做容器，因其瓶口较窄，溶剂不易挥发，又便于摇动，可促进固体物质的溶解。若采用低沸点易燃溶剂，严禁在石棉网上直接加热，必须安装回流冷凝管，并根据其沸点选择热浴。若固体物质在溶剂中溶解速度较慢，需要较长的加热时间时，也要装上回流冷凝管，以免溶剂损失。

溶解操作是将待重结晶的粗产物放入窄口容器中，加入比计算量略少的溶剂，然后逐渐添加至恰好溶解，最后再多加20%～100%的溶剂将溶液稀释，否则趁热过滤时容易析出结晶。若用量未知，可先加入少量溶剂煮沸，若未全溶，再逐步添加至恰好溶解，每次加入溶剂均要煮沸，再作出判断。

在溶解过程中，有时会出现油珠状物，这对物质的纯化很不利，因为有杂质伴随析出，并带有少量溶剂。要避免这种现象的发生，可从下列两方面加以考虑：

① 选用的溶剂沸点应低于溶质的熔点；

② 对低熔点物质进行重结晶，若不能选出沸点较低的溶剂，则应在比熔点低的温度下溶解。

（3）活性炭脱色

粗制的固体有机化合物若含有有色杂质，在重结晶时杂质虽可溶解在热的溶剂中，但当晶体冷却析出时部分杂质会被结晶吸附，使产物颜色变深。若溶液中存在树脂状物质或不溶性杂质微粒，且用过滤的方法难以去除时，可向此溶液中加入适量的活性炭，目的是吸附杂质和脱色。切忌将活性炭加入沸腾的溶液中，否则会造成暴沸，使溶液冲出容器。活性炭的用量视杂质多少和溶液颜色深浅而定，活性炭能吸附有色杂质，也能吸附一部分产物，故不宜多加。加入活性炭后应微沸5～10min，使其充分吸附，然后趁热过滤，此时待重结晶物质中若有不溶性杂质，也可一并滤去。

（4）热过滤

固体有机物溶于溶剂并经活性炭脱色后，要用过滤法除去吸附有色杂质的活性炭和不溶性杂质。为了避免溶液冷却析出晶体，减少操作困难和产物损失，应趁热快速过滤。热过滤时可采用短而粗颈的漏斗，在过滤前应对漏斗进行预热。漏斗内放入折叠滤纸，滤纸的折叠方法见图5-13。过滤时把滤纸翻转，整理好折纹后放入漏斗中，这样可避免被手指弄脏的一面接触滤出液。过滤时漏斗中的液体不宜积累太多，以免析出晶体堵塞漏斗。也可用布氏漏斗进行减压过滤，为了避免漏斗破裂或在漏斗中析出晶体，应先对布氏漏斗进行预热，然后再加入热的饱和溶液。

（5）结晶

将过滤收集的热滤液放在室温下静置，自然冷却3～5h，不要放入冰箱中急冷。冷却速度越慢形成的结晶越细。晶体颗粒不宜过大，大尺寸晶体中会夹杂母液，造成干燥困难。若冷却后不结晶，可投入"晶种"，或用玻璃棒摩擦液面以下的器壁引发晶体形成。若不析出晶体而得到油状物，可再次加热至澄清并自然冷却，发现有油状物析出时立即剧烈搅拌，使其分散直至消失。若结晶不成功，可改用柱色谱或离子交换等方法来提纯。

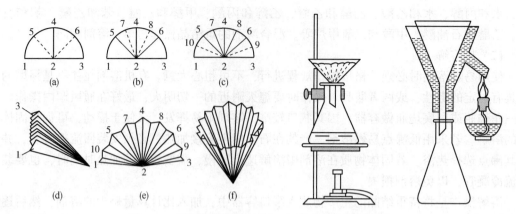

图 5-13　滤纸的折叠方法[(a)~(f)]和热过滤装置

(6) 晶体的收集与洗涤

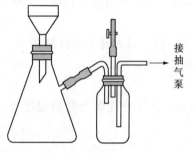

图 5-14　减压过滤装置

把结晶从母液中分离出来,通常采用减压过滤法。将瓷质布氏漏斗配上橡皮塞装在抽滤瓶上(图 5-14),抽滤瓶的支管上套入一根橡皮管,将其与抽气装置连接。减压过滤所用滤纸比漏斗底部的直径略小。过滤前应先用溶剂润湿滤纸,轻轻抽气。务必使滤纸紧贴在漏斗底部。继续抽气,把混合物倒入布氏漏斗,使固体物质均匀地分布在滤纸上,用少量滤液将粘在容器内壁的结晶洗出。若布氏漏斗中已无母液流下,说明滤饼已基本被抽干。为了去除结晶表面的母液,应对滤饼进行洗涤。洗涤前先将连接抽滤瓶的橡皮管拔下,关闭抽气泵,向布氏漏斗中加入适量溶剂,使全部结晶刚好被浸没为宜,重新接上橡皮管,开启抽气泵,将溶剂抽干。重复上述操作两次,滤饼中杂质基本被洗去。用重结晶法纯化后的晶体,其表面还吸附有少量溶剂,应根据所用溶剂及结晶的性质选择恰当的方法进行干燥过滤。

7. 柱色谱纯化

柱色谱也叫柱层析,其原理是根据化合物在液相和固相之间分配系数的差异进行分离。该法是最早发展起来的一种化合物提纯方法,实验设备操作简单、分离条件容易摸索,可用于多种物质的分离,尤其适用于天然产物的分离提纯。

(1) 吸附剂与洗脱剂

色谱柱常用的吸附剂有氧化铝、硅胶、碳酸钙、氧化镁、活性炭等。选择吸附剂的首要条件是吸附剂与被吸附物及洗脱剂均无化学反应,一般多选用氧化铝或硅胶。吸附剂的吸附能力与颗粒大小有关。颗粒大,流速快,分离效果不好;颗粒小,表面积大,吸附能力强,但流速慢。吸附剂颗粒尺寸一般以 100~150 目为宜。色谱用的氧化铝通常分为酸性、碱性和中性三种。酸性氧化铝须用1%盐酸浸泡后再用蒸馏水洗涤,直至悬浮液的 pH 值为 4~4.5,用于分离有机酸类物质;中性氧化铝 pH 值为 7.5,用于分离醛、酮、酯等中性化合物;碱性氧化铝 pH 值为 9~10,用于分离碳氢化合物、有机氨等。

吸附剂的活性与其含水量有关,含水量越低,活性越高(如表 5-6 所示)。将氧化铝放在高温炉(350~400℃)内烘 3h,得无水氧化铝,加入不同量的水,得到不同活性的氧化铝。实验室一般常用Ⅱ、Ⅲ级。硅胶也可用同样的方法处理,得到不同活性的硅胶。吸附剂的吸附能力还与其分子极性有关,极性越大对极性组分的吸附能力也越强。

表 5-6　吸附剂的活性与含水量的关系

活性等级	I	II	III	IV	V
氧化铝含水量/%	0	3	6	10	15
硅胶含水量/%	0	5	15	25	38

在柱色谱分离中，洗脱剂的选择也很重要。选择洗脱剂时，应考虑被分离物各组分的极性与溶解度，以及吸附剂的活性。具体要求如下：

① 所用溶剂纯度等级至少为分析纯，防止杂质干扰。

② 洗脱剂不能与吸附剂起化学反应，否则会使吸附剂失去吸附能力。

③ 洗脱剂的极性应比样品组分极性略小。若洗脱剂极性过大，样品中的极性组分不容易被吸附。

④ 样品各组分在洗脱剂中的溶解度要适当，太大会降低吸附剂的吸附能力，太小则会导致洗脱剂用量增加。

⑤ 为了调节洗脱剂极性，通常将两种或两种以上溶剂进行混合，用该混合溶剂进行洗脱。

一般非极性化合物用非极性洗脱剂，先将样品溶于非极性溶剂中，从柱顶加入，然后用稍带极性的溶剂使谱带显色，再用更大极性的溶剂洗脱被吸附的组分。溶剂的洗脱能力按下列次序递增，己烷<环己烷<甲苯<二氯甲烷<氯仿<环己烷-乙酸乙酯(80∶20)<二氯甲烷-乙醚(80∶20)<氯甲烷-乙醚(60∶40)<环己烷-乙酸乙酯(20∶80)<乙醚<乙醚-甲醇(99∶1)<乙酸乙酯<四氢呋喃<丙酮<正丙醇<乙醇<甲醇<水。

（2）柱色谱的操作

① 柱的充填。柱色谱装置如图 5-15 所示。玻璃色谱柱内径与柱长的比例应随处理量而定，正常为 1∶8 左右。装柱前先加入适量层析用的溶剂，然后将氧化铝缓慢地加入柱中使其自然沉降，同时不断搅拌使柱中气泡逸出。氧化铝的用量一般为样品量的 20～50 倍。

② 样品的加入。一般先将样品溶于有机溶剂中，从柱上端轻轻注入，勿使氧化铝面受到扰动，如果样品不易溶于装柱时所用的溶剂，可先将样品溶于能溶的有机溶剂，以少量的氧化铝拌匀，然后将有机溶剂挥发干净，再将带有样品的氧化铝加在柱内氧化铝层上端，再加入溶剂(液面高于固体床层 1～2cm)。打开下端活塞，使液体慢慢流出，至溶剂液面略高于固体床层表面(勿使氧化铝表面干燥)，即可用溶剂洗脱。

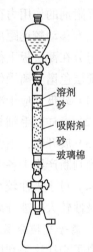

溶剂
砂
吸附剂
砂
玻璃棉

图 5-15　柱色谱装置

③ 洗脱和分离。连续不断地加入洗脱剂，并保持一定高度的液面，如样品各组分有颜色，在氧化铝柱上可直接观察，洗脱后分别收集各组分，多数情况下化合物是无色的。可等份收集洗脱剂，每份洗脱剂的体积随氧化铝用量及样品的分离情况而定。若洗脱剂极性较大或样品各组分结构相似，每份收集量要小。

洗脱剂的流出速度不可太快，否则柱中交换来不及达到平衡，影响分离效果。因氧化铝表面活性大，有时会破坏样品中的某些组分，在保证分离效果的前提下，样品在柱中停留时间不宜过长。由于洗脱剂的洗脱能力与其极性有关，更换溶剂时常先用混合溶剂作为过渡，再逐渐增加较大极性溶剂的比例，自 0～10% 开始，之后每次递增 5%～10%，使较大极性溶剂比例自 10%递增到 50%，然后再更换较大极性溶剂，这样各组分的分离效果更好。

④ 氧化铝的再生。层析结束，先除去上端颜色较深的氧化铝(带有杂质)，其余的氧化铝依次用甲醇、稀硫酸、氢氧化钠溶液及水洗涤，再经高温(一般 400℃，6h 为宜)烘干后即可重复使用。

8. 薄层色谱分离

薄层色谱(Thin Layer Chromatography，TLC)是一种快速分离和定性分析微量物质的技术，其特点是设备简单、操作方便，所需样品量少，展开速度快，效率高，薄层色谱技术已成为实验室最常用的一种定性分析方法。此法特别适用于挥发性小，或在较高温度易发生变化而不能用气相色谱分析的有机物。在有机合成反应中可以利用薄层色谱来跟踪反应或监控反应完成程度，同时也可作为柱层析分离的先导实验，用来确定分离条件。薄层色谱法的原理和分离过程与柱色谱相似，柱色谱洗脱剂的选用原则同样适用于薄层色谱。两者不同之处在于，柱色谱中的流动相沿着吸附剂向下移动，而薄层色谱中的流动相沿着吸附剂向上移动。

薄层色谱技术的核心是制作薄层板。在干净的载玻片上均匀地涂上一层吸附剂或支持剂，自然晾干后放进烘箱(105~120℃)，烘干 30min 即可得到一块薄层板，层析就在薄层上进行。把样品溶液点在离薄层板一端边缘约 1cm 处，样品被吸附剂吸附。将点样后的薄层板放入密闭的层析缸内，将点样端浸入流动相中，在吸附剂的毛细作用下，展开剂沿着薄层逐渐上升，将样品溶解，各组分在固定相和流动相之间不断地进行吸附和解吸。样品中各组分与吸附剂的作用力存在差异，作用力弱的组分容易溶解而不容易被吸附，会随展开剂向薄层板上方移动较远距离。相反，作用力强的组分容易被吸附，在薄层上移动的距离较短，最后各组分在薄层板上彼此分离。

薄层色谱分离操作注意事项有：

(1) 载玻片应干净且不被手污染，吸附剂应均匀平整地分布在载玻片上；

(2) 点样时毛细管不能戳破薄层板面，各样点间距 1~1.5cm，样点直径应不超过 2mm；

(3) 展开时，不要让展开剂前沿上升至上端边缘。否则无法确定展开剂上升高度，即无法准确判断产物中各组分在薄层板上的相对位置；

(4) 对于极性较小的被分离试样组分，应选用活性较强的吸附剂，极性较小的展开剂；对于极性较大的被分离试样组分，应选用活性较弱的吸附剂，极性较大的展开剂。

9. 离子交换分离

离子交换法是利用离子交换剂与溶液中的离子之间发生交换反应来进行分离的方法。这种方法分离效率高，既能用于带相反电荷的离子之间的分离，还可用于带相同电荷或性质相近的离子之间的分离，同时还广泛地应用于微量组分的富集和高纯物质的制备等。该方法的缺点是操作步骤多、周期长，分析化学中一般用此法来分离难分离的复杂体系。在分析工作中为了分离或富集某种离子，一般采用动态交换法。动态交换过程通常在交换柱中进行，其操作过程包括如下几步：

(1) 树脂的选择和处理；

(2) 装柱；

(3) 交换；

(4) 洗脱。

10. 微波消解

微波消解通过分子极化和离子导电两个效应对物质直接加热，促使固体样品表层快速破裂，产生新的表面与溶剂作用，在数分钟内完全分解样品。一方面，微波加热的里外一致性消除了传统加热的温度梯度，使升温速度大幅提高；另一方面，微波的非热效应加速了物质分子间的运动和碰撞，大功率的微波可以帮助分子快速消解，而小功率的连续微波能解除分子间的作用力，使目标化合物从基质中解析并快速进入溶剂。同传统样品预处理方法相比，微波制样具有速度快、效率高、回收完全、试剂用量少、环保清洁等显著优点，正逐步替代传统制样方法。

微波消解制样法可分开口法、在线法和密闭法三种。开口法即常压制样法，特点是样品容量大、安全性好、容器便宜易得；缺点是样品易沾污，挥发性元素易损失，有时消解不完全。开口法主要用于有机物消解，所用的试剂和常规消解相同。在线消解又称连续流动微波消解法，自动化程度高，需要特殊的设备。密闭消解法又称高压微波消解法，目前该法应用最为广泛。

微波消解注意事项：

(1) 向试样(特别是未知样品)中加入酸后，不要立即放入微波炉，要观察加酸后试样的反应。如果反应很剧烈(起泡、冒气、冒烟等)，需先放置一段时间，待反应完毕再放入微波炉加热。有的样品可加酸后浸泡过夜，次日再放入微波炉中消解。一般先用低挡功率、低挡压力、低挡温度和较短的加热时间，观察压力上升情况，在了解试样的特性后方可设置高压、高温和较长的加热时间。

(2) 有突发性反应或含有爆炸组分的样品不能放入密闭系统中消解。如炸药、乙炔化合物、叠氮化合物、亚硝酸盐等。

(3) 不要用高氯酸消解油样或含油量大的样品。

11. 无水无氧反应

实验室中会遇到一些对空气敏感的特殊化合物，遇水遇氧能发生剧烈反应，甚至燃烧或爆炸，同时水和氧对反应结果会造成影响。对于这类物质的合成、分离、纯化和分析鉴定，必须使用无水无氧操作技术。无水无氧操作要求操作者具有较高的实验技能，操作时要认真、细致、熟练，不允许有丝毫疏忽，否则就会前功尽弃，造成实验失败。

在无水无氧操作之前，必须对实验过程和细节进行全盘、周密的考虑，制定详细的实验方案，实验前对每一步实验的具体操作、所用的仪器、加料次序、后处理的方法等必须做到胸有成竹，所用的仪器都要事先洗净、烘干；所需的试剂、溶剂需先经无水无氧处理。在操作中必须严格认真、一丝不苟、动作迅速、操作正确。实验时要先动脑后动手。由于许多反应的中间体不稳定，也有不少化合物在溶液中比固态时更不稳定，因此该操作往往需要连续进行，直至得到较稳定的产物或把不稳定的产物储存好为止。目前采用的无水无氧操作技术有直接保护操作、手套箱操作和 Schlenk 操作。具体如下：

(1) 直接保护操作

若对于无水无氧要求不高，可以直接将惰性气体通入反应体系，置换出空气，这种方法简便易行，广泛用于各种常规反应，是最常见的保护方式。惰性气体可以是氮气或者氩气。

操作时先将充满惰性气体且带有针头的气球插入装有橡皮塞的圆底烧瓶的一口上，然后插入另一细针排出体系中的空气，待反应瓶被惰性气体完全充满后，则拔去此针以备用，气球可使整个反应体系处于惰性气体的压力下。也可以先将反应系统抽真空，然后在反应烧瓶的一口插上充满惰性气体的气球。根据需要，气球也可置于冷凝管的顶部。

（2）手套箱操作

若要在无水无氧条件下进行称量、研磨等复杂操作，一般需在手套箱内（见图 5-16）才能完成。手套箱外壳通常由有机玻璃或不锈钢制成。有机玻璃外壳手套箱将无法进行换气，不能达到低氧分压、低水分压的要求，只能在一些要求较低的情况下使用。不锈钢外壳手套箱较贵，可以进行真空换气，能达到高惰性气体比例、低氧分压、低水分压的要求，主要用于对氧气和水分要求较高的反应操作。

手套箱中的空气用惰性气体反复置换，在惰性气氛中进行操作，这为对空气敏感的固体和液体物质提供了更直接的操作方法。其主要优点是

图 5-16　手套箱

可进行较复杂的固体样品的操作。如红外光谱样品制样、X 衍射单晶结构分析挑选晶体、封装晶体等。它还可用于进行放射性物质与极毒物质的操作，这样避免了对操作者的危害和环境污染。其操作量可以从几百毫克至几千克。

手套箱操作最大的缺点是不易除尽微量的空气，容易产生"死角"。若在手套箱中放置用敞口容器盛放的对空气极敏感物质（如钾钠合金、三异丁基铝等），可进一步除去其中的氧气和水汽。要保持手套箱无水无氧的条件有一定的困难，难以避免箱外的空气往箱内渗入。另外，用橡皮手套进行操作不太方便，所以许多化学工作者能够采用 Schlenk 操作进行的实验，就不采用手套箱操作。

手套箱安全操作技术要点有：

① 实验前对实验中需要带入手套箱的药品、器具做到心中有数，尽量减少使用过渡舱的次数。

② 带入手套箱的药品、器具须保证其经过充分的干燥，并写上操作人的名字。

③ 在开启过渡舱外舱门前，应确认舱内没有他人欲带入的物品，以免影响他人使用。

④ 将物品放入过渡舱，先置换气体三次，再抽真空至少 10min，方可带入箱体内部。

⑤ 整个实验过程中都须佩戴三层手套，穿实验服，戴护目镜；缓慢将手套伸入箱体，避免压力过大引起循环停止。

⑥ 实验过程中须谨慎操作，避免溶剂、药品的洒落，避免器具的破裂。若操作不慎导致溶剂、药品洒落，应用镊子夹棉花将其擦拭干净；对于破裂的器具，应避免手套直接接触，用镊子夹紧带出舱外，尤其应注意细小的碎玻璃。

⑦ 尽量减少药品、溶剂以及反应体系敞口放置的时间，以减少溶剂挥发。

⑧ 若手套箱运行不稳定，应立即停止实验，查找原因，待问题解决后方可继续使用。

⑨ 使用过的药品、器具应妥善安置，不带出舱外的须密封后放入自己的托盘内，要带出舱外的须立即清理。

⑩ 使用完毕，应关闭真空泵、搅拌器、天平等仪器设备；将物品带出过渡舱后，应及时换气、抽真空，方便他人使用。

（3）Schlenk 操作

对空气和水高度敏感的化合物（如正丁基锂）的制备和处理，通常用 Schlenk 技术。Schlenk 操作的特点是在惰性气体气氛下，将体系反复抽真空-充惰性气体，该技术的核心是 Schlenk 管（又叫双排管）。Schlenk 惰性气体净化系统见图5-17，惰性气体经液体石蜡鼓泡器观察进气量，先后经过水银安全管、活性铜和银分子筛脱氧，再经钠钾合金和4A分子筛柱脱水，最后进入 Schlenk 管。Schlenk 管另一路接真空系统。Schlenk 管上装有 4~8 个双斜三通活塞，活塞一端与反应体系相连，反应装置通过 Schlenk 管可以抽真空或接入惰性气体。惰性气体可以是普通 N_2，或是稍贵的高纯 N_2 或 Ar 气。

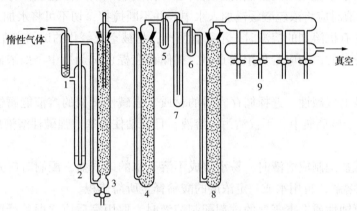

图 5-17　Schlenk 惰性气体净化系统

1—鼓泡器；2—水银安全管；3—活性铜；4—银分子筛；
5，6—安全瓶；7—钠钾合金；8—分子筛；9—Schlenk 管

采用 Schlenk 技术排除空气比手套箱效果好，对真空度要求不太高，由于反复抽空-充惰性气体，真空度保持大约 0.1kPa 就能符合要求；Schlenk 操作比手套箱操作更安全、更有效。实验操作迅速、简便，一般操作量从几克到几百克。大多数的化学反应（回流、搅拌、加料、重结晶、升华、提取等）以及样品的储存皆可在其中进行，同时可用于溶液及少量固体的转移。Schlenk 操作是最常用的无水无氧操作，已被化学工作者广泛采用。

Schlenk 操作要点及注意事项有：

（1）在利用 Schlenk 管进行除水除氧操作时，应事先对干燥柱和除氧柱进行活化。在干燥柱中，常填充脱水能力强并可再生的干燥剂，如 5A 分子筛。在除氧柱中则选用除氧效果好并能再生的除氧剂，如银分子筛。

（2）在已经除氧除水的系统里，液体试剂的加入通常采用注射法，固体试剂的加入一般是先将盛有固体试剂的弯管装在反应烧瓶上，反应时只要旋转弯管就可以使固体掉入反应瓶中。

（3）氮气在室温下能与锂反应，在较高温度下和金属镁也能发生反应，氮气还能与某些过渡金属形成配合物。因此，在上述情况下必须采用氩气作保护气。

12. 其他操作

（1）溶液配制

溶液配制的操作主要是称量、溶解和稀释到一定体积。不同的溶液，根据对溶液组成的准确度要求不同，选择不同精度的天平进行称量。根据稀释体积的准确度要求不同，选择用筒量取溶剂还是用容量瓶定容。化学分析用到的标准溶液，凡是通过称量基准物求得其浓度

的，要求用万分之一精密天平准确称量，配制时要求用容量瓶定容。其他溶液一般只需要用普通天平称量，用量筒量取溶剂的体积。配制溶液应注意以下几点：

① 若配制溶液用于分析，所用水应符合分析试验室用水的规格，可先做必要的检测。例如，配制用于检测氯离子的硝酸银溶液，先检验水中氯离子是否合格；配制用于检测硅酸根、磷酸根离子的钼酸铵溶液，先检验水中的硅酸根、磷酸根离子是否合格；配制用于络合滴定的氯化铵-氨水缓冲溶液，先用简单的化学法检验水中的镁离子是否合格。

② 配制有毒、腐蚀性试剂的溶液时，务必做好防护措施。

③ 对于溶解于水时放出大量热的试剂，不可在玻璃试剂瓶中直接操作，以免试剂瓶炸裂；配制硫酸溶液时应将浓硫酸缓慢加入水中，并不断搅拌，切不可将水加入浓硫酸中。

④ 配制易燃有机溶剂的溶液时，不得有明火；易被空气氧化的试剂应在临用前配制。

⑤ 见光易分解的试剂应避免阳光直射，并储存在棕色试剂瓶中。如浓硝酸、硝酸银溶液等。

⑥ 根据溶液的酸碱性，选择储存容器的材质。强碱性试剂的溶液能腐蚀玻璃，若将其浓溶液长期储存于玻璃瓶中，不仅沾污了溶液，且会粘住瓶塞。强碱性溶液应储存在聚乙烯瓶中。

⑦ 强酸弱碱盐配制成溶液时，易水解成不溶于水的碱式盐，配制时应先用与其组成盐相对应的酸溶液溶解，再用水或一定浓度的酸稀释至所需体积。

⑧ 用放出腐蚀性或有毒蒸气的试剂配制溶液时，取用完后应立即盖严瓶盖，并在通风柜中操作，如浓盐酸、浓硝酸、液溴、饱和溴水等。

⑨ 配制好的溶液必须贴好标签，标明名称、规格、浓度、配制日期及配制者。溶液要在保质期内使用。

⑩ 有毒的废弃试剂溶液应进行解毒化学处理，易燃的废弃溶剂应贴好成分标签，委托有资质的单位统一销毁。

（2）玻璃器皿使用

玻璃器皿是化学实验室最常用的仪器之一，若操作不当也会造成意外伤害。注意事项如下：

① 使用前应仔细检查是否有裂纹或破损，若有应及时更换。使用时应轻拿轻放，以防打碎。

② 将玻璃管插入橡胶塞或在玻璃管上套橡胶管时应注意防护，插管时可戴手套操作；往橡胶塞中插入玻璃管或温度计时，应先用水沾湿或涂些润滑剂。

③ 截断玻璃管时，先用锉刀锉出一道与玻璃管相垂直的锉痕，再在锉痕上沾点水，两手握管，两个拇指尖靠在一起抵住锉痕背面，用力弯折使玻璃管从锉痕处折断。然后用酒精喷灯火焰将玻璃管锋利的截面熔烧圆滑，熔烧时缓慢地转动玻璃管，使熔烧均匀。灼烧后的玻璃管放在瓷砖或搪瓷盘中冷却待用。

④ 用试管加热液体时，勿使管口朝向自己或他人，以防溶液溅出伤人。

⑤ 量筒、试剂瓶、培养皿等玻璃制品不可用酒精灯或电炉加热。不应在试剂瓶或量筒中稀释浓硫酸或溶解固体试剂。

⑥ 灼热的器皿放入干燥器时不可马上盖严，应暂留小缝适当放气。挪动干燥器时应双手操作，用两手的大拇指按紧盖子，以防滑落。

（3）天然气灯使用

天然气灯加热效率较高，是化学实验室常用的加热器具。天然气属易燃易爆气体，因此在使用天然气灯时要特别小心，操作时应注意：

① 点燃天然气灯时应先点着打火机再拧开燃气阀门，且头部和手臂切勿处于灯的上方。

② 天然气灯应远离试剂架及其他不耐热物件。

③ 在使用天然气灯过程中，操作人员不可离开实验室。

④ 使用过程中要防止火被风刮灭（最好使用防风套管），用后须随手关闭阀门。

⑤ 使用中应保持火焰呈蓝色。黄色火焰通常是燃烧不充分，不但会熏黑器皿，还会产生一氧化碳气体，造成中毒事故。

⑥ 及时更换已老化的橡胶管，防止天然气泄漏。

（4）汞的使用

汞俗称水银，在常温下汞会逸出蒸气，吸入体内易造成严重毒害。若在不通风的房间内将汞直接暴露于空气中，该房间的汞蒸气就有可能超过安全浓度，从而引起中毒。汞的安全使用必须严格遵守以下规定：

① 汞要储存在厚壁的玻璃器皿或瓷器中。用烧杯临时盛汞时应适量，以防烧杯破裂。

② 汞不能直接暴露在空气中，应往储汞容器内加入适量水，将汞覆盖。

③ 装汞的容器应置于盛有水的瓷盘上，防止汞滴散落到桌面或地面上。

④ 所有转移汞的操作，都应在装有水的瓷盘内进行。

⑤ 若汞掉落在桌面或地面上，应先用吸管或真空吸尘设备将汞滴收集起来，然后用硫黄粉覆盖在汞溅落的地方，并稍用力摩擦，使之生成 HgS。也可用锌粉覆盖，生成锌汞齐。

⑥ 擦过汞或汞齐的滤纸必须放入有水的容器内，最好在水面上覆盖一层硫黄粉。

⑦ 盛汞的器皿或有汞的仪器应远离热源，严禁把含汞的仪器放入烘箱。

⑧ 使用汞的实验室应有良好的通风设备，且要有下通风口；纯化汞的操作要在专用实验室进行。

⑨ 若操作人员手上有伤口，严禁用手接触汞。

⑩ 长期在有汞环境中工作的人员，应定期检查身体。

（5）铬酸洗液使用

铬酸洗液是含有饱和 $K_2Cr_2O_7$ 的浓硫酸溶液，具有强酸性、强腐蚀性和强毒性，使用过程中要十分小心。铬酸洗液操作遵守以下规定：

① 确认待洗容器内无大量残留的水或有机溶剂，同时观察铬酸洗液的颜色，若为绿色，表明已失效，不能使用。

② 向待洗容器中加入适量铬酸洗液（不要超过容器总容积的 1/4），缓慢倾斜、旋转待洗容器，使洗液浸润全部内表面并充分接触。

③ 使用后的铬酸洗液若颜色仍是深棕色，应倒回原瓶；若颜色明显变绿，则不可再倒回原瓶，应倒入专用的废液回收瓶中，并尽可能倒干净。

④ 用少量自来水充分润洗已用铬酸洗液浸润过的待洗容器内壁，将前三次的水洗液倒入专用的废液回收瓶中，再依次用自来水、去离子水充分淋洗，无明显颜色的水洗液可排入水槽。

⑤ 铬酸洗液瓶的瓶盖要塞紧，以免吸水失效；使用铬酸洗液前应先戴好橡胶手套，使用过程中若不慎洒出，应及时处理。

5.1.3 典型化学反应的危险性及控制

化学化工实验中经常用到具有易燃、易爆、有毒、有害、有腐蚀试剂，以这些试剂为原料进行化学反应时，通常需要用到高温、高压、高速搅拌、高频振荡、高能辐射等条件。不同类型的化学反应，其潜在的危险性也各不相同，因此，各种反应的安全操作要求也不同。一般而言，中和反应、复分解反应、酯化反应危险性较低，操作相对容易；氧化、还原、硝化等反应则存在火灾和爆炸的危险，这些反应工艺条件复杂，反应进度较难控制，须严格遵守操作规程。

1. 氧化反应

氧化反应过程中的主要危险性在于容易发生火灾和爆炸。氧化反应的原料和产物往往都是易燃易爆物质，如甲苯氧化制取苯甲酸，甲苯是易燃易爆物质。某些氧化反应的中间产物也很不稳定，也有发生火灾和爆炸的危险，如乙醛氧化生产醋酸的过程中有过醋酸生成，当其浓度积累到一定程度后就会发生分解而导致爆炸。氧化反应通常是强放热反应，反应温度高，且传热情况复杂，若不及时移去反应热，将会使温度迅速升高，当温度达到物料的自燃点就可能发生燃烧。被氧化物与氧化剂的配比也是导致反应过程中发生火灾和爆炸的重要因素，若控制不当，极易发生事故。氧化反应过程的控制要点有：

（1）氧化温度的控制

绝大多数氧化反应都是强放热反应，反应过程中需要加热，特别是气相催化氧化反应，一般都在250~600℃的高温下进行。例如，氨、乙烯和甲醇蒸气在空气中的氧化，其配比接近于爆炸下限或爆炸上限，若配比失调，温度控制不当，极易爆炸起火。

（2）氧化物质的控制

被氧化的物质大部分是易燃易爆物质。如乙烯氧化制取环氧乙烷，乙烯是易燃气体，爆炸极限为2.7%~34%；甲苯氧化制取苯甲酸，甲苯是易燃液体，其蒸气易与空气形成爆炸性混合物，爆炸极限为1.2%~7%；甲醇氧化制取甲醛，甲醇是易燃液体，其蒸气与空气的爆炸极限是6%~36.5%。

作为氧源的氧化剂具有助燃作用，若反应物与氧（或空气）配比不当，有很大的火灾危险性。如高锰酸钾、氯酸钾等，遇高湿或受撞击、摩擦以及与有机物、酸类接触，均能引起燃烧或爆炸。有机过氧化物不仅具有很强的氧化性，而且大部分是易燃物质，有的对温度特别敏感，遇高温则爆炸。

因此，进行氧化反应一定要严格控制氧化剂的配料比，投料速度也不宜过快，并要有良好的搅拌和冷却装置，以防升温过快、过高。尤其是闪点低、易挥发的有机物，存在高着火风险，如乙醚、乙醛、乙酸甲酯等具有极度易燃性，其闪点<0℃；乙醇、乙苯、乙酸丙酯等具有高度易燃性，其闪点<21℃。所以，应将氧化剂与反应物料的配比严格控制在爆炸范围以外，如乙烯氧化制环氧乙烷，必须控制氧含量<9%，其产物环氧乙烷在空气中的爆炸极限范围很宽（3%~100%），工业上采用加入惰性气体（N_2或CO_2）的方法来缩小爆炸极限范围，提高其安全性。

（3）氧化过程的控制

在催化氧化过程中，对于放热反应，应控制适宜的温度、流量，防止超温、超压或混合气处于爆炸范围。氧化过程如以空气作氧化剂，空气进入反应器之前，应经过气体净化装置，清除空气中的灰尘、水汽、油污以及可使催化剂活性降低或中毒的杂质，减少起火和爆炸的危险。为了防止氧化反应器在发生燃烧或爆炸时危及人身和设备安全，在反应器前后管道上应安装阻火器，阻止火焰蔓延和回火，避免影响其他系统。为了防止反应器发生爆炸，应提高装置的自动化水平，安装自动泄压及报警装置。

固体氧化剂应粉碎后使用，最好以溶液状态使用，反应过程中要不间断搅拌。对具有高火险的粉状金属（铝、镁）、氢化钾、硼化氢等自燃性物质，为避免可能发生的火灾或爆炸，在加工时必须与空气隔绝，或在较低的温度下操作。使用氧化剂氧化无机物（如使用氯酸钾氧化制备铁蓝颜料）时，应控制产品烘干温度不超过燃点，在烘干前用清水洗涤产品，将氧化剂彻底除净，防止未起反应的氯酸钾引起烘干物料起火。

2. 还原反应

多数还原反应的反应条件比较温和，但有些还原反应使用的原料和催化剂具有一定的危险性，如硼氢化钠、氢化铝锂等遇水燃烧，在潮湿的空气中也能自燃，所以应储存于干燥的密闭容器内。雷氏镍催化剂吸潮后在空气中有自燃危险，会使氢气和空气的混合物着火燃烧甚至爆炸，应当储存在酒精中。

还原反应危险性主要在于反应常使用或产生氢气，并在加热加压下进行。由于氢气的爆炸极限为 4%~75%，存在非常大的潜在危险，如果操作失误或设备泄漏，极易发生火灾和爆炸。采用还原性强而危险性小的新型还原剂，避免氢气产生，可有效降低还原反应的安全风险。常见加氢反应及其安全技术要点有：

（1）利用初生态氢还原的安全

利用初生态氢还原的经典过程是硝基苯在盐酸溶液中被铁粉（或锌粉）还原成苯胺。铁粉、锌粉在潮湿空气中遇酸性气体可能引起自燃，储存时应特别注意。反应时盐酸浓度要控制适宜，浓度过高或过低均可导致初生态氢的生成量不稳定，使反应难以控制。反应温度不宜过高，否则容易突然产生大量氢气而造成冲料。反应过程中必须不断搅拌，防止铁粉、锌粉下沉。一旦温度过高，底部金属颗粒动能加大，将加速反应，产生大量氢气而造成冲料。反应结束后，反应器内残渣中可能有锌粉或铁粉继续作用，不断释放出氢气，为安全起见，应将反应器放置室外，加冷水稀释，以防止燃烧爆炸。

（2）催化剂作用下的加氢安全

使用雷氏镍或钯炭作为加氢反应的催化剂时，反应前必须用氮气置换反应器内的全部空气，待含氧量降低到符合要求方可通入氢气。反应结束，再用氮气把氢气置换掉，并以氮封保存。利用初生态氢还原或者催化加氢还原，都是有氢气参与并在加热加压条件下进行的，为防止爆炸事故的发生，操作中要严格控制温度、压力和氢气管路的密封性。实验室的电气设备必须符合防爆要求，且应采用轻质屋顶，开设天窗或风帽，使氢气易于散逸。尾气排放管要高出房顶并设阻火器。加压反应的设备要配备安全阀，反应中产生压力的设备要装爆破片。高温高压下的氢对金属有渗碳作用，易造成氢腐蚀，所以对设备和管道的选材要符合要求，对设备和管道要定期检测，以防发生事故。

3. 硝化反应

有机化合物分子中硝基取代氢原子生成硝基化合物，或用硝酸根取代羟基生成硝酸酯的反应都称为硝化反应。硝化过程是染料、炸药及某些药物生产的重要反应过程。典型的硝化工艺有：直接硝化法，如丙三醇与混酸反应制备硝酸甘油；间接硝化法，如苯酚磺化制得苯酚二磺酸，再用浓硝酸硝化制备苦味酸；亚硝化法，如 2-萘酚与亚硝酸盐反应制备 1-亚硝基-2-萘酚。

硝化反应是放热反应，常用的硝化剂是浓硝酸或混酸（浓硝酸和浓硫酸的混合物），具有强烈的氧化性和腐蚀性，与有机物特别是不饱和有机物接触即能引起燃烧。在制备混酸时，若温度过高或落入少量水，会使硝酸大量分解，造成爆炸事故。硝化产物如硝基化合物、硝酸酯等具有爆炸性，受热、摩擦、撞击等极易爆炸，因此硝化反应的危险性较大，操作时要格外小心。硝化反应的安全技术要点有：

（1）混酸配制安全

制备混酸时，应计算硫酸与水的量，先用水将浓硫酸稀释。稀释时切不可将水注入酸中，因水的比重比浓硫酸轻，上层水被溶解放出的热加热沸腾而四处飞溅，造成事故。在不断搅拌和冷却条件下加入浓硝酸，并且严格控制温度和酸的配比，防止冲料或爆炸。此外，配制时必须做好个人防护，防止造成人身伤害事故。

（2）硝化过程安全

为避免反应失常或产生爆炸，硝化过程应严格控制加料速度，控制硝化反应温度，避免摩擦、撞击、高温等因素，不得接触明火和强酸、强碱等。硝化反应器要有良好的冷却和搅拌装置，要注意设备、管道的防腐蚀性能，确保密封良好。

4. 氯化反应

以氯原子取代有机化合物中氢原子的过程称为氯化。最常用的氯化剂是氯气、三氯化磷等，它们都有高毒、强腐蚀性、刺激性、易燃易爆等特点。典型的氯化工艺有置换氯化、加成氯化、氧化氯化等。氯化反应的安全技术要点有：

（1）氯气毒性很大，必须严防泄漏；三氯化磷遇水或酸会猛烈分解产生大量氯化氢和热，易引起冲料或爆炸，必须防水防酸。反应所用的原料一般是甲烷、乙烯、苯、甲苯等，这些都是易燃易爆物质，必须按规定操作。

（2）氯化反应是放热反应，在较高温度下进行氯化反应将放出大量的热，所以氯化反应设备要有良好的冷却系统，并严格控制氯气的流量，以避免因氯气流量过大、升温过快而发生爆炸。氯化反应几乎都有氯化氢气体生成，因此所用的装置必须耐腐蚀，保证密封良好。产生的氯化氢气体可用水吸收，制成一定浓度的盐酸。

5. 重氮化反应

重氮化反应一般是指一级胺与亚硝酸在低温下作用生成重氮盐的反应。通常是把含芳胺的有机化合物在酸性介质中与亚硝酸钠作用，使其中的胺基（—NH_2）转变为重氮基（—N ≡N—）的化学反应。如二硝基重氮酚的制取等。重氮化反应的机理是首先由一级胺与重氮化试剂结合，然后通过一系列质子转移，最后生成重氮盐。典型的重氮化工艺有顺法、反加法、亚硝酰硫酸法、硫酸铜触媒法、盐析法。重氮化过程中的安全技术要点有：

（1）重氮化反应的主要火灾危险性在于所产生的重氮盐，如重氮盐酸盐（$C_6H_5N_2Cl$）、重氮硫酸盐（$C_6H_5N_2HSO_4$），特别是含有硝基的重氮盐，如重氮二硝基苯酚[（NO_2）$_2C_6H_2N_2O$]等，它们在温度稍高或光的作用下极易分解，有的甚至在室温下就能分解。重氮盐的分解速度随温度升高而加快，一般每升高10℃，分解速度加快2倍。有些重氮盐在干燥状态下性质不稳定，受热、摩擦、撞击能分解爆炸。洒落在地上的重氮盐溶液在干燥后亦能引起着火或爆炸。在酸性介质中，有些金属（如铁、铜、锌等）能促使重氮化合物剧烈分解，甚至引起爆炸。

（2）作为重氮剂的芳胺化合物都是可燃有机物，在一定条件下也有着火和爆炸的危险。重氮化过程中所使用的亚硝酸钠是无机氧化剂，于175℃时分解，能与有机物反应发生着火或爆炸。亚硝酸钠并非氧化剂，当遇到比其氧化性强的氧化剂时，又具有还原性，故遇到氯酸钾、高锰酸钾、硝酸铵等强氧化剂时，有发生着火或爆炸的可能。

（3）在重氮化的生产过程中，若反应温度过高、亚硝酸钠的投料过快或过量，均会增加亚硝酸的浓度，加速物料的分解，产生大量的氧化氮气体，有引起着火爆炸的危险。

（4）重氮盐性质活泼，受热、摩擦、撞击易发生爆炸，且对光和热都极不稳定，因此必须防止其受热或强光照射，反应过程中要及时移出热量并保持环境的潮湿。

6. 磺化反应

磺化是在有机化合物分子中引入磺酸基（—SO$_3$H）的反应。常用的磺化剂有发烟硫酸、亚硫酸钠、亚硫酸钾、三氧化硫等。如用硝基苯与发烟硫酸生产间氨基苯磺酸钠，卤代烷与亚硫酸钠在高温加压条件下生成磺酸盐等均属磺化反应。磺化过程危险性有：

（1）三氧化硫是氧化剂，遇到比硝基苯易燃的物质时很快就会着火，三氧化硫的腐蚀性很弱，但遇水则生成硫酸，同时会放出大量的热，使反应温度升高，不仅会造成沸溢或使磺化反应导致燃烧反应而起火或爆炸，还会因硫酸具有很强的腐蚀性，增加了对设备的腐蚀破坏。

（2）由于生产所用原料苯、硝基苯、氯苯等都是可燃物，而浓硫酸、发烟硫酸、三氧化硫、氯磺酸等都是氧化性物质，具备了可燃物与氧化剂发生放热反应的条件，所以磺化反应十分危险。若投料顺序颠倒、投料速度过快、搅拌不良、冷却效果不佳等，都有可能造成反应温度升高，使磺化反应变为燃烧反应，引起着火或爆炸事故。

磺化过程的安全技术要点有：

（1）有效冷却。磺化反应中应采取有效的冷却手段，及时移除反应放出的大量热，保证反应在正常温度下进行、避免温度失控。但应注意，冷却水不能渗入反应器，以免与浓硫酸作用而放出大量的热，导致温度失控。

（2）保证良好的搅拌。磺化反应必须保证良好的搅拌，使物料均匀受热，避免局部反应剧烈，导致温度失控。

（3）严格控制加料速度。磺化反应时应缓慢加入磺化剂，控制反应速度，防止反应过快而剧烈放热，从而避免因热量不能及时移出而导致温度失控。

（4）控制原料含水量。由于水与浓硫酸作用会放出大量热导致温度失控，因此必须严格控制磺化反应原料的含水量。

（5）磺化反应体系应有良好的密封，防止有毒和腐蚀性物质逸出。

7. 胺基化反应

胺基化反应是在分子中引入胺基的反应，包括烃类化合物在催化剂存在下，与氨和空气的混合物在高温下生成腈类化合物的反应。典型的胺基化工艺有：邻硝基氯苯与氨水反应制备邻硝基苯胺；间甲酚与氯化铵和氨水在催化剂作用下制备间甲苯胺；甲醇和氨气在催化剂作用下制备甲胺；苯乙烯与胺反应制备 N-取代苯乙胺；环氧乙烷与胺发生开环加成反应制备氨基乙醇；丙烯氨氧化制备丙烯腈等。

胺基化反应安全技术要点包括：

（1）反应介质具有燃爆危险性。常温常压下氨气的爆炸极限为 15%～27%，随着温度、压力的升高，爆炸极限范围增大。因此，在一定的温度、压力和催化剂的作用下，氨的氧化过程会放出大量热，一旦氨与空气比例失调，就可能发生爆炸事故。

（2）由于氨呈碱性，具有强腐蚀性，在混有少量水分的情况下，无论是氨气还是液态氨都会与铜、银、锡、锌及其合金发生化学反应；氨还易与氧化银或氧化汞反应生成爆炸性化合物(雷酸盐)。

(3) 若在实验室进行以氨气为原料的胺基化反应，须在通风柜中操作，且操作人员应做好安全防护。

8. 烷基化反应

烷基化(亦称烃化)，是在有机化合物中的氮、氧、碳等原子上引入烷基的化学反应。引入的烷基有甲基、乙基、丙基、丁基等。烷基化常用烯烃、卤代烃、醇等能在有机化合物分子中的碳、氧、氮等原子上引入烷基的物质作烷基化剂。如苯胺和甲醇作用制取二甲基苯胺。烷基化反应在精细有机合成中应用广泛，经其合成的产品涉及诸多领域。利用该反应所合成的苯乙烯、乙苯、异丙苯等烃基苯，是塑料、医药、溶剂、合成洗涤剂的重要原料。

烷基化过程的安全技术要点是：

(1) 被烷基化的物质大都是低沸点、易挥发、易燃易爆的有机化学品。如苯是甲类液体，闪点-11℃，爆炸极限1.5%～9.5%；苯胺是丙类液体，闪点71℃，爆炸极限1.3%～4.2%。因此实验室应禁止明火，电机、照明等设施要防爆。

(2) 烷基化剂一般比被烷基化物质的火灾危险性要大。如丙烯是易燃气体、爆炸极限2%～11%；甲醇是甲类液体，爆炸极限6%～36.5%；十二烯是乙类液体，闪点56℃、自燃点255℃。

(3) 烷基化反应所用催化剂反应活性强且具有强腐蚀性，不能逸散出来，要保证反应体系的密封性。如三氯化铝是忌湿固体，有强烈的腐蚀性，遇水或水蒸气分解放热，放出氯化氢气体，有时能引起爆炸，若接触可燃物，则易着火；三氯化磷是腐蚀性忌湿液体，遇水或乙醇剧烈分解，释放出大量的热和氯化氢气体，有起火爆炸的危险。

(4) 烷基化反应都是在加热条件下进行的，如果原料、催化剂、烷基化剂等加料次序颠倒、速度过快或者搅拌中断停止，就会发生剧烈反应，引起冲料，造成着火或爆炸事故。

(5) 烷基化产物也有一定的火灾危险。如异丙苯是乙类液体，闪点31℃，自燃点424℃，爆炸极限0.9%～6.5%；二甲基苯胺是丙类液体，闪点62℃，自燃点371℃；烷基苯是丙类液体，闪点141℃。

9. 氟化反应

氟化是化合物分子中引入氟原子的反应，涉及氟化反应的工艺过程为氟化工艺。卤化反应为强放热反应，其中，氟化反应放热最强，反应最难控制。氟化剂通常为氟气、氟化氢、氟化钾、卤族氟化物、惰性元素氟化物、高价金属氟化物等。氟与有机化合物作用放出的大量热可使反应物分子结构遭到破坏，甚至着火爆炸。所以氟的气相反应一般要用惰性气体稀释。典型的氟化工艺有：①直接氟化，如黄磷氟化制备五氟化磷等；②金属氟化物或氟化氢气体氟化，如SbF_3、AgF_2、CoF_3等金属氟化物与烃反应制备氟化烃，氟化氢气体与氢氧化铝反应制备氟化铝等；③置换氟化，如三氯甲烷氟化制备二氟一氯甲烷，2,4,5,6-四氯嘧啶与氟化钠制备2,4,6-三氟-5-氯嘧啶等；④其他氟化物的制备，如浓硫酸与氟化钙(萤石)制备无水氟化氢等。

氟化反应安全技术的要点包括：

(1) 反应物料具有燃爆危险性，实验室应禁止明火；氟化反应为强放热反应，反应过程中应及时移出热量，否则易导致超温超压，引发爆炸事故；多数氟化剂有剧毒且具有强腐蚀性，实验中应做好个人防护，并按规范操作。

（2）氟化反应操作中，要严格控制氟化物浓度、投料比、加料速度，并保持搅拌和冷却良好；若用到氟气，应戴防毒面具、防护手套、防护眼镜并穿防护服，且须在通风柜中操作。

10. 聚合反应

由低分子单体合成聚合物的反应称为聚合反应。聚合反应的类型很多，按聚合物和单体元素组成及结构的不同，可分为加聚反应和缩聚反应。加聚反应指单体加成聚合反应，比如氯乙烯聚合成聚氯乙烯；缩聚反应除生成聚合物，同时还有低分子量的副产物生成。按聚合方式分类，聚合反应可分为本体聚合、溶液聚合、乳液聚合、悬浮聚合和缩合聚合。典型的聚合工艺有：聚烯烃生产、聚氯乙烯生产、合成纤维生产、橡胶生产、乳液生产、涂料黏合剂生产，等等。

由于聚合物的单体大多数是易燃易爆物质，聚合反应多在高压下进行，反应本身又是放热过程，如果反应条件控制不当，很容易发生事故。例如，乙烯在 130~300MPa 下聚合成聚乙烯，此时聚乙烯不稳定，一旦分解会产生巨大的热量造成反应加剧，有可能引起暴聚，进而引发反应器爆炸。所以，对聚合反应中的不安全因素，如设备泄漏、加入引发剂、配料不当、反应热不能及时移出等问题必须及时排除。聚合反应过程中安全技术要点有：

（1）严格控制单体在压缩过程或在高压系统中的泄漏，防止发生火灾爆炸。

（2）聚合反应中的引发剂都是化学活性很强的过氧化物，应严格控制配料比，防止因热量暴聚引起反应器压力骤增。

（3）应确保聚合反应热及时移出。若搅拌发生故障或冷却水中断，反应热不能及时移出，易造成局部过热或飞温，从而发生爆炸事故。

（4）操作区应设置可燃气体检测报警器，一旦发现有可燃气体泄漏，将自动停车。

（5）对催化剂、引发剂等要加强管理。反应釜的搅拌和温度应有检测和联锁，发现异常能自动停止进料。高压分离系统应设置爆破片、导爆管，并有良好的接地系统。

5.2 化工综合实验操作安全

综合性实验是指实验内容包含本学科或本课程多个知识点的复合型实验。化工综合实验应包括单元操作中的"三传一反"过程、化工设备、化工仪表、自动控制等学科知识点。基础化学实验只在小范围内研究影响化学反应或分离的一个或多个因素，化工单元操作实验只研究流体流动、传热、精馏、吸收、过滤、萃取、干燥等某个单一过程的特点或特性。化工综合实验通常有特定的实验目的，并围绕这一目的制订实验方案、设计实验过程、定制实验设备，并根据设备编写安全操作规程，进行科学规范的管理。通常情况下，化工综合实验工艺流程复杂、实验装置规模大、操作难度高、实验时间长。通过综合实验训练，可以有效提升学生的操作技能，培养学生运用所学知识解决复杂工程问题的能力。

化工综合实验涵盖工艺流程较多、设备复杂、操作难度大、安全风险高，安全开展实验、保证操作人员的人身安全是实验教学的重要前提。在保证硬件设备安全的前提下，规范标准的操作是实现实验安全的重要保障。开始实验前，操作者首先要做好预习，熟悉实验流程及设备性能，认真学习并掌握实验操作规程，在教师指导下规范操作，仔细观察现象并记录数据，对数据进行综合分析，对实验结论和现象进行关联并认真思考。下面介绍几种典型化工综合实验的装置、流程、操作步骤及注意事项。

5.2.1 苯加氢制环己烷

工业上生产环己烷的方法可分为苯加氢法和石油烃馏分的分馏精制法。苯加氢法是环己烷的主要合成方法，可分为气相法和液相法两大类。气相法是将加热汽化后的苯与氢气充分混合(氢气和苯的质量比为3.5~8)，进入催化剂床层，在一定温度下发生反应。反应产物冷凝后，经分离器除去未反应氢气即得产品环己烷。气相法的工艺特点是苯和氢混合均匀、转化率和收率均很高，但反应激烈，易出现"飞温"现象，不易控制。液相法是将氢气干燥后与苯分别进入装有镍催化剂的主反应塔中，借助泵的循环作用，使固体催化剂保持悬浮状态，并用换热器除去反应热，同时生成低压蒸气，苯几乎可完全加氢。主反应塔产物再通入装有镍催化剂的固定床补充反应塔，产物经冷凝、闪蒸，闪蒸液送稳定塔脱气，塔底产物即为环己烷。与气相法相比，液相法反应稳定、条件缓和、转化率和收率也相对较高，但液相反应必须有二次反应，能耗较高，液相反应的氢气利用率仅为85%。本实验采用气相法工艺路线。

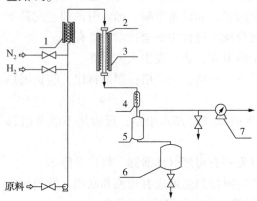

图5-18 苯加氢实验装置流程示意图
1—预热器；2—反应器；3—加热炉；4—冷凝器；
5—气液分离罐；6—产品收集罐；7—湿式流量计

1. 实验装置及流程

本实验采用苯和氢为原料，在固定床反应装置上进行气相反应。装置配置两个气路，一个液路，采用DCS控制系统，iFIX标准软件包，并配备联锁保护系统，可以实现阶段性无人值守。该反应器装置是石油和化学工业中用于评选催化剂和研究催化理论的先进设备。苯加氢实验装置流程如图5-18所示。

2. 实验步骤

(1) 催化剂装填

松开反应器两端的热电偶套管密封件，将热电偶从套管中抽出。先卸下反应器下端与冷凝器的连接接头，再卸下上端与预热器的连接接头，将反应器从加热炉中取出。卸下反应器上端的螺帽，用铁丝勾出玻璃棉，倒出原来的催化剂，取出套管和支撑架，再卸下下端螺帽。用丙酮清洗反应器、套管和支撑架，吹干后重新安装。将大螺帽穿过套管与反应器下端连接，先用手拧紧螺帽，再拧紧热电偶套管密封件，使套管不能移动，再装入新催化剂，边装边用木棍敲击反应器外壁，使床层密实，减少沟流。将反应器上下两端的大螺帽用扳手拧紧，把反应器重新放入炉内，上下端分别与预热器和冷凝器连接，并用扳手拧紧，重新插入热电偶至指定位置。

(2) 系统试漏

关闭尾气出口阀门、产品收集罐底阀、进料阀门，向设备内通入氮气或压缩空气，待系统压力升至0.1MPa后停止，关闭进气阀，观察压力表指针在30min内的变化，若有下降，用肥皂水涂拭连接点。发现漏点后进一步拧紧螺帽，若无效可更换卡套或密封圈，或在连接件外螺纹缠绕适量生料带，然后再试漏，直到合格为止。

(3) 升温与控制

升温前必须检查热电偶和加热电路接线是否正确，检查无误后方可开启电源总开关，此时控温仪表应有温度显示。通过控温仪表来设定预热器、加热炉(分为上、中、下三段)的目标温度。调节电流给定旋钮，电流表有电流指示表明加热已开始。设定电流时应注意，加热炉给定值不宜超过 2A，预热器给定值不宜超过 1A。

（4）催化剂活化

新催化剂在反应前应进行活化（将氧化镍还原为镍）。在系统中通入氢气，流量控制在 0.5L/min，同时开启加热和温度控制系统，分段设定温度，反应器上段 450℃、中段 500℃、下段 450℃，反应器温度到达设定值（450~480℃）后维持 2h。活化时要在冷凝器与分离罐上部通冷却水，使体系内的水蒸气冷凝，防止其进入流量计或尾气管线。

（5）反应工艺参数设定

加氢工艺参数主要包括温度、压力、氢油比（体积）、空速。本实验采用超细镍基催化剂，反应压力设定为 0.4MPa；反应温度设定为 80~160℃；氢油比（体积）设定为 4；空速为 3h^{-1}。反应工艺参数直接在控制界面上设定。

（6）实验装置操作

① 系统给电。打开计算机，启动 iFIX 软件。给箱柜上电，将 iFIX 页面上的上电开关从"OFF"开启为"ON"，按下箱柜面板上的"SYSTEM START"按钮，系统给电完毕，加热系统开启。

② 打开空气压缩机电源，将液位控制仪表的空气压力设为 0.2MPa。

③ 气体流量控制。打开氢气源，输出压力设为 2MPa；调节背压阀，使系统压力达到目标值。用质量流量计控制气体流量，确保其前后球阀均已打开，前端压力大于后端压力，在计算机上设定流量（PV 为流量当前值；SP 为流量设定值）。

④ 液体流量控制。采用 SSI 精密计量泵向反应器内输入苯，首先应保证泵的进液管中有液体，然后在计算机上设定苯的流量，逆时针旋开 PRIME/PURGE 阀排出空气，待有液体连续流出，顺时针旋紧，此时泵的出口压力持续上升。

⑤ 温度控制。每个加热段都有独立控制项，包括温度当前值 PV，温度设定值 SP，温度百分比输出 OUT，温度 PID 控制图，自动/手动切换（AUTO/MANL）等。确保系统已上电，热电偶已插入指定测温点。在 MANL 状态下输出一百分比到 OUT，待快到目标值时切换为自动。PID 图为直观的温度控制实时图表，PID 参数设好后一般不用改动，需要时可参考在线帮助。

⑥ 液位控制。向气液分离罐中注入液体，调节差压变送器，确保 H 端（高端液室）为液体，L 端（低端气室）为气体，设定指定控制液面到 SP 项，将控制方式设置为"自动"即可。液位如果离目标值较远，可以先将控制液位阀前面的球阀关闭，等到液位上来后再调节 LT 压力传感器，确保 H 端为液体、L 端为气体，接近目标值时再打开球阀，切换为自动控制，保证气液分离罐内始终有液体，防止无液体而造成气体通过液路排出。

⑦ 尾气计量。采用湿式流量计连续计量气体总流量，若想重新计量，点击"WTM81"即可。

⑧ 取样。待各工艺参数达到设定值，连续运行 2h，从产品收集罐取样分析。

3. 注意事项

（1）装填催化剂时，先要将催化剂研磨过筛，选取 80~100 目催化剂进行装填。边向反应器中倒入催化剂，边用木棒敲击，使催化剂床层堆积密实，避免形成沟流，影响反应收率。

（2）要将套管放在反应器中心位置，用小直径的长棍测量催化剂床层高度，最好使催化剂床层处于加热炉的中部。

（3）试漏时应关闭所有阀门，通入氮气或空气至系统压力为 0.1MPa 左右，关闭所有阀门，特别是液体进料阀。若忘记关闭液体进料阀，液体进料管线部位可能发生漏气。试漏完毕应用氢气进行吹扫，将系统内的氮气置换掉。

（4）反应器加热炉分为上、中、下三段，设定温度时上、下段设定为同一温度，中段应高于上、下段 50℃（加氢过程吸收热量）。当控温效果不佳（偏差较大）时，可将仪表参数 CTRL 改为"2"，使控温仪表进行自整定。

（5）加热丝给定电流不能过大，过大会造成加热丝热量来不及传导给反应器，因局部过热而烧毁加热丝。待温度接近目标值时，通入反应物料，拉动热电偶找出床层温度最高点。

（6）改变流速时床层温度也将随之发生变化，故调节温度一定要在固定的流速下进行。反应中要定时取样（气样和液样）进行分析。湿式流量计应注入去离子水至规定刻度，若长期不用，应将水放净。

4. 故障处理

（1）若开启电源时开关指示灯不亮，且没有交流接触器吸合声，可能是保险丝烧断或电源线未接好。

（2）若开启仪表各开关时指示灯不亮，且没有继电器吸合声，可能是仪表保险丝烧断或电源线脱落。

（3）若开启电源开关时发出强烈的交流震动声，则是接触器接触不良所致，反复按动开关可消除。

（4）若仪表正常但电流表无指示，可能是保险丝烧断或固态继电器损坏。

（5）若控温仪表、显示仪表出现四位数字，可能是热电偶与仪表连接不良所致。

（6）若反应系统压力突然下降，则有大泄漏点，应停车检查。

（7）若电路时通时断，表明加热电路有接触不良处，应停车检查。

（8）若压力增高，且尾气流量减少，表明管路被堵塞，应停车检查。

5.2.2　乙苯脱氢制苯乙烯

苯乙烯是重要的高分子聚合物单体，能够进行自由基、阴离子、阳离子、配位等多种方式聚合，主要用于生产聚苯乙烯。此外，苯乙烯还可与其他单体共聚得到共聚树脂，如与丙烯腈、1,3-丁二烯共聚可制备 ABS 工程塑料，与 1,3-丁二烯共聚可制备丁苯橡胶，与丙烯腈共聚得到 AS 树脂等。目前其工业制备方法主要是乙苯催化脱氢，此方法最早由美国陶氏（Dow）公司开发，其产量约占总产量的 90%。本实验以乙苯为原料，采用复合金属氧化物（Fe_2O_3-CuO-K_2O-CeO_2）为催化剂，在固定床单管反应器中发生反应。

乙苯脱氢反应为吸热反应，由平衡常数与温度的关系式可知，提高温度可增大平衡常数，从而提高脱氢反应的平衡转化率。但是温度过高则副反应增加，使苯乙烯选择性下降，能耗增大，设备材质要求增加，故应控制适宜的反应温度，通常在 540~600℃ 范围内反应时苯乙烯收率较高。

乙苯脱氢为体积增加的反应，因此降低压力有利于平衡向脱氢方向移动，增加反应的平衡转化率，且减少产物苯乙烯的自聚，因为聚苯乙烯可能会堵塞设备和管道。因此通常在加入惰性气体或减压条件下进行，本实验使用水蒸气作稀释剂，可降低乙苯的分压，提高平衡转化率。水蒸气的加入还可向脱氢反应提供部分热量，使反应温度比较稳定，能使反应产物迅速脱离催化剂表面，有利于反应向苯乙烯方向进行，同时还有利于催化剂表面的积炭燃烧，还可防止催化剂的活性组分还原为金属，使催化剂再生，并延长其寿命。但水蒸气比例增大到一定程度后，乙苯转化率提高并不再显著，而能耗增加。一般情况下水和乙苯的质量比为1.2~2.6。乙苯脱氢技术的关键是选择合适的催化剂。催化剂种类较多，其中铁系催化剂是应用最广泛的一种。以氧化铁为主，添加铜、钾、铈等助催化剂，可使乙苯的转化率达到40%，选择性达90%。

1. 实验装置及流程

空速是对反应停留时间的一种反应，不考虑返混的情况下，也可以理解为1h内乙苯在催化剂床层中被置换的次数。乙苯液体空速（或乙苯蒸气空速）大，即单位反应器体积生产能力更大，能耗增加。空速小，虽然转化率有所提高，但平行副反应和连串副反应随着接触时间的延长而增大，因此主产物（苯乙烯）的选择性会下降，催化剂的最佳活性与适宜的空速及反应温度有关，本实验乙苯液体空速以0.6~1h⁻¹为宜。本实验催化剂用量一定，此方面的影响主要体现为乙苯的进料流率。乙苯脱氢制苯乙烯实验装置流程见图5-19。

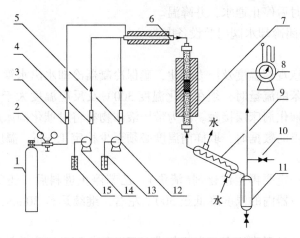

图5-19 乙苯脱氢制苯乙烯实验装置流程图

1—氮气瓶；2—减压器；3—气体流量计；4，5—液体流量计；6—汽化器；7—反应器；
8—湿式流量计；9—冷凝器；10—尾气取样口；11—分离器；12，14—加料泵；13，15—原料罐

2. 实验步骤

（1）催化剂装填

将催化剂研磨过筛，选取40~60目颗粒备用。拧紧反应器下端螺帽，先加入10g左右40~60目石英砂，边加边用木棒敲打反应器外壁，并用细直径金属棒试探深度，达到适当高度后再加入适量玻璃纤维，用工具压实，再加入催化剂，装填催化剂时同样要用木棒敲击反应器外壁，使床层密实。当床层高径比约为10时，再加入适量玻璃纤维，压实后加入石英砂，最后拧紧反应器上端螺帽。

（2）系统试漏

关闭尾气出口阀门、产品收集罐底阀、乙苯和水的进料阀，向设备内通入氮气或压缩空气，待系统压力升至0.1MPa后关闭进气阀，观察压力表指针在30min内的变化，若有下降，用肥皂水涂拭连接点。发现漏点后进一步拧紧螺帽，若无效可更换卡套或密封圈，或在连接件外螺纹缠绕适量生料带，然后再试漏，直到合格为止。

（3）实验装置操作

① 接通仪表电源，汽化器温度设为200℃，脱氢反应温度设为500℃；水和乙苯进料流

量比为 1.5∶1（体积比），乙苯加料泵流速设为 0.5mL/min，蒸馏水加料泵流速设为 0.75mL/min。

② 接通加热电源，使汽化器、反应器逐步升温，同时打开冷却水进水阀，观察出水管是否有水流出。

③ 当汽化器温度达到 200℃、反应器温度达到 400℃后开启蒸馏水加料泵。反应器温度升至 500℃后保持 3h，恒温活化催化剂，再将反应器温度设为 550℃，待其升至设定值后开启乙苯进料泵，严格控制进料速率并使之稳定。反应温度分别控制在 550℃、575℃、600℃、625℃，考查不同温度下乙苯的转化率与苯乙烯的收率。

④ 在每个反应条件下稳定 30min 后，每 20min 取一次样品，共取两次样。粗产品从分离器中放出，用量筒接收。然后用分液漏斗除去水层，称出烃层重量。

⑤ 取少量烃层液体样品，用气相色谱分析其组成，并计算各组分的百分含量。

⑥ 反应结束，停止乙苯进料泵，仅输入蒸馏水，将床层温度维持在 500℃左右，对催化剂进行再生，约半小时后停止通水，并降温。

⑦ 实验结束，关闭冷却水阀门及设备电源。

3. 注意事项

（1）操作时要注意观察温度及压力变化，确保冷凝器冷却水出水管有水流出。

（2）校正水及乙苯的流量时，须在汽化温度 300℃及反应温度大于 400℃时进行，目的是保证物料以气态与催化剂床层接触。因为带压液体物料将对催化剂床层造成损坏。

（3）取某个温度点的数据时，取样前温度必须至少稳定 15min，温度刚稳定时将分离器内的物料排至废液瓶。

（4）实验结束后一定要再生催化剂（清焦）。乙苯停止进料后，还要继续进水，清除催化剂表面积炭。将反应器内的温度降低至 500℃左右，继续运行 30min，最后关闭冷却水及总电源。

（5）在乙苯蠕动计量泵出口有一个乙苯排液阀，其作用是在实验结束后排空管路中的乙苯，先将其排入洁净的烧杯中，再倒回原试剂瓶中。实验开始前必须关闭此阀门。

（6）操作时严禁与汽化器或反应器接触，防止发生高温烫伤事故。

5.2.3 甲醇制烯烃

生产烯烃的常规工艺路线是通过蒸汽裂化乙烷，产品主要是乙烯和少量的丙烯，特别适合作为生产聚乙烯的原料。以炼油厂的轻汽油或石脑油为裂化原料，不仅能生产乙烯，还能生产其他有用的产品（如丙烯、C_4 产品和含有芳香烃的热解汽油）。我国能源结构属于典型的富煤少油型，国内煤制甲醇工艺成熟且产能巨大，因此，以甲醇为原料生产烯烃，非常符合我国国情。甲醇制烯烃的工业化生产工艺主要有鲁奇（Lurgi）公司的 MTP（Methanol To Propylene）工艺和环球油品（UOP）公司的 MTO（Methanol To Olefin）工艺。

鲁奇公司的 MTP 工艺以丙烯为主产物。在固定床反应器中填充 ZSM-5 分子筛作为催化剂，丙烯收率达到 70%左右，其余产物主要是高碳烃。工艺过程中，甲醇扩散到催化剂孔中进行反应，首先生成二甲醚，然后生成乙烯，反应继续进行，生成丙烯、丁烯和高级烯烃，也可生成二聚物和环状化合物，以碳选择性为计算基础，丙烯收率可达 60%（质量），烯烃总收率可达 80%（质量），几乎相当于石脑油管式裂解工艺收率的两倍。本实验采用与 MTP 法类似的工艺制备烯烃。

1. 实验装置流程

本实验以 SAPO-34 分子筛为催化剂，甲醇作为起始原料，由进料泵输入汽化室，200℃下形成甲醇蒸气，与高纯氮气混合后进入管式反应器。混合气先穿过反应器下端的石英砂层，进一步混合并预热后进入催化剂床层进行反应，反应产物在压力作用下进入冷凝器，未反应的甲醇和液相产物汇集在产品收集罐底部，未冷凝的气相产物从收集罐顶部引出并分成两路，一路去湿式流量计，另一路进入气相色谱仪。实验考察不同反应温度下产物的组成变化。甲醇制烯烃实验装置工艺流程如图 5-20 所示。

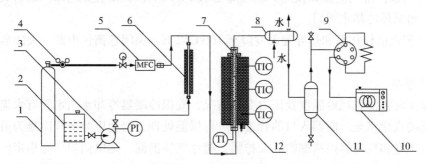

图 5-20 甲醇制烯烃实验装置工艺流程图

1—氮气钢瓶；2—甲醇储罐；3—进料泵；4—减压器；5—质量流量计；6—汽化器；
7—管式反应器；8—冷凝器；9—六通阀；10—气相色谱；11—产品收集罐；12—加热炉

2. 实验步骤

（1）催化剂装填

将催化剂研磨过筛，选取 40～60 目颗粒备用。拧紧反应器下端螺帽，加入 40～60 目石英砂，边加边用木棒敲打反应器外壁，用细直径金属棒试探深度，达到适当高度后再加入适量玻璃纤维，用工具压实，再加入催化剂，当床层高径比约为 10 时，再加入适量玻璃纤维，压实后加入石英砂，最后拧紧反应器上端螺帽。

（2）系统试漏

关闭尾气放空阀门、产品收集罐底阀、甲醇进料阀门，向设备内通入氮气或压缩空气，待系统压力升至 0.1MPa 后关闭进气阀，观察压力表指针在 30min 内的变化，若有下降，用肥皂水涂拭连接点。发现漏点后进一步拧紧螺帽，若无效可更换卡套或密封圈，或在连接件外螺纹缠绕适量生料带，然后再试漏，直到合格为止。

（3）催化剂活化

分子筛是含水硅铝酸盐的晶体，只有经高温活化失水后，其晶体内部才能形成许多孔径大小均一的微孔，这些微孔具有很强的吸附能力，能把有效直径小于其孔径的分子吸进孔内，而不能吸附大于其孔径的分子，从而起到筛选分子的作用。打开氮气钢瓶总阀，减压器分压表读数调至 0.5MPa，氮气流量设为 100mL/min，反应器温度设为 500℃，打开尾气放空阀，活化催化剂 3h。

（4）实验装置操作

① 接通仪表电源，汽化器温度设为 200℃，反应温度设为 500℃；甲醇进料流量设为 1.0mL/min，高纯氮气流速为 50mL/min。

② 接通加热电源，使汽化器、反应器分别逐步升温，同时打开冷却水。

③ 当汽化器温度达到 200℃、反应器温度达到 500℃后开启甲醇进料泵，严格控制进料

速率并使之稳定。缓慢开启产品收集罐底阀，放出气体，待液体连续流出时，用量筒收集。关闭通向湿式流量计的阀门，观察六通阀采样手柄的位置，做好采样准备。

④ 反应温度分别控制在450℃、500℃、550℃、600℃，考查四个温度下甲醇的转化率与烯烃(乙烯和丙烯)的总收率。在每个反应条件下稳定30min，每20min取一次液体样品，共取两次样。样品用气相色谱分析组成。

⑤ 每个反应条件下稳定30min，每20min在线分析气相产品组成，共分析两次。

⑥ 反应结束，待反应器和预热炉温度降至100℃以下，关闭装置电源。最后关闭高纯氮气钢瓶总阀和循环冷却水阀门。

⑦ 待气相色谱仪柱箱和热导池温度降至100℃以下，关闭色谱仪电源，关闭载气及色谱工作站。

3. 注意事项

(1) 操作时要注意观察温度及压力变化情况，确保冷凝器冷却水出水管有水流出。

(2) 连接汽化室至反应器入口的管道需进行保温处理，避免甲醇蒸气冷凝为液体。

(3) 汽化室和反应器两端螺帽必须拧紧，避免气体泄漏。热电偶须插至指定位置。

(4) 质量流量计应该保持清洁，避免沉积物、污垢堆积，且需要定期进行校准，以确保测量结果的准确性。

(5) 装填催化剂和石英砂的同时应轻轻敲打反应器外壁，使其填充密实，防止形成沟流，影响反应转化率和收率。

(6) 操作时严禁与汽化器或反应器接触，防止发生高温烫伤事故。

5.2.4 流化床重油催化裂化实验

催化裂化是原油二次加工中最重要的加工过程，是液化石油气、汽油、煤油和柴油的主要生产手段，在炼油厂中占有举足轻重的地位。催化裂化一般以减压馏分油和焦化蜡油为原料，但是随着原油的日趋变重和市场对轻质油品的需求增长，部分炼厂开始掺炼减压渣油，甚至直接以常压渣油作为裂化原料。

炼油厂催化裂化生产工艺一般由反应-再生系统、分馏系统和吸收-稳定系统三部分组成。其中，反应-再生系统是催化裂化装置的核心部分，其装置类型主要有床层反应式和提升管式，提升管式又分为高低并列式和同轴式两种。尽管不同装置类型的反应-再生系统会略有差异，但是其原理都是相同的。本实验采用固定流化床反应器。

1. 实验装置流程

流化床重油催化裂化实验装置流程见图5-21。原料油和水混合后进入预热炉，加热至500℃形成油气混合物，进入反应器底部，然后再从底部向上喷出，使预先装入的催化剂颗粒(700℃)沸腾，即形成流化床。油气在高温催化剂表面和内孔发生反应，裂化产物从反应器顶部输出，进入一级冷凝器，沸点较高的产物和水蒸气冷凝为液体，从气液分离罐底部进入重油收集罐。沸点较低的组分从气液分离罐顶部进入二级冷凝器，进一步冷凝为液体，进入轻油收集罐。反应一段时间后催化剂将积炭失活，需通入空气进行再生。

由图可见，反应器上部为圆柱形，下部为锥形。这种固定流化床在炼油工艺研究中最为常见。该反应器结构简单，底部锥形设计有利于油气与催化剂的接触和混合，能避免反应器内死床的发生。流化床死床现象是指流化床反应器内，物料与气体交换热量和质量的效率下

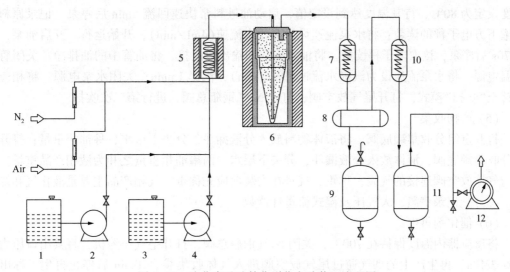

图 5-21　流化床重油催化裂化实验装置流程图

1—储水槽；2—水进料泵；3—储油槽；4—油进料泵；5—预热炉；6—反应器；7——级冷凝器；
8—气液分离罐；9—重油收集罐；10—二级冷凝器；11—轻油收集罐；12—湿式流量计

降至零，出现大面积的温度梯度，导致反应器内部的物料不能继续流动。对于催化裂化这类体积增大的反应，锥形设计能有效减小反应器内的物料波动；有研究人员提出，反应器锥形段母线与垂线之间的夹角要小于 30°，否则催化剂将停留在反应器内壁上，影响反应器内催化剂的流动。此外，该反应器还具有操作方便、适应性强等优点。原料油与水蒸气充分混合后直接从底部进料，由于内部无其他部件，减少了原料（特别是重油）在内壁结焦的可能性，方便催化剂的卸出。

2. 实验步骤

（1）催化剂装填

将 Y 形沸石分子筛在 600℃ 下焙烧 2h，冷却后研磨过筛，选取 80～100 目备用。称取 20g 催化剂放入反应器中，装好过滤器，上紧法兰，将入口与预热炉连接，出口与一级冷凝器连接。称出重油和轻油接收瓶的重量，记录湿式流量计的初始读数。将储水槽中充满水，储油槽中装满油。

（2）试漏

关闭进料阀、尾气放空阀、湿式流量计入口阀、产品收集罐底阀及放空阀，向设备内通入氮气或压缩空气，待系统压力升至 0.1MPa 后停止，关闭进气阀，观察压力表指针在 30min 内的变化，若有下降，用肥皂水涂拭连接点。发现漏点后进一步拧紧螺帽，若无效可更换卡套或密封圈，或在连接件外螺纹缠绕适量生料带，然后再试漏，直到合格为止。

（3）吹扫

关闭进料阀、湿式流量计入口阀、产品收集罐底阀及放空阀，打开尾气放空阀，打开氮气钢瓶总阀，将分压表压力调至 0.5MPa，吹扫气体从尾气放空阀排入大气。吹扫过程持续 5min。

（4）装置操作

开启预热炉加热电源，温度设为 400℃；开启反应器加热炉电源，温度设为 700℃。待所有温度均达到设定值，稳定约 10min 后，开启冷凝水阀门。开启输油管线保温加热电源，温度设定为 80℃，待其温度达到设定值，启动油进料泵快速回流 5min 后停泵，记录原料油储罐下方电子秤的读数；将水泵流速设为雾化水流速（4mL/min），开始运行。开启油泵，进油 70s 后停泵，读取电子秤读数。将油泵输入和输出口反接，将油管中的油排净，关闭管线保温电源。将水泵流速设为汽提水流速（9mL/min），汽提 15min，关闭水泵电源，将相应阀门转至"吹扫"模式，打开尾气放空阀，打开 N_2 气钢瓶总阀，进行第二次吹扫。

（5）产物收集

打开重组分收集罐底阀，将液体物料放入分液漏斗，分去下层水，称油相重量；打开轻组分收集罐底阀，液体放入分液漏斗，分去下层水。两罐油相重量之和为液相产品重量。取下与气体放空阀连接的气袋，称重，气袋在安装前应先称重。气相产品主要是液化气和烯烃（$C_3 \sim C_5$）。记录室温、大气压及湿式流量计读数。

（6）催化剂再生

将反应器内温度保持在 700℃，关闭 N_2 气钢瓶总阀，打开空气压缩机，将其出口压力调为 0.3MPa，再生产生的烟气通过尾气放空阀进入气体收集袋。10min 后停止再生，称出气体收集袋重量。

（7）结束实验

关闭预热炉和反应器加热炉电源，继续用空气吹扫系统，同时带走反应器内的热量。待炉温降至约 400℃时关闭空气压缩机电源。将装置上所有阀门关闭。关闭装置所有电源、水源、气源总阀。

3. 注意事项

（1）反应器封头通过法兰连接，拆卸和安装时应按对操作，确保受力均衡，避免密封不严导致泄漏。

（2）催化剂装填完毕，开启加热电源前，须对系统进行吹扫和检漏。吹扫前应打开放空阀。

（3）连接预热炉至反应器入口的管道需进行保温处理，避免原料蒸气冷凝为液体。

（4）操作时要注意观察温度及压力变化情况，确保冷凝器冷却水出水管有水流出。

（5）进料泵在开始运行前，须排出泵头内的空气，防止压力波动和流量不稳。

5.2.5 甲苯氧化制苯甲酸

某些有机化合物在室温下遇到空气会发生缓慢氧化，这种现象称为自动氧化。自动氧化反应属于自由基反应，其反应历程包括链引发、链传递和链终止三个步骤。广泛应用于生产醛、酸、酮、醌、酚等有机化学品的液相催化空气氧化反应即属于自动氧化反应。在实际生产中，为了提高氧化反应速率，往往需要提高反应温度和添加催化剂。

液相催化空气氧化反应的难易与反应物结构有关，在烃分子中 C—H 键断裂为 R·和 H·时，一般是叔碳（$R_3C—H$）中的 C—H 键最容易，其次是仲碳（R_2CH_2）中的 C—H 键，最弱的是伯碳（RCH_3）中的 C—H 键。取代基的类型对反应活性也有影响，含有推电子取代基的甲苯衍生物（如甲苯、二甲苯、甲氧基甲苯等）容易被氧化；而含有吸电子取代基的甲苯衍生物（如硝基取代甲苯、对氰基甲苯等）反应活性较小，需要在比较苛刻的条件下才能发生液相氧化反应。本实验以甲苯为原料，采用空气氧化法制备苯甲酸。

1. 实验装置与流程

甲苯液相氧化反应装置流程如图 5-22 所示，主要设备有高压釜（带换热盘管）、空气钢瓶、转子流量计、冷凝器等，空气钢瓶也可以用无油空气压缩机代替，但压缩机的出口压力应不低于 0.6MPa。高压釜的材质为不锈钢，容积为 300mL，耐压应不低于 1MPa。高压釜内的反应温度由精密温度控制器自动控制，氧化反应为强放热反应，反应釜内必须装有冷却盘管，以便及时移走热量。冷凝器是为了收集被尾气带出的少量反应物而设置的，转子流量计用于控制空气的流量。气体采样阀和气相色谱仪用于在线监测尾气中残存的氧含量，以便及时了解高压釜内氧化反应的速率。

将空气钢瓶的空气导入高压釜下部，与其中的反应物料充分混合并反应，由尾气带出的少量反应混合物经冷凝器冷凝回收，废气再经干燥、计量后排放。反应混合物经冷却、过滤、碱溶、酸沉淀，得到白色苯甲酸结晶。产物用气相色谱-质谱联用仪进行定性和定量分析。

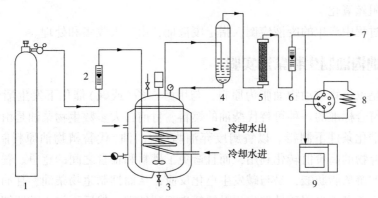

图 5-22 甲苯液相氧化反应装置流程图
1—空气钢瓶；2，6—转子流量计；3—高压釜；4—冷凝器；
5—气体干燥管；7—接尾气净化装置；8—气体采样阀；9—气相色谱仪

2. 实验操作

（1）在高压釜中加入 4.6kg 甲苯，再加入 50g 乙酸钴、28g 乙酸锰、58g 溴化钠，旋紧釜盖。

（2）开启蒸汽发生器电源，向反应釜夹套内通入蒸汽，釜温升至 100℃时开启搅拌器，控制其转速为 500r/min。

（3）当温度升至 100℃时通入空气，使釜内压力逐渐升至 0.6MPa，同时缓慢旋开出口针形阀，使转子流量计的浮子在 100mL/min 处。

（4）当温度达到 150℃时，开始计时，用气相色谱仪检测尾气中残存氧的含量，记下氧含量降低 5% 所需时间，此时间即为诱导期。

（5）为了找出最佳反应温度，诱导期过后降低反应温度，分别在 110～160℃ 每隔 10℃ 恒温反应 1 h。在恒温过程中，每隔 15min 测量一次尾气氧含量。

（6）反应温度越高，尾气氧含量可能越低，但副反应也可能增多。根据步骤(5)的实验结果，将尾气氧含量最低时的最低反应温度作为最佳温度，恒定在此温度继续反应 2h。

（7）反应完成后停止加热，先关闭高压釜上的空气进、出口阀，再关闭空气钢瓶总阀或空气压缩机电源。继续向反应釜盘管中通入冷却水，直至釜内温度接近室温，开启釜底阀门，放出反应混合物，过滤，对固体产物进行重结晶，得到苯甲酸晶体。

（8）将精制后的苯甲酸用气相色谱-质谱联用仪进行定性和定量分析。

3．注意事项

（1）实验前应仔细检查电源和冷却水。打开装置上方的排风系统，及时抽除甲苯蒸气。开启冷却水阀门，观察出口是否有水流出。

（2）氧化反应为强放热反应，反应过程中又生成过氧化物，且为链式反应，因此必须随时观察温度的变化，当温度高于170℃时，必须在盘管中通入冷却水，以免温度过高造成反应速率过快而发生危险。

（3）反应结束时，必须先关闭高压釜上的空气进、出口阀，再关空气瓶或空气压缩机，否则易造成倒吸。

（4）蒸汽发生器为高温高压设备，操作时应做好个人防护，避免发生烫伤事故。

（5）必须在气相色谱仪柱箱和热导池温度降至100℃以下，方可关闭载气，以免色谱柱填料和热导电阻丝氧化。

（6）实验过程中产生的废液应倒入指定废液桶，由专人收集和处理。

5.2.6　地沟油制生物柴油实验

生物柴油是以植物或动物油脂为原料，与甲醇在酸（或碱）催化下发生酯化反应，产物再经处理得到符合标准的一种可替代柴油的燃料。目前，大多数生物柴油是由大豆油或棕榈油与甲醇在碱催化条件下制得。以餐厨废弃油脂（地沟油）代替植物油原料制备生物柴油，不仅实现了废弃物的高价值转化利用，而且避免了燃料和粮食之间的竞争。餐厨废弃油脂中通常含有大量的游离脂肪酸，易与碱发生皂化反应，从而抑制生物柴油、甘油和洗涤水的分离。因此，本实验必须先用酸性催化剂对原料进行预处理，然后再加入碱性催化剂进行酯化反应。

1．实验装置与流程

本实验生物柴油制备装置流程见图5-23。地沟油经酸处理后加入油料罐，经泵输送至反应釜。向催化剂罐中加入一定量的NaOH和甲醇，充分搅拌使固体完全溶解，用泵输送至反应釜。开启反应釜搅拌和加热装置，两种物料在反应釜中发生酯交换反应。反应结束后，

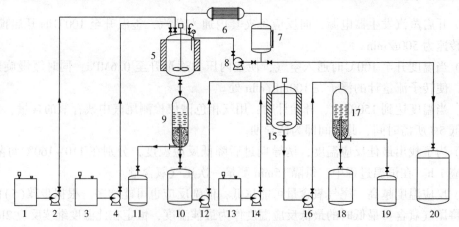

图5-23　生物柴油制备装置流程图

1—油料罐；2—油料进料泵；3—催化剂罐；4—催化剂进料泵；5—酯交换反应釜；6—冷凝器；7—甲醇中间罐；
8—甲醇回流泵；9，17—分相罐；10—轻相收集罐；11—甘油相收集罐；12—轻相输送泵；13—酸罐；
14—酸输送泵；15—中和（水洗）釜；16—进料泵；18—产品收集罐；19—废液罐；20—甲醇收集罐

打开反应器釜底阀，将物料放入分相罐，静置一段时间后分层。将下层物料（甘油相）放入重相收集罐，上层物料放入轻相收集罐。用泵将轻相物料输送至中和釜，再向其中加入酸液，使物料 pH 值降至 7 左右。用泵将中和后的物料送至分相罐，静置一段时间后分层，将上层液体（生物柴油）放入产品罐，下层液体放入废液罐。对收集的生物柴油和甘油进行干燥脱水，即得到成品。本实验装置主要包括酯交换反应釜、中和反应釜、油水分相器、冷凝器、甲醇中间罐、加热和冷却系统、温度控制系统、原料与成品储罐、进料泵等。

2. 实验操作

（1）工艺条件控制

将油料罐中的原料预热到 50℃，反应釜温度设为 65℃；原料油、甲醇、氢氧化钠投料量分别为 2200mL、1010mL、20g。

（2）操作步骤

① 开车准备。熟悉实验装置流程，搞清物料走向及加料、出料方法。打开总电源，观察搅拌电机、进料泵是否有电；打开仪表电源，观察所有测温点是否显示正常；打开各罐的搅拌开关，调整转速至 200r/min 左右，观察有无异常声音，运行平稳后将转速调至 0r/min。

② 物料准备：

a. 原料油。将经过预处理的地沟油倒入油罐内，通过计量泵向反应釜中输入 2200mL，连接管路。如果室温较低，油品过分黏稠，需开启管线伴热，温度设置为 40℃，使油料在管线内保持良好的流动性。

b. 催化剂。分 4 次向催化剂罐中加入甲醇，总投料量为 1010mL，每次加入甲醇时需溶解 5g 氢氧化钠，直至将 20g 氢氧化钠全部溶解。

③ 加料完毕，开启计量泵，将氢氧化钠-甲醇溶液输入反应釜，开启机械搅拌器，使转速稳定在 100~120r/min，反应釜温度设为 70℃，最终温度控制在 65℃ 左右。升温的同时打开冷凝器的冷却水，流量控制在 30L/h，物料在 65℃ 下反应 2h。

④ 反应过程中关闭甲醇采出阀，开启甲醇回流阀。反应 2h 后关闭甲醇回流阀，开启甲醇采出阀。观察甲醇中间罐的液位计，待其中不再有甲醇时关闭采出阀。关闭搅拌和加热电源。

⑤ 待物料冷至室温，打开反应釜底阀，将脱除甲醇后的物料送至分相器，这时上层为生物柴油和少量甲醇，而下层为未反应的原料、甘油和水相。将上层液体（轻相）放入轻相收集罐，用泵送入中和釜，进行中和、水洗处理。

⑥ 当分相后的上层油经中和、水洗后，除去重相，将轻相放至储罐内，即为生物柴油粗品。

3. 注意事项

（1）实验前应仔细检查电源和冷却水。打开装置上方的排风系统，及时抽除甲醇蒸气。开启冷却水阀门，观察出口是否有水流出。

（2）实验前检查反应釜的加热和搅拌是否正常，釜底阀门是否能正常打开。

（3）在制备氢氧化钠-甲醇溶液时应做好个人防护，防止试剂接触皮肤或吸入。

（4）产品卸料时，应先缓慢打开容器上方的放空阀，待釜内压力接近大气压时再打开釜底阀。

（5）本实验须登高操作，实验人员应戴安全帽，上下楼梯时须扶栏杆，并注意脚下防滑，以免造成高处坠落事故。

5.2.7 反应精馏法制乙酸乙酯

反应精馏是将化学反应和分离耦合起来的一种特殊精馏技术。若化学反应在液相进行的称为反应蒸馏；若化学反应在固体催化剂与液相的接触表面上进行，称为催化蒸馏。该技术将反应过程的工艺特点与分离设备的工程特性有机结合在一起，既能利用精馏的分离作用提高反应的平衡转化率，抑制副反应的发生，又能利用放热反应的热效应降低精馏的能耗，强化传质。与传统方法相比，具有产品收率高、能耗低、投资少、流程简单等优点。因此在酯化、醚化、酯交换、水解等化工生产过程中得到越来越广泛的应用。

反应精馏过程不同于一般精馏，它既有精馏的物理相变的传递现象，又有物质变性的化学反应现象。两者同时存在、相互影响，过程更加复杂。因此，反应精馏对下列两种情况特别适用：①可逆反应，一般情况下，反应受平衡影响，转化率只能维持在平衡转化的水平，但是，若产物中有低沸点物质存在，则精馏过程可使其连续地从体系中移出，结果超过平衡转化率，大大提高了效率；②同分异构体分离，互为同分异构体的化合物沸点接近，传统精馏不易分离，若异构体中某组分能发生化学反应并能生成沸点不同的物质，此时便可将两者分离。

本实验是以乙酸和乙醇为原料，在硫酸催化作用下生成乙酸乙酯。在塔上部加入带有催化剂的乙酸，塔下部加乙醇。将塔釜加热至沸腾状态，乙酸从上向下移动，乙醇自下而上移动，两者在不同填料高度上发生反应。由于乙酸在气相中有缔合作用，除乙酸外，其他三个组分形成三元或二元共沸物。水-酯、水-醇共沸物沸点较低，醇和酯能不断地从塔顶排出。若控制反应原料比例，可使某组分全部转化。因此，可认为反应精馏的分离塔也是反应器。

1. 实验装置及流程

反应精馏装置流程示意见图5-24。精馏塔由玻璃制成，直径为20mm，塔高为1500mm，塔内填装ϕ3mm×3mm不锈钢θ网环形填料。塔釜为四口烧瓶，容积为1000mL，塔外壁镀有金属膜，电加热保温。塔釜置于1000W电热包中。采用AI-708型温度控制器控制釜温。塔顶冷凝液体的回流采用摆动式回流比控制器。此控制系统由塔头摆锤、电磁铁线圈、回流比计数拨码仪表组成。

2. 实验操作

（1）在釜内加入200g接近稳定操作组成的釜液，并分析其组成。检查进料系统各管线是否连接正常。将乙酸、乙醇注入计量管内（乙酸含0.3%硫酸），启动泵，微调泵的流量转柄，让液料充满管路后停泵。

（2）开启反应釜的加热电源，在智能仪表上设定温度。每套装置有四段控温，即釜温控制，塔下部保温，塔中部保温，塔顶温控，釜温设

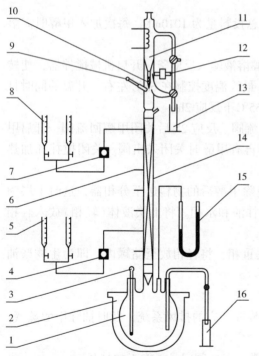

图5-24 反应精馏装置流程示意图

1—精馏釜；2—电热包；3、9—温度计；
4—乙醇计量泵；5—乙醇计量器；6—取样口；
7—乙酸计量泵；8—乙酸计量器；10—摆锤；
11—冷凝器；12—电磁铁；13—馏分收集器；
14—精馏塔；15—U形压差计；16—塔釜料液收集器

为 130~140℃，塔下部温度设为 120℃左右，塔上部保温设为 100℃左右，塔顶温度设为 70℃左右。

（3）待釜液沸腾，开启塔身、塔顶保温控制，接通塔顶冷却水。待塔顶有液体出现，先全回流 10~15min，然后开始进料。一般可把回流比拨码给定在 5∶1，酸和醇的摩尔比控制在 1∶1.3，乙醇进料速度为 0.5mol/h。

（4）进料后仔细观察塔釜和塔顶温度与压力变化，测量塔顶与塔釜出料速度，记录数据，及时调节进、出料流速，使物料处于平衡状态。待塔运行稳定，用微量注射器从位于塔身不同高度的取样口取样，用气相色谱分析，得到塔内各组分的浓度分布曲线。

（5）改变回流比或改变乙酸和乙醇的加料摩尔比，重复上述操作，取样并分析，对数据进行对比。

（6）实验结束，关闭计量泵，停止加热，待塔内滞留液全部流回塔釜，倒出釜液并称重，分析组成，关闭冷却水。

3. 注意事项

（1）必须用去离子水清洗各容器及配件。将物料加入塔釜时务必小心，不可翻漏，加料完成后须加入沸石。

（2）塔釜与塔身连接时务必配备合适的密封垫片，并保持塔釜与塔身在同一条直线上。温度传感器、压力传感器等器件与塔釜连接时应配备密封垫片。加热套应与塔釜保持 0.5cm 的间距，防止局部过热，塔釜加热系统电流不宜过大。

（3）先开启塔顶冷却水，再开启塔釜加热器，加热电流应逐步增加，不可过猛。

（4）当塔顶摆锤上有液体出现时，首先进行全回流操作，15min 后方可开启回流设备。

（5）用微量注射器取样时，不要将针折弯，取样后直接注入气相色谱仪，分析其组成。若不出峰，可能是针头堵塞所致，应更换针头，重新取样分析。气相色谱热导检测器的尾气管需通向室外。

（6）实验结束，关闭塔釜及塔身加热电源、回流比控制电源及冷凝水。待系统完全冷却，对馏出液及釜底残液进行称重，并用气相色谱仪分析各自组成。

5.2.8　原油实沸点蒸馏实验

原油实沸点蒸馏是对原油进行常减压蒸馏，将其按照沸点高低分割成许多馏分，再分别测定各窄馏分的密度、凝点、黏度，最后作出蒸馏曲线和性质曲线。实沸点蒸馏是考察石油馏分组成的常用方法。

实沸点蒸馏装置是一种间歇式釜式蒸馏设备，其核心部件是填料分馏塔和重油蒸馏塔。原油在两塔中按沸点高低被分割成许多窄馏分。所谓实沸点（或真沸点）蒸馏是指分馏精确度较高，其馏出温度接近馏出物沸点，一般把馏出温度视为馏出物的"真沸点"，但不能分离出每个纯烃。

得到原油的实沸点蒸馏数据和曲线、窄馏分性质数据和中比曲线，以及各种油品的产率-性质数据和产率曲线以后，就完成了这种原油的常规评价，也就具备了制定原油分割方案（蒸馏方案）的基本条件。所谓原油切割方案，即根据原油性质及产品需求情况，确定该原油适合于生产哪些产品，在什么温度下分割，所得到的各种产品的产率及性质如何。

1. 实验装置及流程

本实验实沸点蒸馏装置流程如图 5-25 所示。蒸馏釜的容积为 10L，填料分馏塔（蒸馏柱）和重油蒸馏塔的最高操作温度分别为 400℃ 和 520℃，最低操作压力分别为 0.665kPa

（5mmHg）和 0.266kPa（2mmHg）。填料分馏塔结构最复杂，其内径为 50mm，理论塔板数为14~18，回流比为 5：1，填料为 ϕ6mm×6mm×0.1mm 矩形螺旋圈填料，材质为不锈钢；在填料分馏塔外层套上一根直径为 108mm 的钢管，在其外部包上两层玻璃布，绕上电热丝，最外层再包裹玻璃棉或其他耐火材料。填料分馏塔上下两段中心位置分别放置热电偶两支，塔外壁和保温套管间亦放置两支热电偶，在操作过程中，应使保温套管内指示温度与塔内指示温度之差保持在 10℃ 左右。

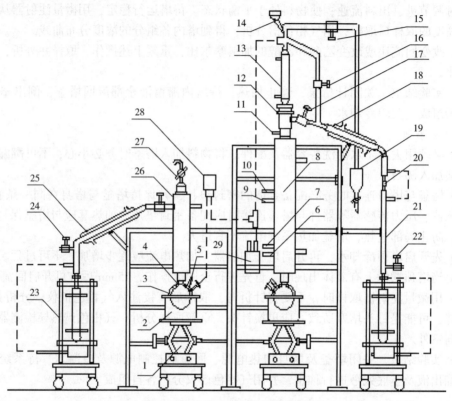

图 5-25　实沸点蒸馏装置流程图

1—升降台；2—加热套；3—保温套；4—蒸馏釜；5, 6, 7, 9, 10, 11—热电偶；8—填料分馏塔；12—接头；13—冷凝管；14—溶剂加入口；15—轻烃气路阀 K1；16—旁路阀 K2；17—馏出阀 K3；18, 25—冷凝管；19—冷阱；20—观察管；21—引流管；22, 24, 27—放空阀；23—馏分接收器；26—重油蒸馏塔；28—压力计 P1；29—差压变送器 P2

2. 实验步骤及方法

（1）系统检漏

在加入原油前，应检查各系统连接是否正确并熟悉全装置的操作，然后对真空装置进行抽真空检漏。方法为：关闭放空阀，启动真空泵 15min 后，系统的残压应只比真空泵的极限残压大 2~3mmHg，否则表示系统漏气，应分段检查找出漏气位置，直至合格为止。

（2）装入原油

先对原油进行脱盐和脱水处理，使其含水量在 0.5% 以下，否则在蒸馏过程中易造成温度指示失真和冲油事故。在铝壶中装入约 3500g 原油，称准至 1g，经釜侧馏出管向蒸馏釜内加入 2000g 左右，装入量由减差法求得。

（3）常压蒸馏实验——蒸馏至 200℃

① 将蒸馏釜与填料分馏塔下端连接并密封，包裹好保温带；将接收产品的量筒称重并

编号，放入馏分接收器中；打开塔顶循环冷却水，检查各连接处垫圈是否完好；阀门是否在规定位置(分馏塔常压蒸馏时 K1、K2、K3 均应打开；在全回流时关闭 K2、K3；常压蒸馏结束时关闭 K3)。

② 开启加热炉电源开关，加热蒸馏釜并对填料分馏塔保温。调节保温电流使柱内外温度基本保持接近，柱温大致等于釜温和顶温的平均值。待有气相温度指示后，再平衡 20～30min。当馏出物沸点低于 100℃时，接受管用水冷却，同时用冰水或干冰冷却冷阱，以回收不易冷凝的轻组分。当釜温升到 100℃以上时，釜内可能有"噼啪"声，这是油中少量水分汽化进入精馏柱，因柱温较低又冷凝流入釜内热油之中，引起爆沸所致，此时应提高精馏柱温度(比上述平均值高 20～30℃)，使水分尽快馏出。记下冷凝器馏出口滴下第一滴液体的温度作为初馏点。调节蒸馏釜的加热功率，控制馏出速度为 3～5mL/min。常压蒸馏时，釜底同塔顶压力差为 1～2mmHg，按下列温度收集馏分：初馏点～60℃、60～95℃、95～122℃、122～150℃、150～175℃、175～200℃。用增重法计算馏分的重量。当油温大于 350℃时，热分解严重。因而常压蒸馏只能在釜温低于 350℃下进行，为了蒸出沸点较高馏分，必须采用减压蒸馏。当气相温度达 200℃时停止加热，放下电炉，加速冷却。

(4) 减压蒸馏——10mmHg 蒸馏至 425℃

① 检查各接头的垫圈是否完好，并涂上真空脂；将干净的空量筒称重后放入样品接收器，并将馏分接收器顶盖上的通气口接通真空系统(常压蒸馏时，该接口通大气)；检查各阀门位置是否正确，即 K1 关闭、K2 关闭、K3 打开；在减压蒸馏段结束而需维持塔内真空降温时，应先打开 K2 阀，关闭 K3 阀；循环水控制温度为 60℃。

② 开启真空泵，冷态时必须先将系统抽至 5mmHg 以下，再通过粗调旋钮(逆时针旋转为放空)和微调电磁阀(通径为 $\phi 0.5mm$)组合控制，使系统残压保持 10mmHg，此时方可开始加热蒸馏釜和精馏柱。

③ 按下列常压温度收集馏分：200～225℃、225～250℃、250～275℃、275～300℃、300～325℃、325～350℃、350～375℃、375～395℃、395～425℃。上述常压温度应根据操作时残压由常压换算图查得减压下的馏出温度。釜底同塔顶压差一般为 10～15mmHg，馏出速度为 3～5mL/min。

④ 对于含蜡原油，蒸至 275～300℃馏分时必须停冷却水，并对冷却器加热，以防冷却器内的馏出油结蜡而堵塞管路，否则将导致釜内压力升高，在疏通时发生冲油事故。

⑤ 釜温接近 350℃时，停止加热，卸下电炉。当釜温降到 150℃以下时，由放空阀缓慢放入空气，使残压上升，然后停止抽真空，继续放入空气，直至系统恢复常压。为了尽快使系统恢复常压，或遇到紧急停电事故时，可以用 N_2、Ar 或 CO_2 代替空气，不必降低釜温即可通入系统来恢复常压。

(5) 冲洗精馏柱及回收石油醚

当釜温和柱温都降到 80℃以下，从柱顶注入 60～90℃石油醚约 2L，把滞留在填料上的馏分油洗入釜内，然后把石油醚蒸出。为防止残留的少量石油醚进入真空泵，最好用 N_2 吹扫系统。

(6) 第二段减压蒸馏——5mmHg 蒸馏至 500℃

① 将循环水温度控制在 75℃，往蒸馏釜中加入毛细管，接好馏分接受器及真空系统，将压力微调电磁阀的通径由 $\phi 0.5mm$ 更换为 $\phi 0.35mm$，系统密闭后启动真空泵。冷态时必须抽至 2mmHg 柱以下方可进行操作。注意真空度的变化，通过调节釜加热功率或压力粗调阀，

保证压力维持在(5±0.1)mmHg，开始加热蒸馏釜。其他步骤同10mmHg减压蒸馏试验。

②按下列常压温度收集馏分：425～450℃、450～475℃、475～500℃。控制馏出速度为3～5mL/min。

③当釜底温度接近350℃左右时，蒸馏全部结束，将系统恢复常压，关闭真空泵。待釜温降到150℃时，用N_2将渣油压出，称重。

（7）洗釜

用60～90℃石油醚把釜内壁附着的渣油溶解并倒出，用一个已称重的蒸馏瓶把此溶液中的石油醚蒸出，将渣油称重，计入渣油产率。

3. 注意事项

（1）常压蒸馏时系统不可密闭，务必打开馏分接受器上方的放空阀，接通大气。憋压会使油料喷溅，引发起火。

（2）蒸馏轻质馏分时，务必检查冷却水出水口，保证有水流出。

（3）减压蒸馏结束或中途因停电或其他故障需暂停时，不可放入空气，只可缓慢放入N_2、Ar或CO_2，防止高温物料接触空气而起火。

（4）在关闭真空泵前，应先放空使系统恢复常压，防止泵油倒吸进系统。

（5）含蜡原油的300℃以上馏分凝点较高，应提前加热冷却器以防堵塞。若已发生堵塞，应先冷却蒸馏釜，再加热熔化蜡油，否则易发生冲油事故。

（6）为保证数据准确可靠，操作时必须注意控制馏分间的分离程度，简称为分馏精确度。对其影响最大的因素是馏出速度，通常应保持在3～5mL/min。若流出速度过快，分馏精确度就会降低，馏分收率、组成及性质等都会改变，这是导致实验误差的主要原因。

5.2.9 多功能膜分离实验

膜分离是以对组分具有选择性透过功能的膜为分离介质，通过在膜两侧施加（或存在）一种或多种推动力，使原料中的某组分选择性地优先透过膜，从而达到混合物的分离，并实现产物的提取、浓缩、纯化等目的的一种新型分离过程。其推动力可以为压力差（也称跨膜压差）、浓度差、电位差、温度差等。膜分离过程有多种，不同的过程所采用的膜及施加的推动力不同，通常称进料液流侧为膜上游、透过液流侧为膜下游。

超滤（UF）、纳滤（NF）和反渗透（RO）都是以压力差为推动力的膜分离过程，当膜两侧施加一定压差时，可使一部分溶剂及小于膜孔径的组分透过膜，而微粒、大分子、盐等被膜截留下来，从而达到分离的目的。三个过程的主要区别在于被分离物粒子或分子的大小和所采用膜的结构与性能。微滤膜的孔径范围为0.05～10μm，所施加的压力差为0.015～0.2MPa；超滤分离的组分是大分子或直径不大于0.1μm的微粒，其压差范围为0.1～0.5MPa；反渗透常被用于截留溶液中的盐或其他小分子物质，所施加的压差与溶液中溶质的相对分子质量及浓度有关，通常压差在2MPa左右；纳滤过程介于反渗透与超滤之间，膜的脱盐率及操作压力通常比反渗透低，一般用于分离溶液中相对分子质量为几百至几千的物质。

超滤是以压力差为推动力，利用超滤膜不同孔径对液体进行物理筛分过程，其分子切割量（CWCO）一般为6000～50万，孔径约为100nm。超滤是利用多孔材料的拦截能力，以物理截留的方式去除水中一定大小的杂质颗粒。在压力驱动下，溶液中水、有机小分子、无机离子等尺寸小的物质可通过纤维壁上的微孔到达膜的另一侧，溶液中菌体、胶体、颗粒物、有机大分子等大尺寸物质则不能透过纤维壁而被截留，从而达到筛分溶液中不同组分的目的。

该过程为常温操作，无相态变化，不产生二次污染。从操作形式上，超滤可分为内压和外压。运行方式分为全流过滤和错流过滤两种。当进水悬浮物较多时，采用错流过滤可减缓污堵，但增加能耗。

纳滤膜分离过程无任何化学反应，透过物大小在1~10nm，无须加热，无相转变，不会破坏生物活性，不改变风味、香味，因而被越来越广泛地应用于饮用水的制备和食品、医药、生物工程、污染治理等行业中的各种分离和浓缩提纯过程。纳滤膜在其分离应用中表现出下列两个显著特征：一个是其截留分子量介于反渗透膜和超滤膜之间，为200~2000；另一个是纳滤膜对无机盐有一定的截留率，因为其表面分离层由聚电解质构成，对离子有静电作用。

反渗透又称逆渗透，是一种以压力差为推动力，从溶液中分离出溶剂的膜分离操作。对膜一侧的料液施加压力，当压力超过它的渗透压时，溶剂会逆着自然渗透的方向作反向渗透。从而在膜的低压侧得到透过的溶剂，即渗透液；高压侧得到浓缩的溶液，即浓缩液。若用反渗透膜处理海水，在膜的低压侧得到淡水，在高压侧得到卤水，这是反渗透净水的原理。反渗透法生产纯水必须具备两个关键条件，一是有选择性的膜（半透膜）；二是一定的压力。半透膜的孔径与水分子尺寸相当，可以选择性通过水分子，而比水分子大得多的细菌、病毒、有机污染物和水合离子均被阻挡，从而实现水的净化。在水的众多杂质中，溶解性盐类最难清除，因此，通常根据除盐率的高低来确定反渗透的净水效果。反渗透除盐率的高低主要取决于反渗透半透膜的选择性。目前，选择性较高的反渗透膜元件除盐率可高达99.7%。

1. 实验装置及流程

实验装置流程见图5-26。装置由1支石英砂滤、2支超滤膜、1支纳滤膜、1支反渗透膜和高低压离心泵、流量计及水箱组成，用电导仪测定原料水的电导率。原料水箱装满自来水，经低压离心泵通过砂滤装置，经过转子流量计计量后进入超滤膜中，过滤后流入中间水箱，然后经过高压离心泵送入反渗透膜或纳滤膜中进行过滤，过滤后的水测量电导率，合格后流入产品水箱。两根超滤膜可以单独使用，也可并联使用。

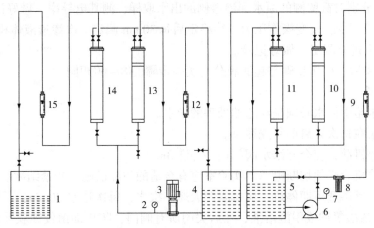

图5-26　实验装置流程图

1—产品水箱；2，7—压力表；3—高压离心泵；4—中间水箱；5—原料水箱；6—低压离心泵；
8—过滤器；9，12，15—流量计；10，11—超滤膜；13—纳滤膜；14—反渗透膜

2. 实验操作

（1）超滤膜过滤

以自来水为原料，考察料液通过超滤膜后，膜的渗透通量随时间的衰减情况，并考察操

作压力和膜表面流速对渗透通量的影响。操作步骤如下：

① 检查设备电源(380V，三相五线)，确认接地良好。

② 放出超滤膜组件中的保护液；用超纯水清洗超滤膜组件2~3次。

③ 检查各阀门是否开关顺畅，使之处于正确的状态("开"或"关")。

④ 将自来水加入原料水箱中，水位至水箱高度的3/4。

⑤ 在启动低压离心泵前先灌泵，打开电源，待其运转稳定，通过泵出口阀门和料液回流阀门调节所需的压力和流量。待压力或流量稳定后，每隔5min测定一次渗透液体积，测定12次，做好记录。

⑥ 保持流量不变，改变操作压力，待其稳定后每30min测定一次渗透液的体积。在0~0.1MPa选择4~5个压力进行测定，做好记录。

⑦ 保持操作压力不变，改变流量，待其稳定后每30min测定一次渗透液的体积。在500~2000L/h选择4~5个流量值进行测定，做好记录。

⑧ 实验结束，放尽料液，清洗超滤组件(用大量超纯水冲洗20min)。

⑨ 加入保护液(1%的甲醛水溶液)至组件的1/2高度，然后封闭系统。

⑩ 清洗仪器，关闭电源。

（2）反渗透膜过滤

以超滤膜过滤后的水(中间水)为原料，考察料液通过反渗透膜后，膜的渗透通量和盐截留率随时间的变化情况，并考察操作压力对渗透通量和截留率的影响。操作步骤如下：

① 检查设备电源(380V，三相五线)，确认接地良好。

② 放出反渗透膜组件中的保护液；用超纯水清洗组件2~3次。

③ 关闭与纳滤膜连接的阀门，打开与反渗透膜连接的阀门。

④ 在启动高压离心泵前先灌泵，打开电源，待其运转稳定，通过泵出口阀门和料液回流阀门调节所需的压力和流量。待压力或流量稳定后，每隔5min测定一次渗透液体积，测定12次。同时分别对截留侧的原水和渗透侧的出水取样，测其电导率，做好记录。

⑤ 保持流量不变，改变操作压力，待稳定后每30min测定一次渗透液体积。在0~1MPa选择4~5个压力进行测定，做好记录。

⑥ 实验结束后，操作步骤与超滤膜分离实验步骤的⑧~⑩相同。

3. 注意事项

（1）中间水箱中的水必须是经超滤处理的净水。

（2）离心泵在每次开启前须先灌泵。

（3）系统停机前，应全开浓水阀门循环冲洗3min。

（4）系统停机后必须切断电源。实验室应有合适的防冻措施，严禁结冰。

（5）纳滤、反渗透短期停机，应每隔两天通一次水，每次通水30min；长期停机应向组件内注入1%亚硫酸氢钠或甲醛溶液，然后关闭所有阀门，防止细菌侵蚀膜元件。每三个月更换一次保护液。

5.2.10 分子蒸馏富集鱼油中 ω-3 脂肪酸

分子蒸馏是一种特殊的液-液分离技术，不同于传统蒸馏依靠沸点差分离原理，而是靠不同物质分子运动平均自由程的差别实现分离。分子运动自由程(用 λ 表示)是指一个分子与其他分子相邻两次碰撞之间所走的路程。当液体混合物沿圆筒内壁流动并被加热，轻、重分子会逸出液面而进入气相，由于轻、重分子的自由程不同，因此，不同物质的分子从液面逸出后移动距离不同，若能恰当地设置一块冷凝板(或柱状冷凝器)，则轻分子达到冷凝板被冷凝后在重力作用下被排出，而重分子达不到冷凝板继续在重力作用下随混合液排出，从而达到分离的目的。

分子蒸馏操作温度低(远低于沸点)、真空度高(空载≤1Pa)、受热时间短(以秒计)、分离效率高等，适用于高沸点、热敏性、易氧化物质的分离，特别是天然产物的提取和纯化。一般常规蒸馏难以分离的体系，如沸点相近的同分异构体的分离，可通过分子蒸馏来完成。分子蒸馏与普通分离手段相比优势显著，但设备投资大、操作成本高，通常用于高附加值产品的分离和纯化。

1. 实验装置与流程

分子蒸馏装置工艺流程见图5-27。装置由料液分布系统(由马达、刮膜器、玻璃圆筒组成)、加热控温系统、冷却系统、真空系统组成。料液在重力作用下经放料阀进入料液分布系统，在圆筒内壁被旋转的刮板刮成0.1~0.5mm的液膜，圆筒外壁套了四个环形金属加热套，料液中的轻组分受热后汽化，从内壁运动到位于圆筒轴心位置的柱状冷凝器，由气态重新回到液态，在重力作用下沿柱状冷凝器外壁向下流动，在底部被收集。料液中的重组分未被汽化，沿圆筒内壁继续向下流动，在底部被收集。由于料液中的轻组分瞬间被汽化和冷凝，受热时间非常短，因此其中的热敏组分得到很好的保护，不易受热破坏。

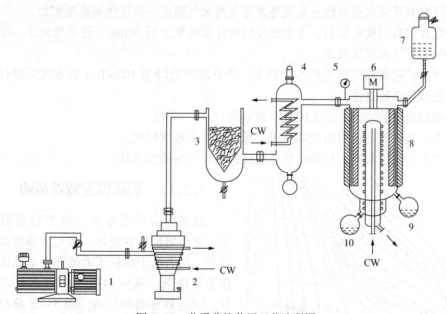

图5-27 分子蒸馏装置工艺流程图

1—旋片式真空泵；2—油扩散泵；3—冷阱；4—蛇管冷凝器；5—真空规；6—料液分布系统；7—原料瓶；8—加热系统；9—重组分收集瓶；10—轻组分收集瓶

2. 实验步骤

(1) 实验准备

① 关闭进料阀，在原料瓶中加入鱼油混合物，打开柱状冷凝器和蛇管冷凝器的冷却水。

② 在玻璃磨口涂上适量凡士林，将整套装置连接好，把所有与大气相通的阀门关闭，以确保系统气密性良好。

（2）开机

① 检查电路是否连接完好，开启温度和转速控制仪表电源，稳定5min。

② 打开旋片式机械泵电源，开始抽真空。加热器温度设置为230℃，旋转刮膜器转速设为380r/min，抽真空30min后打开真空规电源，查看真空表读数。

③ 先开启扩散泵冷却水，再打开底部加热电源，预热30min，使泵油处于沸腾状态。待真空规读数低于100mTorr，缓慢打开扩散泵蝶阀。稳定5min后观察真空表读数。

④ 缓慢旋开进料阀，调节原料的滴加速度，保证充分分离。

⑤ 可通过调节加热温度、加料速度和刮膜器转速，观察轻组分中DHA和EPA含量的变化。

（3）关机

① 实验完毕，先关闭加热电源，待温度冷却至室温。关闭扩散泵蝶阀，使其与系统断开。关闭扩散泵加热电源，继续通冷凝水至其温度降至100℃以下。

② 关闭真空规电源，再打开扩散泵上方的放空阀，缓慢释放真空；关闭旋片真空泵电源。

③ 关闭温度控制器、转速调节器电源，关闭冷凝水。卸下两个产物收集瓶，取出产物，称重，计算收率。

④ 取少量轻组分，甲酯化衍生后用GCMS定性和定量分析，测定其中DHA和EPA含量。

3. 注意事项

（1）打开所有控制仪表电源开关后，均须预热5min方可设定数值。

（2）开启旋片泵之前应检查系统是否完全与大气隔离，保证体系高度密封。

（3）在开启真空规电源前，务必先开启旋片真空泵运行30min，使系统处于一定的真空状态，否则易导致真空规损坏。

（4）开启扩散泵前务必先接通冷却水，待系统压力降至100mTorr后方可缓慢打开扩散泵蝶阀，使其与系统连接。

（5）在卸真空前，务必先关闭真空规电源。

（6）本装置关键部位均由玻璃制成，操作时务必轻拿轻放。

（7）扩散泵温度较高，操作时禁止触碰，防止发生烫伤事故。

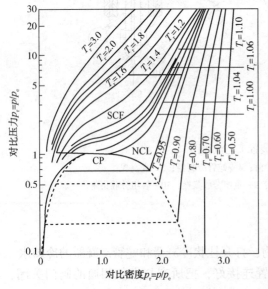

图5-28 流体的对比压力与对比密度的关系

5.2.11 超临界提取姜黄油

超临界流体萃取是一种新型萃取分离技术。它利用超临界流体，即处于温度高于临界温度、压力高于临界压力的热力学状态的流体作为萃取剂。从液体或固体中萃取出特定成分，以达到分离的目的。图5-28给出了流体的对比压力与对比密度之间的关系。由图可知，物质在临界点的特征为：

$$\left(\frac{\partial p}{\partial V}\right)_{T_c} = 0, \quad \left(\frac{\partial^2 p}{\partial V^2}\right)_{T_c} = 0$$

即在临界点附近，微小的压力变化会引起流体密度的巨大变化。在临界温度附近，相当于 $T_r = 1 \sim 1.2$ 时，流体有很大的可压缩性。在对比压力 $p_r = 0.7 \sim 2$ 范围内，适当增加压力可使流体的密度很快增大至接近普通液体的密度，使流体具有类似液体的溶解能力。流体密度随温度和压力的变化而连续变化。流体的密度大，溶解能力大；反之，溶解能力就小。

超临界萃取过程最常用的流体为 CO_2，具有无毒、无臭、不燃且价廉易得的优点。CO_2 临界温度 31.04℃，临界压力 7.38MPa，临界密度 0.468g/L，只需改变压力，就可在接近常温的条件下萃取分离和溶剂再生。而传统的有机溶剂萃取过程，通常要用加热的方法将溶剂蒸发，易造成萃取物中热敏物质的损失，萃取物还有溶剂残留，从而影响产品质量。采用超临界 CO_2 萃取技术可克服这些弊端。超临界 CO_2 萃取技术适用于热敏性、易氧化物质，特别是天然产物中有效成分的提取。超临界 CO_2 对脂溶性物质有较好的溶解性能，但对极性较强物质的溶解能力很小甚至不溶。若往超临界 CO_2 流体中加入适量极性夹带剂(如水、乙醇)，适当增加 CO_2 流体的极性，可改善超临界 CO_2 流体对极性物质的溶解能力。

1. 实验装置流程

本实验超临界流体萃取装置流程如图 5-29 所示。装置由增压和调压系统、萃取和分离系统、加热与温度控制系统三部分组成。将物料放入萃取釜，旋紧封头，打开动/静态阀和节流阀，用 CO_2 气体吹扫系统，吹扫完毕关闭动/静态阀和节流阀。开启高压泵，设定萃取压力，再开启夹带剂泵，打开温度控制系统，设定温度并开启加热开关。调节动/静态阀和节流阀开度，使压力稳定在设定值，开始连续萃取。在设定压力和温度下萃取一定时间后卸压，放出萃出物。

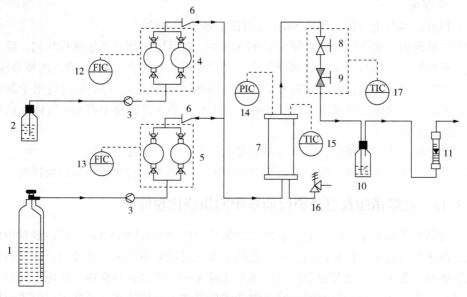

图 5-29　超临界流体萃取装置流程图

1—液态 CO_2 钢瓶；2—夹带剂瓶；3—过滤器；4—夹带剂泵；5—CO_2 泵；6—单向阀；7—萃取釜；
8—动/静态阀；9—节流阀；10—产物收集瓶；11—气体流量计；12，13—流量显示与控制仪表；
14—压力显示与控制仪表；15，17—温度显示与控制仪表；16—安全阀

2. 实验操作

(1) 样品准备

① 将脱水后的生姜片切成 1mm×1mm×1mm 的颗粒，称取 20g 左右放入一只带有收口的长条形帆布袋中(之前要称帆布袋重量)，封好袋口。

② 将帆布袋置于 100mL 的萃取釜中，旋紧萃取釜上端的封头，放下保温箱盖。

（2）装置操作

① 先打开动/静态阀和节流阀，再打开钢瓶总阀，对系统进行吹扫，除去其中的空气；吹扫完毕，关闭动/静态阀和节流阀。

② 取一干净的产物收集瓶，称重后将其与节流阀、转子流量计连接好。

③ 打开高压泵和加热系统电源，同时开启高压泵风扇。预热 5min 后设定萃取釜温度（35~50℃）和节流阀温度（70℃），温度保持时间设为120min。

④ 设定高压泵工作流量和工作压力，按下"RUN/STOP"键，泵开始运行，调节动/静态阀和节流阀（流量计应有读数），使压力达到设定值，开始动态萃取。

⑤ 往夹带剂瓶中加入 200mL 无水乙醇，开启夹带剂泵电源，设定流量为 1mL/min。

⑥ 将操作面板上两只温控表开关均拨至"ON"挡，开始对萃取釜和节气阀进行加热，当仪表显示"SOAK"时，表示温度已达到设定值，计时开始。

⑦ 当仪表显示"STOP"时，表示计时结束，系统停止加热。再次按"RUN/STOP"键，停泵，关闭 CO_2 钢瓶总阀。关闭仪器背面的高压泵电源和加热系统电源。

⑧ 打开动/静态阀（逆时针旋转约 15°），再缓慢打开（逆时针旋转）节流阀，使流量计读数维持在 3L/min 以下，并注意观察收集瓶中萃取物的性状，同时做好记录。

⑨ 待 CO_2 气体完全放空后，取下收集瓶并称重量。打开萃取釜，取出固体残渣，称重，计算萃取率。

3. 注意事项

（1）打开仪器总电源后，预热 5min 方可设定各单元参数。

（2）实验所用二氧化碳纯度必须大于 99.999%。在萃取前须对系统进行吹扫，除去其中的空气，否则高压泵压力将无法达到设定值。吹扫完毕，务必要关闭动/静态阀和节流阀。

（3）在开启高压泵前，须先打开泵的内置风扇并运行 20min，目的是通过电子制冷片使管路中的 CO_2 气体液化，确保流体以液态进入高压泵。若入口管路中有 CO_2 气体，高压泵的压力将无法达到设定值。

（4）将物料放入萃取釜后，务必将釜上端的封头旋紧，确保不漏气。

（5）萃取结束，系统卸压时应缓慢旋开节流阀，避免流量过大导致萃出物损失。

5.2.12　乙酰苯胺在微通道反应器中的氯磺化反应

对乙酰氨基苯磺酰氯是医药上经常使用的磺胺类药物的关键中间体，目前最常用的合成方法是乙酰苯胺与过量氯磺酸反应。由于乙酰苯胺在氯磺酸中的溶解性较差，如果将所需反应量的氯磺酸全部加入乙酰苯胺中，反应体系比较黏稠，难以充分搅拌，反应不完全，纯化也比较困难。若使用过量的氯磺酸，将乙酰苯胺分批加入反应体系，虽然可以解决反应中的部分问题，但加料时泄漏的氯化氢气体将造成安全隐患和环境危害。该方法不仅存在严重的安全隐患，氯磺酸排放造成的环境问题更是不容小觑。氯磺化反应是一个大量放热反应，不管采用何种加料方法，都会因反应体系黏稠导致热量传递困难、温度难以控制。传统釜式反应器由于反应热移除不够高效，反应耗时长、副产物多，严重影响了生产效率。

微通道反应作为一项新兴的合成技术，已在药物、精细化学品及中间体合成中得到了广泛应用。微通道连续流反应器本质上是一种管道式反应器，具有传质传热效率高、反应时间短、反应温度易控制、可连续化操作等优点，比普通的管道反应器更加安全、高效。由于该反应体系体积小、易控制，既可用于实验室合成，也能快速实现从实验室到工厂的放大。

作为微化工技术核心部件的微反应器，其内部通道特征尺度在微尺度范围，远小于传统反应器。但对分子水平的反应而言，该尺度依然非常大，故利用微反应器并不能改变反应机理和本征动力学特性。微反应器通过改变流体的传热、传质及流动特性来强化反应过程，与常规尺度反应器相比，微反应系统在几何上具有一系列特点。相比于传统反应器，微反应系统具有极高的面积/体积比。微反应器内部通道特征尺度减小，比表面积大大提高。例如，当通道特征尺度为 $100 \sim 1000 \mu m$，比表面积的区域达 $4000 \sim 40000 m^2/m^3$，而常规尺度反应器的比表面积仅为 $100 \sim 1000 m^2/m^3$。

传递距离在传质和传热过程中非常重要，微反应技术的原理之一就是要减小这些传递距离并通过小的流动通道来增强传递效果。微反应器一般通道的宽度为 $10 \sim 500 \mu m$，所以微混合器通常在毫秒级范围即可达到反应物的完全混合。因此微反应技术适用于那些受传质控制的反应。由于在反应动力学、传质和传热及流体力学之间有协调平衡问题，因此不同的反应体系的最佳通道几何尺寸也不同。微结构的规整性对于模拟和放大有很大的便利性。首先有利于计算停留时间分布，精准控制反应参数；其次简化了对反应器的分析，使其易于制造和放大。

微通道线尺度缩小，微系统内部体积急剧减小。对于微反应系统来讲，其持液量可控制在几微升到几毫升范围内，由此可显著减少结构材料和试剂的用量。微反应器内部体积的缩小有利于流体的传递，进而加强对反应过程的控制。同时，小的反应体积可大大增加反应器的耐压能力，因此微反应器系统具有极高的内在安全性，可以进行一些常规条件下不安全、不稳定的反应过程。乙酰苯胺与过量氯磺酸反应放出大量热量，采用微通道反应器比传统的釜式反应器具有明显优势。

1. 实验装置流程

反应器通道如图 5-30 所示，将分别溶有乙酰苯胺和氯磺酸的二氯乙烷溶液分别从两个进料口输入，在通道内充分混合，同时，在通道外侧的导热油对物料进行加热，反应产物从出口流出，进入下一个反应模块。微通道反应流程见图 5-31，分别溶有乙酰苯胺和氯磺酸的二氯乙烷溶液从各自储液瓶被进料泵输入低温反应模块（4 组）和高温反应模块（2 组）。可通过不同的阀门组对两个温度下的反应产物进行取样。

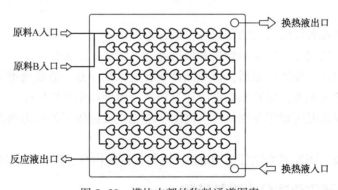

图 5-30　模块内部的物料通道图案

2. 实验操作

（1）连接好微通道反应器的双温区控温系统和进样泵，首先检查控温系统的稳定性，并使反应温度保持稳定，再用二氯乙烷（DCE）检查进样泵计量的准确性，确保泵头通畅，并检漏。

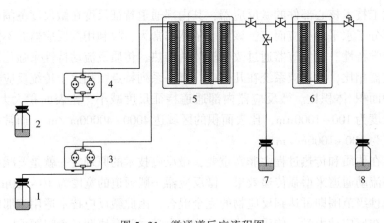

图 5-31　微通道反应流程图

1—乙酰苯胺储液瓶；2—氯磺酸储液瓶；3、4—进料泵；5—低温反应模块；
6—高温反应模块；7—低温产物收集瓶；8—高温产物收集瓶

（2）将低温和高温两个反应模块的温度通过导热油循环控制在 30℃ 和 80℃。待设备温度稳定后，启动两个进样泵，先用 DCE 清洗反应通道，流量设为 15mL/min，时间设为 5min。清洗结束，将背压阀调至 300kPa。

（3）将乙酰苯胺（270.4g，2.0mol）溶解在 DCE 中配成溶液（1500mL），并将氯磺酸（582.7g，5.0mol）溶于 DCE 中配成溶液（900mL），两个泵分别以 7.5mL/min 输入乙酰苯胺的 DCE 溶液和 4.5mL/min 输入氯磺酸的 DCE 溶液，在此条件下稳定后，分别于 5min 和 10min 取样，用液相色谱仪检测。

（4）保持高温反应模块不变，将低温反应模块温度分别调至 40℃、55℃、70℃ 和 85℃，待温度稳定后，以同样的速度进样，分别于 5min 和 10min 取样检测。

（5）连续收集 10min 高温模块反应液，在搅拌下缓慢倒入 80g 碎冰中，搅拌 5min 后过滤分层，用 60mL DCE 萃取三次（每次 20mL），合并有机相，用 50mL 冰水洗涤两次（每次 25mL），加入 5g 无水硫酸钠，干燥 10min，减压蒸馏除去溶剂，得到乳白色固体。室温下真空抽至恒重，称重计算产率，用液相色谱仪检测纯度。

3. 注意事项

（1）检查反应器各管线接头的密封性，确保不漏液。

（2）进料前，先用二氯甲烷对管线和反应器进行清洗，除去杂质。

（3）料液入口端须加装过滤器，以免固体颗粒进入反应器，造成通道堵塞。

（4）考虑到热量损失，导热油温度应比反应所需温度高出 5℃ 左右。

（5）若将反应器温度设定在物料沸点之上，应先将反应体系的压力调至适当值，避免进料比产生误差。

（6）实验结束，用溶剂冲洗管道 30min，洗去残留的物料，以免堵塞管道。

5.2.13　模拟移动床分离果葡糖浆

用常规的蒸馏、萃取、结晶等分离方法难以分开的混合物，特别是物理、化学性质十分相近的同分异构体，有时可以用固体吸附剂的选择性吸附方法来分离。例如钙型离子交换树脂对果糖的亲和力比它的同分异构体葡萄糖强，当果葡糖浆的水溶液流经这种树脂床层时，果糖和葡萄糖就在固定相（树脂）和流动相（水溶液）之间反复多次分配，果糖被吸附，随溶液流动慢；葡萄糖不被吸附，随溶液流动快。所以葡萄糖先流出分离柱，称为吸余物；随后用水洗脱分离柱，果糖离开吸附剂进入溶液，并随溶液流出分离柱，果糖被称为吸附物。所以用单柱固定床分离果葡糖浆时，首先流出纯度较高的葡萄糖，然后葡萄糖逐渐减少，果糖逐渐增加，最后流出纯度较高的果糖。上述分离过程称为柱色谱分离，这是一种高效的现代分离技术。

单柱固定床的分离为间歇操作，效率不高。大规模工业生产多采用模拟移动床，即把固体吸附剂固定不动，周期性地改变待分离原料、洗脱剂的进口位置以及吸余物、吸附物的出口位置，实现待分离物料和吸附剂的相对运动，就可以实现连续分离，大大提高色谱分离的效率。

模拟移动床示意图见图 5-32。移动床分成 4 个区域，原料由 A 和 B 组成，其中 A 为弱吸附组分，B 为强吸附组分）。原料从 Ⅱ 和 Ⅲ 区之间连续进入，流动相由下往上移动，固定相以介于 A 和 B 之间的速度向下移动，最终从两个出口分别得到纯的提取液（Extract）B 和提余液（Raffinate）A。图 5-32 中 $Q_1 \sim Q_4$ 分别为区 Ⅰ ~ Ⅵ 的流动相流量；Q_r、Q_f、Q_e 和 Q_1 分别为提余液流量、进样流量、提取液流量和洗脱液流量；Q 为固定相流量。

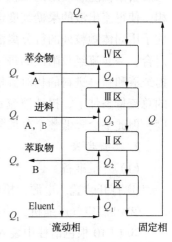

图 5-32　模拟移动床示意图

分离过程中，由于固定相以一定速度往下移动，因此待分离组分将不会像在单柱色谱中那样随流动相往同一方向移动。只要适当控制固定相的移动速度，弱吸附组分 A 将往上移动，而强吸附组分 B 将往下移动。运行一段时间后，系统中 A 和 B 的浓度分布将处于稳定状态。

1. 实验装置流程

实验装置工作流程如图 5-33 所示（以 10 柱串联模拟移动床为例）。10 柱模拟移动床首尾相连构成一个循环系统。每根柱的功能和地位完全相同。可以将十根柱分为三个区：4 根为吸附区，第一根柱的进口流入果糖与葡萄糖的混合液（果葡糖液），最后一根柱的出口流出吸余物葡萄糖；第二个区为提纯区，由三根分离柱组成，其第一根柱的进口流入纯度较高的果糖溶液，将三根柱内吸附剂颗粒之外的果葡糖液置换为果糖液，最后一根柱流出液进入分离区的第一个柱进口处；余下三根柱子为洗脱区，洗脱剂水从第一根柱的上方进入，被洗脱的果糖溶液（吸附物）从第三根柱的下方流出。

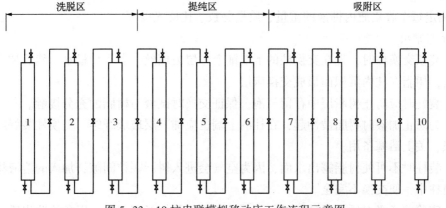

图 5-33　10柱串联模拟移动床工作流程示意图

当吸附区的最后一根柱的出口处流出的糖液中果糖含量高于某设定值时，所有进出口位置向后移动一根柱子，进入下一个周期。原洗脱区第一根柱作为吸附区的最后一根柱子，待分离混合物从原吸附区的第二根柱上方进入；原吸附区的第一根柱则作为新的提纯区的最后一根柱子，原提纯区的第一根柱子变为洗脱区的最后一个柱子，其下方将流出富果糖液；洗脱液从原洗脱区的第二根柱子流入。这样就开始了一个新的切换周期。

每一个切换周期中，吸附区最初约一半时间流出液为洗脱液水，然后开始出现富葡萄糖液，浓度逐渐增大，葡萄糖纯度逐渐降低。洗脱区最初流出物浓度和纯度都接近于提纯液，然后富果糖随着吸附剂颗粒外的提纯液被洗脱剂水置换，被固体颗粒吸附的果糖脱附进入液相，使得流出液的果糖纯度逐渐升高，而浓度逐渐下降。提纯液的作用是用来置换原吸附区柱子中固体颗粒外的待分离混合物，提纯区的流出物进入吸附区的第一根柱子，与新鲜进料混合，一起流经吸附区的每一根柱子，其中果糖优先被吸附，而葡萄糖首先流出。所以调整提纯液和新鲜进料的相对流量，将影响整个分离系统的处理能力和产品纯度。例如，在一定的总流量条件下，提纯液流量增大而新鲜进料流量减少，将会提高产品葡萄糖和果糖的纯度，但此举会降低整个分离装置的处理能力。

2. 实验步骤

（1）开机准备

① 打开装置总电源，检查泵、加热器、仪表、气控阀门等是否有电。

② 开启空气压缩机，检查气控阀门开/闭是否正常。

③ 向 10 根色谱柱中装入经过预处理的钙型树脂填料，按图 5-33 所示连接管路，通入高纯氮气试漏。

（2）分离

① 将每根色谱柱的操作温度设为 60℃。配制果糖质量分数为 40% 的果糖-葡萄糖混合液（果葡糖浆），加入原料罐。配制果糖质量分数为 80% 的富果糖液，加入提纯液罐。向洗脱液罐中加入去离子水。

② 将高纯氮气通入缓冲罐，压力维持在 0.11~0.18MPa，开启各股进料，控制吸附区出口液体流量为 4~5mL/min。

③ 设定阀程序，每运行一定时间自动切换开/闭状态，按指令构成不同流路。

④ 在吸附区出口处收集富葡萄糖液，在洗脱区出口处收集富果糖液，每隔 5min 更换收集瓶。

⑤ 测定每个收集瓶内糖液的重量、质量分数、比旋光度等。

3. 注意事项

（1）装填交换柱时，先在交换柱的下端铺上一层玻璃丝，灌入少量水，然后加入被水浸润的树脂，树脂在柱内沉积而形成交换床层。

（2）装柱时应防止树脂层中存留气泡，保证交换时试液与树脂的充分接触。

（3）为防止加液时树脂被冲起，在柱的上端也应铺一层玻璃纤维。交换柱装好后再用蒸馏水洗涤，关上活塞备用。

（4）装柱时不可使树脂露出水面，因为空气会进入树脂颗粒间隙，加入的溶液将气泡封闭在交换柱中，使交换不完全。

（5）实验前务必对所有气动阀进行调试，务必使其按指令工作，以免流路出错。

5.2.14 Kolbe 法合成水杨酸

水杨酸是医药、香料、染料、橡胶助剂等精细化学品的重要原料。水杨酸本身有溶解皮肤角质的作用，可用于治疗局部角质增生及皮肤霉菌感染，此外，还可以以它为原料合成乙酰水杨酸(阿斯匹林)。水杨酸最早是从柳树皮的提取物中得到的，所以又名"柳酸"。1859年 Kolbe 使用干燥苯酚钠盐粉末和二氧化碳在 4~7atm 下反应制得水杨酸，发明了 Kolbe 法合成水杨酸路线。

以苯酚为原料制备水杨酸需经过成盐、羧化和酸化三步反应，反应式分别如下：

成盐反应

羧化反应

酸化反应

1. 实验装置流程

水杨酸合成工艺流程见图 5-34。把苯酚和稍过量的 50%氢氧化钠热溶液(过量 1%~2%，摩尔分数)在混合器内搅拌均匀，放入反应釜内加热至 130℃并搅拌，用二甲苯作为夹带剂共沸脱水(如有水分就会生成苯酚和碳酸钠)，最终反应釜内主要物料为苯酚钠和二甲苯，打开釜底阀，用泵将物料送至苯酚钠储罐。将苯酚钠和二甲苯混合物送入羧化釜，在常温下搅拌并通入 0.5~0.6MPa 的 CO_2 进行羧化。将物料加热至 160~170℃，保持 2h 后泄压，减压蒸馏回收苯酚。在羧化反应釜中将水杨酸钠粗品用水溶解，形成 30%的水杨酸钠溶液，放入脱色槽，加入锌粉和活性炭脱色。将混合溶液进行压滤，清液送到沉淀槽，加入 30%~60%的硫酸进行酸析，分离、干燥，得到工业级水杨酸。成盐、羧化和酸析三个工段中，成盐工段最为重要，该工段的详细工艺流程见图 5-35。

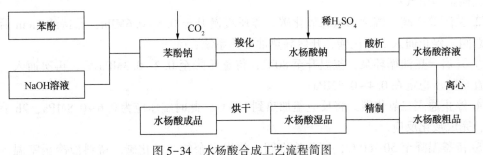

图 5-34 水杨酸合成工艺流程简图

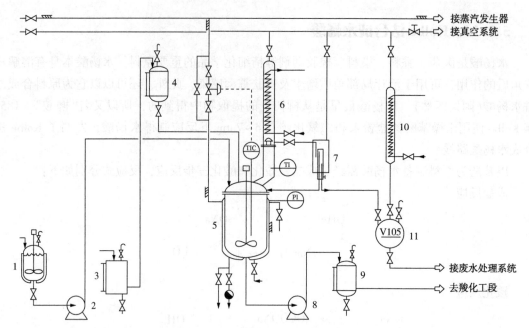

图 5-35 成盐工段工艺流程图

1—原料预混釜；2，8—进料泵；3—二甲苯储罐；4—二甲苯高位槽；
5—成盐反应釜；6，10—冷凝器；7—分水器；9—苯酚钠储罐；11—废水收集罐

2．实验步骤

制备水杨酸需要经过成盐工段、羧化工段和酸化工段，具体操作如下：

（1）成盐工段

① 配制苯酚和氢氧化钠混合溶液，两者摩尔比为 1：1.02，苯酚、氢氧化钠和水的投料量分别为 941g、408g 和 3000g，搅拌 30min。

② 用真空将 20L 二甲苯抽到高位槽中，打开高位槽底阀，将二甲苯加到成盐反应釜中。打开搅拌马达电源，将上述水溶液缓慢加入成盐反应釜中。

③ 打开蒸汽发生器，将温度控制在 95℃ 左右，回流 1h，将釜温升到 135℃，以二甲苯为夹带剂共沸脱水（常压共沸点为 92℃，共沸物含水量 37.5%），将分水器下层的水排出，上层二甲苯返回反应釜中。

④ 反应结束，关闭蒸汽发生器，打开循环水冷却，待釜温降至 40℃ 以下，打开成盐反应釜釜底阀，将物料放入苯酚钠储罐，用于羧化反应。

（2）羧化工段

① 将苯酚钠与二甲苯的混合物加入羧化反应釜，缓慢通入干燥的二氧化碳，打开放空阀，置换釜内空气；

② 关闭放空阀，继续通入二氧化碳，釜压缓慢升至 0.5～0.6MPa，保持约 5min 后关闭气瓶总阀，停止通入二氧化碳，开启导热油加热系统；

③ 开启导热油循环泵，釜温升至 80℃，待釜压降至 0.2～0.3MPa 后，再次通入二氧化碳，直至釜压稳定在 0.4～0.5MPa；

④ 停止通入二氧化碳。将反应釜加热到 130℃，此时釜压应为 0.6～0.8MPa，2h 后停止加热，完成羧化反应。

⑤ 待釜温降至 50～60℃，打开放空阀，放出多余的二氧化碳。待料液冷至室温，从羧

化反应釜底阀放出。

（3）酸化工段

① 在羧化产物中加入 10L 水，搅拌，静置分层，分出下层的水杨酸钠水溶液。

② 蒸馏回收上层液体中的二甲苯，将水杨酸钠水溶液投入酸化反应釜。

③ 将质量分数为 10% 的硫酸水溶液用真空抽入高位槽。开启酸化釜的搅拌，打开硫酸高位槽的底阀，将稀硫酸缓慢滴加到酸化反应釜中，同时检测釜内液体的 pH 值，当酸化液的 pH 值降至 2 时，停止滴加稀硫酸。

④ 将混合液转移到离心机中，脱除液体，固体在 45~50℃ 下真空干燥 2h，得产品水杨酸，称重，对产品进行结构鉴定和含量测定，计算收率。

3. 注意事项

（1）将二甲苯抽入高位槽前，须先关闭高位槽的进料阀、出料阀、放空阀，打开与真空系统相连的阀，在高位槽内形成真空。然后关闭与真空系统的连接阀，缓慢打开高位槽进料阀。

（2）配制混合原料时，应先将苯酚和氢氧化钠分别用水初步溶解，再将其加入预混釜中，缓慢加热至 50℃，搅拌 30min。

（3）成盐反应过程中，务必保证足够的回流时间，将反应釜中的水分除尽，否则在羧化工段易生成碳酸钙。

（4）在羧化反应前，先通入 CO_2 对反应釜和管道进行吹扫，将釜内空气置换干净。

（5）在配制原料和稀释硫酸过程中，务必做好个人防护、严格遵守操作规程，避免造成伤害事故。

5.2.15 锂离子电池制备及性能测试

锂离子电池是一种锂离子浓差电池，正负电极由两种不同的锂离子嵌入化合物组成。正极材料是一种嵌锂式化合物，在外界电场作用下化合物中的 Li^+ 从晶体中脱出和嵌入。当电池充电时，Li^+ 从正极嵌锂化合物中脱出，经过电解质溶液嵌入负极化合物晶格中，正极活性物处于贫锂状态；电池放电时，Li^+ 则从负极化合物中脱出，经过电解质溶液再嵌入正极化合物中，正极活性物为富锂状态。为保持电荷平衡，充放电过程中应有相同数量的电子经外电路传递，与 Li^+ 一起在正、负极之间来回迁移，使正、负极发生相应的氧化还原反应，保持一定的电位。锂离子电池工作电位与构成电极的插入化合物的化学性质、Li^+ 的浓度有关。在正常充放电过程中，负极材料的化学结构不变。因此，从充放电反应的可逆性看，锂离子电池反应是一种理想的可逆反应。

锂离子电池正极材料一般选用过渡金属氧化物，常见的有钴氧化物（$LiCoO_2$）、镍氧化物（$LiNiO_2$）、锰氧化物（$LiMn_2O_4$）和磷酸铁锂（$LiFePO_4$）等。液态锂离子二次电池通常采用层状复合氧化物为正极，人造石墨或者天然石墨为负极，充放电过程通过锂离子的移动实现。以商品化的液态电解质锂离子电池为例，正极材料和负极材料分别为 $LiFePO_4$ 和石墨，以 $LiPF_6$-EC-DEC 为电解液，其电池工作原理如图 5-36 所示。

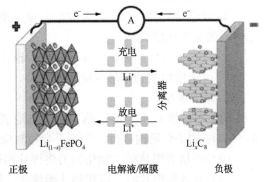

图 5-36 锂离子电池工作原理

研究表明，Li$^+$的脱嵌过程是一个两相反应，存在着 LiFePO$_4$和 FePO$_4$两相的转化，充电时，铁离子从 FeO$_6$层面间迁移出来，经过电解液进入负极，发生 Fe^{2+}→Fe^{3+}的氧化反应，为保持电荷平衡，电子从外电路到达负极。放电时则发生还原反应，与上述过程相反。商业化锂离子电池用能嵌入锂离子的碳材料作为负极，本实验中采用购置的金属锂片作为负极材料。锂离子电池的电解液是含锂离子的盐，如在丙烯碳酸酯（PC）、乙烯碳酸酯（EC）、二甲基碳酸酯（DMC）、二乙基碳酸酯（DEC）等有机溶剂中溶解有机锂盐（LiPF$_6$、LiClO$_4$或LiBF$_4$），构成锂盐-有机溶剂体系电解液。本实验使用的是 1mol/L 的 LiPF$_6$的 EC+DMC（体积比 1∶1）溶液。电池中隔膜的主要作用是作为离子的导体，并且将电池的正负极隔离以防止电池短路。锂离子电池一般采用高强度薄膜化的聚烯烃多孔膜。本实验选用厚度为 25μm的 Celgard2400 型隔膜。

1. 实验步骤

（1）正极极片的制备

① 称取电极组分共 3g，按照 90∶2.5∶2.5∶5 的比例称取 LiFePO$_4$正极活性材料、乙炔黑、导电炭黑和黏合剂 PVDF。

② 将第 1 步称取的材料一起倒入玛瑙研钵中，手动研磨约 30min，将固体材料研磨均匀后加入适量的 N-甲基吡咯烷酮（NMP）继续研磨，制备成具有一定黏度的浆液。

③ 制备电极片。取适量铝箔，表面先用乙醇擦拭干净并干燥，然后将第 2 步制备的浆液用湿膜制备器均匀涂于铝箔上，并在真空干燥箱中 120℃ 干燥 30min，然后用切片机将极片切成直径为 14mm 的圆片，最后把剪切的极片辊压成型。

④ 将第 3 步制备成型的正极片称重，烘干备用。

（2）电池的组装

① 将烘干后的正极电极片、电池壳和隔膜等送入手套箱中。

② 按照正极壳、正极电极片、隔膜、电解液、锂片和负极壳的顺序自下而上依次放好，然后在小型液压纽扣电池封口机上封口成型。

③ 把封口成型的电池移出手套箱，待用。

（3）测试电池内阻

将装配好的扣式电池编号，用万用表测试其内阻，记录数据。

（4）测试电池的电化学性能

将装配好的电池连接到电池测试系统上，在 2.8~4.2V 间测试电池性能。测试条件为：0.2C 恒流充电至 4.2V，转恒压充电，静置 10min，转恒流放电至 2.8V，循环 10 次停止。

（5）数据处理

① 以电压为纵坐标，以充放电容量为横坐标，绘出电压-容量变化图，比较不同循环电池电压容量变化情况。

② 以容量为纵坐标，以循环次数为横坐标，比较不同电池的循环性能及容量保持率。

③ 讨论所得实验结果及曲线的意义。

2. 注意事项

（1）电解液对水非常敏感，扣式电池装配过程必须在无水无氧条件下进行，通常须在Ar 气氛围的手套箱内进行，使用手套箱时应严格按照操作规程进行。

（2）在切割锂片前，须用刮刀将锂片两面的氧化层清除。

（3）在放置极片时，应用钝头绝缘镊子操作，避免极片破损和电解液侧漏。

（4）用封口机将电池压实后，不可用金属镊子夹电池的两面，以免短路。

5.3　仪器分析实验操作安全

仪器分析实验的特点是操作较复杂、影响因素多、信息量大，需要通过对大量实验数据的分析和图谱解析才能获取所需要的有用信息，这些特点有助于提高学生的实验技能、培养学生的分析推理能力。仪器分析实验的目的是让学生以分析仪器为工具亲自动手去获得自己所需要的信息，是学生在老师指导下或独立进行的一种特殊的科学实践活动，是学生未来走向社会独立进行科学实践的准备。通过仪器分析实验可培养学生严谨的科学作风和独立从事科学研究的能力，掌握从事科学活动的技能，而这种"作风""能力"和"技能"是在认真、严格、规范的实验训练和获得准确可靠的实验数据的过程中逐步养成和获得的。要达到仪器分析实验教学的目的，需对每名学生从严要求，要求学生不仅要学会操作仪器，更要学会如何利用仪器解决科学问题。

学生在实验之前应做好预习，仔细阅读仪器分析实验教材和仪器操作说明书，弄清楚实验方法和原理、实验操作程序和注意事项，特别是安全注意事项。严格遵守规章制度和操作规程，安全进行仪器分析实验，不仅可以保护操作人员自身安全，而且可以保证仪器正常运行，避免造成人为损坏。大多数分析检测仪器是价格昂贵、技术复杂、构造精密的大型仪器，操作人员必须接受专门培训才能独立操作，此时实验安全的意义不仅是保护操作人员的安全，而且很大程度上体现在保护仪器本身不被人为损坏。若操作人员对仪器操作不熟悉或对实验方案有疑问，要及时请教指导教师，切忌自以为是。下面介绍气相色谱、液相色谱、核磁共振波谱、红外光谱等8个典型仪器分析实验的安全操作步骤及注意事项。

5.3.1　毛细管柱气相色谱法分析小茴挥发油中的反式茴香醚

小茴挥发油主要存在于小茴籽(种子、果实)中，含量3%~6%。小茴挥发油成分复杂，即使同一产地的小茴香由于植株年龄、生长发育期、采摘季节、采摘时间及提取挥发油的方法及部位的不同，其成分也不完全相同。不同地区小茴香品种中所含挥发油含量存在差异，其高低顺序为山西>宁夏>甘肃>内蒙古。小茴香油主要成分为茴香醚50%~60%、爱草脑、小茴香酮18%~20%。小茴香油在烟、酒、牙膏工业中广泛使用，也用于调制香薇、素心兰等型皂用香精、人造卡南伽油等。药用有健胃、驱风作用。

毛细管色谱柱的柱效要比填充柱高很多，这是由于单位柱长液相体积小，气相体积大，在一定温度下容量比降低，从而使得理论塔板数增加，因此在分离难分离混合物时必须采用毛细管柱色谱。由于分离效率高，因而对所涂渍的固定液性质要求不像填充柱那样苛刻，避免了精选固定液的麻烦，只在几根极性不同的毛细管柱中进行筛选，即可解决大多数较复杂样品的分析。本实验采用毛细管气相色谱法测定小茴挥发油中的反式茴香醚，配备氢火焰离子化检测器，毛细管柱尺寸为$\phi 0.25mm \times 30m$，手性固定液。采用微量注射器进样。气相色谱仪工作流程见图5-37。

1. 实验步骤

(1)提取挥发油。称取50g小茴，用滤纸包好后放入索氏提取器，加入正己烷，开启加热套电源，加热回流2h后取下溶剂收集瓶，用旋转蒸发仪除去正己烷，剩余少量油状液体作为待分析样品。

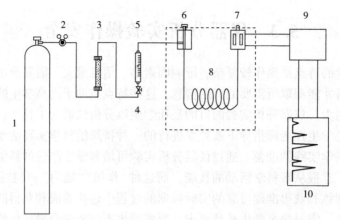

图 5-37　气相色谱仪工作流程图

1—载气钢瓶；2—氮气减压器；3—气体干燥管；4—针形阀；

5—流量计；6—汽化室；7—检测器；8—色谱柱；9—放大器；10—工作站

（2）设定载气流速。打开氮气钢瓶总阀，调节减压器手柄，将出口压力设为 0.2MPa。通过针形阀将流速调为 1mL/min。

（3）设置柱温程序。初始温度 50℃ 保持 2min，以 5℃/min 升至 150℃，保持 2min，再以 10℃/min 升至 250℃，保持 5min。进样口和检测器温度均设为 250℃。开启加热电源。

（4）打开氢气发生器和空气压缩机电源，将氢气和空气流量分别调到 45mL/min 和 400mL/min。

（5）检测器点火，若听到"啪"的一声，或罩在检测器上方的小烧杯内壁出现水雾，说明点火成功。

（6）打开色谱工作站，输入参数，调节视窗范围。编辑文件名，设定数据文件保存路径。待基线稳定，注入 0.1μL 反式茴香醚标样，待出峰完毕，停止采集数据。

（7）分别进样 0.2~0.5μL（间隔 0.1μL）小茴挥发油，观察进样量对分离效果的影响。

（8）实验结束，将柱箱、汽化室、检测器温度设为 25℃，待柱温降至室温后关闭载气。

（9）关闭气相色谱、氢气发生器及空气压缩机电源。

2. 注意事项

（1）氢火焰离子化检测器在点火时，应先将氢气流量调至稍大于工作流量，以利于点火，点着后再降至工作流量。

（2）如果使用氢气钢瓶作为气源，在气瓶柜内应安装可燃气体监测报警和强制排风联锁系统。

（3）处于工作状态的仪器，其进样口、检测器和柱箱的温度都较高，操作时应避免身体部位与其接触，防止发生烫伤事故。

（4）若采用微量注射器进样，必须先用样品润洗注射器，再吸入 1μL 样品，针头朝上排除空气，然后将针杆推至规定刻度，排出多余样品，用滤纸拭干针头，准备进样。

（5）进样时应快速将针头插入汽化室并将针杆推到底，然后将针拔出，不可在汽化室停留。

（6）在关闭载气前，务必确保柱箱温度降至室温，以免涂敷在色谱柱内壁的固定液被氧化。

5.3.2 反相高效液相色谱法分析苹果汁中有机酸

高效液相色谱仪主要分析高沸点、受热不稳定的、分子量较大的有机化合物，广泛应用于化工、制药、食品、环境等领域。高效液相色谱仪由流体输送系统(输液泵)、进样系统、分离系统(色谱柱)、检测系统(检测器)和数据采集与处理系统(色谱工作站)组成(如图5-38所示)。输液泵将流动相(淋洗液)以稳定的流速(或压力)输送至色谱系统，在色谱柱之前通过进样器将样品导入，流动相将样品带入色谱柱，样品中各组分在色谱柱中依次被洗脱，并随流动相流至检测器，检测器将信号送至工作站，对数据进行记录、处理和保存。

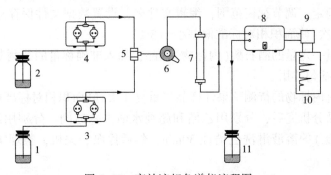

图5-38 高效液相色谱仪流程图

1，2—流动相储液瓶；3，4—流动相输送泵；5—混合器；6—进样阀；
7—色谱柱；8—检测器；9—光电转换器；10—色谱工作站；11—废液收集瓶

食品中主要的有机酸是乙酸、丁二酸、苹果酸、柠檬酸、酒石酸等，它们可能来自原料发酵过程或是人为添加。在反相键合相色谱体系中，有机酸在水溶液中有较大的解离度，解离后的酸根离子亲水作用强于有机酸分子，在色谱柱中的保留时间较短，不同组分的酸根离子不易分离，易产生峰重叠(完全不分离)或峰并肩(部分分离)现象。苹果汁中的有机酸主要是苹果酸和柠檬酸。在酸性流动相条件下(pH为2~5)，两种有机酸的解离得到抑制，利用分子状态有机酸的疏水性，使其在C_{18}键合相色谱柱中能够保留。由于不同有机酸的疏水性不同，疏水性大的有机酸在固定相中保留强，较晚流出色谱柱，疏水性小的有机酸保留较弱，较早流出，从而使各组分得到分离。本实验采用紫外检测器、C_{18}键合相色谱柱。选择酒石酸为内标物，只对苹果汁中的苹果酸和柠檬酸进行定量分析。

1. 实验步骤

(1) 称取一定量的磷酸二氢铵，用市售娃哈哈纯净水配制0.8mmol/L和0.2mmol/L两种磷酸二氢铵水溶液各200mL，分别向其中加入20mL乙腈，超声脱气30min后，用溶剂过滤器过滤，分别标记为流动相A和流动相B。

(2) 分别称取一定量的苹果酸、柠檬酸和酒石酸，用超纯水配制1000mg/L的溶液，贴上标签备用。用0.45μm滤膜对三种溶液进行过滤，滤出液收集在1.5mL离心试管中。

(3) 称取一定量的待测苹果液加入100mL容量瓶，用水定容。用0.45μm滤膜对三份溶液进行过滤，滤出液收集在1.5mL离心试管中。

(4) 依次打开紫外检测器、高压输液泵、柱箱电源。

(5) 逆时针旋转高压输液泵排空阀，摁下仪器面板上的"purge"键，泵开始高速运行，待管路中不再出现气泡时，再次摁下"purge"键，泵停止运行，关闭放空阀。

(6) 打开色谱工作站，设置流动相A和流动相B比例为50：50(体积比)，流速为

1.0mL/min，柱箱温度设为 30℃，检测波长设为 210nm。

（7）待基线稳定，调节视窗范围，编辑文件名，设置数据文件保存路径。

（8）向六通阀中注入 3 种有机酸的混合标样，观察分离情况。

（9）调整流动相 A 和 B 的比例，使 3 种有机酸得到良好的分离。

（10）待基线稳定，调节视窗范围，编辑文件名，设置数据文件保存路径。分别注入 3 种有机酸的标样，根据保留时间进行定性。

（11）待基线稳定，调节视窗范围，编辑文件名，设置数据文件保存路径。注入有机酸混合标样，重复 3 次(峰面积相对标准偏差小于 3%)用于计算各自的校正因子。

（12）待基线稳定，调节视窗范围，编辑文件名，设置数据文件保存路径。注入待测苹果汁样品，重复 3 次(峰面积相对标准偏差小于 3%)。

（13）准确称量一定量的酒石酸(内标物)样品，加入准确称量的待测苹果汁样品中，记录各自的称量值，摇匀待用。

（14）注入含有内标物的待测苹果汁样品，重复 3 次(峰面积相对标准偏差小于 3%)。

（15）所有样品分析完后，分别用乙腈和超纯水清洗六通阀。分别用纯水和甲醇-水比例为 90∶10(体积比)的溶液淋洗色谱柱 30min，然后停泵、关机，整理实验台，处理实验数据。

2. 注意事项

（1）开启高压输液泵前，一定要排出泵头和管路中的空气。

（2）流动相配制完毕，须用 0.45μm 滤膜(水性)过滤，除去其中的微小颗粒，避免堵塞色谱柱。

（2）每次进样前，用样品润洗微量注射器 5 次，吸取 100μL 样品，将针头朝上，排出针筒内的空气，继续上推针杆，使针筒内保留 60μL 液体，用滤纸拭净针头外壁液体，将六通阀手柄逆时针旋转 60°，将针头插入六通阀中心圆孔，使针头(平头)与转子密封圈紧密贴合，将针杆推到底，样品充满定量环(20μL)，多余液体排入六通阀侧面的废液收集小瓶。

（3）所有待测样品必须用 0.22μm 滤膜过滤，以避免固体微粒对六通阀转子密封圈的磨损，同时也避免固体微粒进入色谱柱。

（4）转动阀芯时不能太慢，更不能停留在中间位置，否则流动相受阻，使泵内压力剧增，甚至超过泵的压力上限。

（5）为防止样品残留在进样阀中，分析结束后，通常先用 20mL 甲醇或乙腈冲洗进样阀，再用 20mL 高纯水冲洗。

（6）为防止缓冲盐残留在色谱柱和管路中，实验结束后先用纯水淋洗色谱柱 30min，再用甲醇-水比例为 90∶10(体积比)的溶液淋洗色谱柱 30min，避免有机物残留在色谱柱内。

5.3.3　气质联用法定量测定可乐中的咖啡因

质谱分析法主要是通过获得样品离子的质荷比信息来实现定性和定量的一种分析方法。因此，任何质谱仪器都必须配备将样品分子转变为离子的离子源，还必须有把不同质荷比的离子分开的质量分析器，再经过检测器进行记数和信号放大，得到样品分子的质谱图。质谱图包含样品的结构信息，对样品的质谱图和总离子流图进行处理，可以得到定性和定量分析结果。图 5-39 为气相色谱-质谱联用仪(GC-MS)的工作流程图，仪器由色谱单元和质谱单元组成，质谱单元主要包括离子源、质量分析器、检测器、真空系统和数据处理系统等。

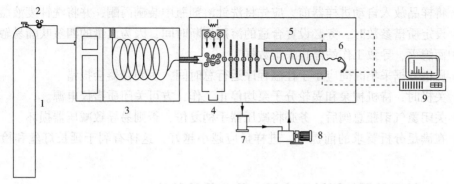

图 5-39　气相色谱-质谱联用工作流程图
1—氦气钢瓶；2—减压器；3—气相色谱仪；4—离子源；
5—质量分析器；6—检测器；7—二级真空系统；8——级真空系统；9—工作站

　　用质谱法对某有机化合物进行定量分析时，通常将质谱仪看作是一种检测器，利用总离子流峰面积与样品量成正比的基本关系进行定量。具体方法类似于气相色谱或液相色谱定量分析。用质谱法定量选择性比单纯色谱法要高得多，在很多情况下用色谱法无法定性(干扰物太多，无法完全分离)的样品体系，用色谱质谱联用仪则很方便，通过选择离子监测模式可以很方便地消除干扰，准确地进行定量分析。

　　本实验采用气质联用仪(GC-MS)检测可乐中的咖啡因。可乐中咖啡因含量较低，而且还含有大量的水、糖和其他添加剂，直接进样会损坏色谱柱。因此本实验采取液-液萃取分离和蒸馏浓缩对样品进行前处理，再注入 GC-MS 分析。

　　1. 实验步骤

　　(1) 取 40mL 可乐加入分液漏斗，再加入 20mL 无水乙醚，摇晃震荡 5min，静置 5min 后放出下层水相，将有机相放入单口烧瓶，重复 3 次，合并有机相，用旋转蒸发仪浓缩。浓缩至 0.5mL 左右即可用于定性分析。若进行定量分析，须将乙醚蒸干，准确加入 0.5mL 四氢呋喃，溶解后待用。

　　(2) 打开氦气钢瓶总阀，调节减压器出口压力至 0.6MPa。打开气相色谱仪电源，待其自检通过，再打开质谱电源。

　　(3) 打开工作站软件，开启机械泵，真空系统开始工作。

　　(4) 待真空准备完毕，设置自动进样器、气相色谱和质谱各参数，保存方法文件。

　　(5) 待各参数达到设定值，对仪器进行调谐，并保存调谐文件。

　　(6) 取 0.5mL 待测样品装入自动进样小瓶，编辑样品瓶号、进样量、文件名及保存路径，调用方法文件和调谐文件。

　　(7) 自动进样，工作站自动采集数据。待程序运行完毕，自动生成数据文件。用后处理软件打开数据，对总离子流(TIC)图中每个峰进行检索，确定咖啡因的出峰位置。

　　(8) 对咖啡因峰进行积分，根据其峰面积进行定量分析(单点外标法)。

　　(9) 实验结束，在工作站软件中点击"关泵"，系统自动降温，待离子源温度降至 100℃ 以下，系统自动卸真空。

　　(10) 真空卸除后，先关闭质谱电源，再关闭气相色谱电源，最后关闭氦气减压器和气瓶总阀。

　　2. 注意事项

　　(1) 开机前务必先打开氦气并调节压力，否则旋片真空泵无法启动。

（2）将样品放入自动进样器前，应先将洗针溶剂瓶中装满丙酮，并将洗针废液瓶清空。

（3）设定质谱参数时，务必设置合适的溶剂切断时间，因为大量的四氢呋喃易触发灯丝自动保护而熄灭，导致工作站停止采集数据。

（4）质谱数据采集时间应小于柱温程序运行总时间，否则仪器会报错。

（5）关机时，待机械泵和涡轮分子泵均停止工作，方可关闭质谱仪电源。

（6）关闭氢气钢瓶总阀后，务必将减压器手柄复位，否则易导致减压器损坏。

（7）在满足分析要求的前提下，进样量应越小越好，这样有利于延长灯丝和检测器的寿命。

5.3.4　核磁共振氢谱法鉴定单一化合物的结构

脉冲傅立叶核磁共振（NMR）谱仪一般包括 5 个主要部分：射频发射系统、探头、磁场系统、信号接收系统和数据采集与处理系统。本实验采用 400M 核磁共振波谱仪，其工作原理如图 5-40 所示。

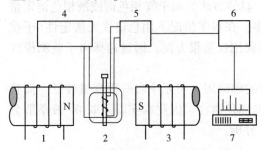

图 5-40　核磁共振波谱仪工作原理图

1，3—磁场系统；2—探头；

4—射频发射系统；5—射频接收系统；

6—信号接收系统；7—数据采集与处理系统

1. 实验步骤

（1）取 5mg 样品装入核磁管，加入 0.5mL $CDCl_3$，盖好塑料帽，避免溶剂挥发，轻轻摇动核磁管，使样品完全溶解。

（2）依次打开冷冻机、空压机电源，打开储气罐排水阀，5min 后再缓缓打开空压机储气罐与冷冻机之间阀门，排出冷冻机中的水。

（3）启动仪器，使探头处于热平衡状态，打开工作站软件。

（4）锁场并调整分辨率。以内锁方式观察标准样品中氘信号进行锁场，利用标样中乙醛的 FID 信号或醛基四重峰，仔细调节匀场线圈电流，获得最佳仪器分辨率。超导仪器宜用 $CDCl_3$ 作为标样，依据其峰形和峰宽获得最佳分辨率。

（5）设置测量参数。设置的参数包括：^1H 谱观测频率及其观测偏置；^1H 谱谱宽为 10~15ppm；观测射频脉冲 45°~90°；延迟时间 1~2s；累加次数 4~32 次；采样数据点 8~32K；无辐照场单脉冲序列。

（6）擦净样品管外壁，套上转子，以量规确定其位置。

（7）切换到外锁状态，更换欲测试样，或直接以内锁方式选择某一已知分子式的试样，以 20r/min 的速度旋转测出 ^1H-NMR 谱。

（8）利用所选用参数对采集的 FID 信号进行加工处理，包括：数据的窗口处理；作快速傅里叶变换获得频谱图，作相位调整；调整标准参考峰位（如 TMS 为 0，$CDCl_3$ 残余氢为 7.27），显示并记录谱峰化学位移；对谱峰积分，记录积分相对值；合理布局谱图与积分曲线的大小与范围。

2. 注意事项

（1）严格按操作规程进行操作，实验中不用的旋钮不得任意乱动。

（2）严禁将磁性物体（工具、手表、钥匙等）带到强磁体附近，尤其是探头区。

（3）样品管的插入与取出，务必小心谨慎。防止样品管折断或碰碎，避免其留在探头中造成事故。将样品管放入探头前，应先将其外壁擦干净，用量规限定涡轮转子的高度，用以保证试样位于磁体发射线圈中心位置。

（4）开始测试前，务必将仪器的分辨率调至最佳状态。

（5）在氢谱和碳谱之间相互切换时，要点一下"蓝色小试管"图标。

（6）添加液氮时，应穿戴好防护用品，防止冻伤。

5.3.5 液体、固体和薄膜样品的红外光谱测定

傅里叶变换红外光谱仪的工作原理如图 5-41 所示。固定平面镜、分光器和可调凹面镜组成了傅里叶变换红外光谱仪的核心部件——迈克尔逊干涉仪。由光源发出的红外光经过固定平面反射镜后，由分光器分为两束，其中 50% 的光透射到可调凹面镜，另外 50% 的光反射到固定平面镜。可调凹面镜移动至两束光光程差为半波长的偶数倍时，这两束光发生相长干涉，干涉图由红外检测器获得，经傅里叶变换处理得到红外光谱图。仪器的主要部件有光源、干涉仪、检测器。

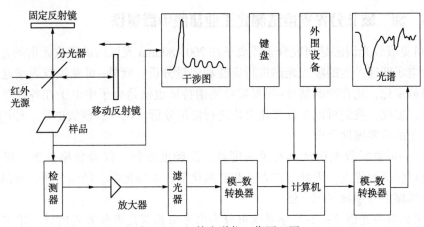

图 5-41 红外光谱仪工作原理图

1. 实验步骤

（1）打开除湿机，待室内相对湿度降至 65% 以下，打开红外光谱仪，预热 30min。

（2）取 2~3 滴未知液体样品滴加到两个 KBr 晶体窗片之间，形成一个薄的液膜，用夹具轻轻夹住后测定光谱图。进行谱图处理，谱图检索，确认其化学结构。

（3）取 2~3mg 未知固体样品与 200~300mg 干燥的 KBr 粉末在玛瑙研钵中混匀，充分研磨后，用不锈钢铲取 70~90mg 压片（本底最好采用纯 KBr 片），将样品片放入光路，开始测试，得到红外谱图。

（4）取 2~3mg 聚甲基丙烯酸甲酯放入玛瑙研钵中，将其研磨成细粉末（2μm 左右），滴加 2~4 滴石蜡油，继续研磨成均匀的糊状。取少许糊状物涂在盐片上测定。用石蜡油作为本底。

（5）将聚苯乙烯溶于二氯甲烷中（约 12%），滴加在铝箔片上，让其在室温下自然干燥成膜，再用镊子小心地撕下薄膜，并在红外灯下烘干，放在样品架上测定，得到光谱图，进行谱图处理和检索，确认其化学结构。

（6）实验结束，关闭仪器电源。清洗压片模具，擦干后放入干燥器。

（7）在样品架上放入一袋干燥剂（无水硅胶），吸除样品槽内的水分。

2. 注意事项

（1）压片法一般容易造成谱图的倾斜，样品量过多易造成峰宽偏大，峰形不尖锐，适宜的样品与KBr质量比为（1∶150）~（1∶300）。

（2）所得到的谱图应先处理后再检索。常采用的谱图处理功能是基线校正、吸光度与透过率切换、标峰和检索等。

（2）在红外灯下用溶剂（CCl_4或$CHCl_3$）清洗盐片时，不要离灯太近，否则移开灯后易因温差太大导致盐片碎裂。

（3）为了防止光学组件损坏，放置红外光谱仪的实验室温度应保持在15~30℃，相对湿度应≤65%。

（4）压片前应先将样品研细，再加入适量KBr研匀，研好后通过漏斗倒入压片模具并将试样铺均，将磨具放在压片机中心位置，关闭放油阀，使油压增加至10~15MPa并保持5min，打开放油阀，取下模具，用镊子夹出样品片。

（5）压片模具使用后应立即擦拭干净，必要时用水清洗并擦干，置于干燥器中保存。

5.3.6 邻二氮菲分光光度法测定工业盐酸中微量铁

紫外-可见吸收光谱法是研究分子或离子在200~800nm光区内的吸收光谱的方法，方法基于分子内电子跃迁产生的吸收光谱进行定性和定量分析。紫外-可见吸收光谱起源于分子中电子能级的变化，化合物的紫外-可见吸收光谱特征也就是分子中电子在各种能级间跃迁规律的体现。据此，我们可以对许多化合物进行定量分析。此外，该法也是一种用于有机化合物结构鉴定的重要辅助手段。

由于紫外-可见吸收光谱法具有灵敏度高、准确度较好、仪器价格低廉、仪器结构简单、操作简单便捷等优点，因此，该方法在有机化学、生物化学、药物分析、食品检验、医药卫生、环境保护等领域应用广泛。

紫外-可见吸收光谱仪按其光学系统可分为单光束和双光束分光光度计、单波长和双波长分光光度计，其中最常用的是双光束分光光度计，它由辐射光源、分光器（单色器）、吸收池、检测器、信号处理及显示系统组成。其工作原理如图5-42所示。

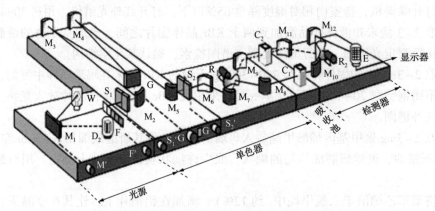

图5-42 双光束紫外-可见分光光度计工作原理图

1. 实验步骤

（1）溶液配制。如下：

① 配制浓度为100.0μg/mL的铁标准溶液。准确称取0.8634g $NH_4Fe(SO_4)_2 \cdot 12H_2O$，

置于烧杯中，加入 20mL 6mol/L 盐酸和 5mL 去离子水，溶解后转移至 1000mL 容量瓶，用去离子水稀释至刻度，摇匀。

② 配制浓度为 10.0μg/mL 的铁标准溶液。准确移取 10.0mL 浓度为 100.0μg/mL 的铁标准溶液加入 100mL 容量瓶，用去离子水定容、摇匀。

③ 配制 pH＝4.5HAc-NaAc 缓冲溶液。称取 32g 分析纯 NaAc·3H$_2$O 溶于适量水中，加入 68mL 6mol/L HAc，稀释至 500mL。

④ 配制其他溶液。10% 盐酸羟胺水溶液、0.10% 邻二氮菲水溶液、2mol/L 盐酸、0.4mol/L NaOH 溶液。

（2）绘制吸收曲线。移取 5mL 浓度为 10.0μg/mL 的铁标准溶液加入 50mL 容量瓶中，加入 1.0mL 10% 盐酸羟胺溶液，摇匀，放置约 2min，再加入 5mL HAc-NaAc 缓冲溶液、3mL 0.10% 邻二氮菲水溶液，用水定容，摇匀。用 1cm 比色皿，以去离子水为参比，在 470~550nm 范围内每隔 10nm 测定一次吸光度。然后以吸光度为纵坐标、波长为横坐标绘制吸收曲线，确定最适宜的吸收波长 λ$_{max}$。

（3）稳定性试验。用上述方法配制邻二氮菲铁溶液，迅速摇匀，放置 2min，用 1cm 比色皿，以不含显色剂的溶液作参比溶液，在选定的 λ$_{max}$ 下测定吸光度，记录吸光度和时间。间隔 2min、5min、10min、30min、60min、120min 测定一次，绘制吸光度-时间曲线，找出稳定时间范围。

（4）显色剂用量试验。向 7 个 50mL 容量瓶中分别加入 4mL 浓度为 10.0μg/mL 的铁标准溶液、1mL10% 盐酸羟胺溶液，放置 2min 后，再分别加入 5mL HAc-NaAc 缓冲溶液，最后依次加入 0.2mL、0.4mL、0.6mL、1.0mL、2.0mL、3.0mL 和 4.0mL 0.10% 邻二氮菲溶液，用水定容，摇匀。用 1cm 比色皿，以不含显色剂的溶液作参比溶液，在选定波长下测定吸光度，绘制吸光度-显色剂用量曲线，确定最适宜的显色剂用量。

（5）pH 值的影响。准确移取 10mL 浓度为 10.0μg/mL 的铁标准溶液，加入 100mL 容量瓶中，加入 10mL 2mol/L 盐酸、10mL 10% 盐酸羟胺溶液，放置 2min 后，加入 30mL 0.10% 邻二氮菲，用水定容，摇匀。取 7 个 50mL 容量瓶，准确移取 5mL 上述溶液加入各容量瓶中，再依次加入 0.00mL、1.00mL、2.00mL、4.00mL、5.00mL、7.00mL 及 9.00mL 浓度为 0.4mol/L 的 NaOH 溶液，用水定容，摇匀。用 1cm 比色皿，以去离子水为参比，在选定波长下测定各溶液的吸光度，再用酸度计测定各溶液的 pH 值。绘制吸光度-pH 值曲线，找出适宜的 pH 范围。

（6）绘制标准曲线。取 6 个 50mL 容量瓶，依次加入 0.0mL、2.0mL、4.0mL、6.0mL，8.0mL 和 10.0mL 浓度为 10.0μg/mL 的铁标准溶液，再分别加入 1mL 10% 盐酸羟胺溶液，摇匀后放置 2min。再分别加入 5mL HAc-NaAc 缓冲溶液和 3.0mL 0.10% 邻二氮菲溶液，用水稀释至刻度，摇匀。用 1cm 比色皿，以不含铁的试剂溶液作参比溶液，在选定波长下测定各瓶的吸光度，绘制吸光度-浓度标准曲线，拟合得到线性方程。

（7）未知试样溶液测定。在 3 个 50mL 容量瓶中分别加入 10mL 未知浓度的含铁溶液，按（6）所述方法配制待测溶液，测定吸光度，根据线性方程计算待测溶液中铁含量，并计算原试样中铁含量，单位为 μg/mL。

2. 注意事项

（1）打开仪器电源，预热 30min 后方可使用。

（2）每测一个溶液，应先用该溶液润洗比色皿 5 次。

（3）比色皿的光学面必须清洁干净，不准用手触摸；若光学面外表面有污物或灰尘，可用擦镜纸轻轻拭去。

（4）为使 Fe^{2+} 完全转变为 Fe^{3+}，加入盐酸羟胺后放置时间应不小于 2min。

（5）在考察某一因素对显色反应的影响时，应保持仪器的测定条件不变。

（6）实验结束，用去离子水清洗比色皿 5 次，晾干后放入专用储存盒中。

（7）放置分光光度计的实验室温度应保持在 15~30℃，相对湿度应≤65%。

5.3.7　等离子体原子发射光谱法测定饮用水中总硅

电感耦合等离子体原子发射光谱法（ICP-AES）是以等离子体为激发光源的原子发射光谱分析方法，可进行多元素的同时测定。样品由氩气引入雾化系统，雾化后以气溶胶形式进入等离子体的轴向通道，在高温和惰性气氛中被充分蒸发、原子化、电离和激发，发射出所含元素的特征谱线。根据特征谱线的存在与否，鉴别样品中是否含有某种元素（定性分析）；根据特征谱线强度确定样品中相应元素的含量（定量分析）。本法适用于各类样品中从痕量到常量的元素分析，尤其是矿物、中药、营养补充剂等样品中的元素测定。

电感耦合等离子体原子发射光谱仪工作原理见图 5-43。仪器主要由样品引入系统、电感耦合等离子体（ICP）光源、分光系统、检测系统等构成，另外还包括计算机控制及数据处理系统、冷却系统、气体控制系统等辅助系统。

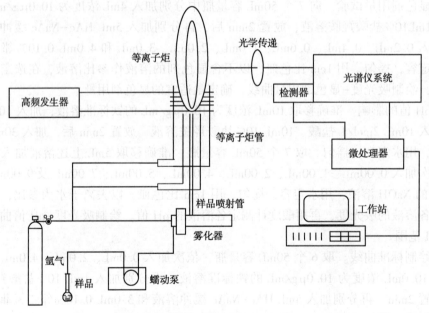

图 5-43　电感耦合等离子体原子发射光谱仪工作原理图

1. 实验步骤

（1）配制 1mg/mL 的标准硅储备液，移取 10mL 到 1000mL 容量瓶，用去离子水稀释至刻度，配制 10μg/mL 的标准溶液。

（2）打开氩气钢瓶总阀，启动光谱仪，点燃等离子体，预燃 20min。

（3）选择 4 条硅谱线，分别是 Si 288.159nm，Si 251.611nm，Si 250.690nm 及 Si 212.412nm。积分时间为 5s。拍摄 Si 的谱线图，在谱线两侧选择适宜的扣除背景波长，并读出光谱背景强度。

（4）用单元素分析程序进行标准化，过程为：喷雾进样高标准溶液（10μg/mL）及低标准溶液（二次重蒸水），绘制标准曲线，记下截距和斜率。积分时间为1s。

（5）进饮用水试样，平行测定5次，记录测定值，计算精密度（RSD）。

（6）熄灭等离子体，20min后关闭氩气钢瓶总阀。关闭计算机及主机电源。

2. 注意事项

（1）为了节约氩气用量，应在准备工作全部完成后再点燃等离子体。

（2）关机时，应先熄灭等离子体光源再关闭氩气钢瓶总阀，否则将烧毁石英炬管。

（3）待测的饮用水试样不可酸化，因为硅酸盐离子在酸性溶液中易形成不溶性硅酸胶体，易堵塞进样系统的雾化器。

5.3.8　X射线荧光光谱法定性分析未知钢样

用X射线照射试样时，试样可以被激发出各种波长的荧光X射线，需要把混合X射线按波长（或能量）分开，分别测量不同波长（或能量）X射线的强度，以进行定性与定量分析，可以实现上述功能的仪器叫X射线荧光光谱仪。由于X光具有一定波长，同时又有一定能量，因此，X射线荧光光谱仪有两种基本类型：波长色散型与能量色散型。波长色散型X射线荧光光谱仪结构示意图见图5-44。

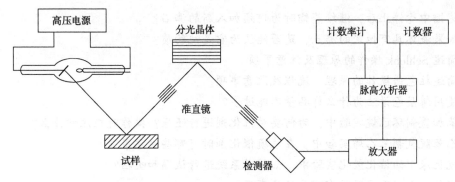

图5-44　波长色散型X射线荧光光谱仪结构示意图

1. 实验步骤

（1）用砂轮在钢样上打磨出一个平面，用无水乙醇清洗后吹干。

（2）打开工作站软件，设定X射线管的电压、电流、光栅等参数，待各项指标满足测量要求。

（3）将待测样品放入自动进样器中的样品台，并记住样品的位置坐标；在工作站中打开进样器界面，选择测量模式；输入待测样品的位置坐标并命名。

（4）根据检测要求和样品材料选择评估模式，包括"Elements""Oxides"和"Organics"三种，本实验选"Elements"。

（5）根据样品选择对应的制样方法，金属样品定义为"Solid"、直径40mm、无限厚。

（6）根据样品性质选择检测模式，块状固体选"真空"，液体、粉末和颗粒选"氦气"，压片选"带封挡的真空"。

（7）选择样品杯面罩直径（分为28mm和34mm两种）。

（8）根据样品选择检测方法，在无标样分析中包括"Fast Screening""Full Analysis"和"Best Detection"三种。

（9）点击"测量"按钮，机械手自动抓起样品放到样品室，检测完成后样品被自动放回原位。

（10）在"结果"界面打印报告，或至数据库查询。

2. 注意事项

（1）检查混合气体和氦气的余量，确保瓶内压力不低于1MPa。

（2）禁止直接检测低熔点样品，液体样品须放入样品杯中检测。

（3）分析液体样品和粉末样品时，必须在氦气气氛下进行，禁止抽真空；不可长时间分析液体样品，样品杯照射时长不得超过30min。

（4）粉末样品必须压成片状，且样品片表面不得有裂纹。

（5）若有样品颗粒掉入样品室，应立即停止分析，联系工程师寻求帮助。

（6）禁止用任何物体触碰光管头上的铍窗。若有样品掉到铍窗上，应用洗耳球将其轻轻吹掉，切勿用溶剂擦拭。

【思考题】

1. 蒸馏中途停止后，继续蒸馏时为何须加入新的沸石？

2. 如果液体具有恒定的沸点，是否能认为它是纯物质？

3. 简述Schlenk操作的原理及注意事项。

4. 简述柱色谱操作的原理、流程及注意事项。

5. 使用薄层色谱法为什么样品量不能过多？

6. 苯加氢制环己烷实验中，为何要对催化剂进行还原？操作时应注意什么？

7. 乙苯脱氢制苯乙烯实验中，在装填催化剂时有哪些注意事项？

8. 流化床重油催化裂化实验中，如何对系统进行试漏和吹扫？

9. 操作微通道反应器时有哪些注意事项？

10. 多功能膜分离实验中，超滤、纳滤和反渗透操作有何不同？

11. 水杨酸合成实验中，如何除去成盐反应产物中的水？

12. 在使用毛细管–氢火焰离子化气相色谱仪时，开机和关机操作有哪些注意事项？

13. 在使用液相色谱时，若采用六通阀进样，操作时应注意什么？

14. 进入核磁共振波谱仪摆放区和将样品管放入仪器时分别应注意什么？

15. 实验结束，关闭等离子体原子发射光谱时，能否先关闭氩气？为什么？

16. 在使用X射线荧光光谱仪时，若有固体颗粒掉到铍窗上，能否用溶剂擦拭？为什么？

第6章　实验室安全管理

近年来，实验室引发人员伤亡和财产损失的事故时有发生，这也为我们敲响了警钟，使人们不得不对实验室安全予以高度的关注和重视。实验室安全是高校实验室建设和管理的重要组成部分，关系到高校实验教学和科研能否顺利开展、学校财产能否免受损失、师生员工人身安全能否得到保障，对高校乃至社会的稳定都至关重要。践行"安全第一，生命至上"理念，强化实验室安全管理，是实现实验安全的重要前提。

6.1　实验室安全管理的定义和特点

所谓安全是指没有危险和不发生事故。实验室安全是指实验室没有安全危险，无直接安全威胁，实验前后无事故发生。实验室安全管理是为实现实验室安全目标而进行的有计划组织、有监督检查、有反馈整改的系列活动。实验室安全管理主要是运用现代安全管理的原理、方法和手段，分析和研究实验室各种不安全因素，从组织上、思想上和技术上采取有力的措施，解决和消除实验室中各种不安全因素，防止各类实验室安全事故的发生。不同学科专业的实验室都有自己安全管理的内容和要求，但总的来说，实验室安全管理具有多样性、复杂性、综合性和服务性等特点。

1. 多样性

随着我国高等教育事业的快速发展，高校对实验室建设的经费投入大幅度增加，实验室建设无论从数量上还是质量上都达到了前所未有的高度。由于不同学科实验室各自的特殊性，其安全管理的要求也不尽相同，根据不同的实验室制定有针对性的、切实可行的安全技术和安全管理办法是维护实验室安全的前提条件。

2. 复杂性

对实验室资源的开放性、共享性的要求越来越高，进入实验室的人员多、流动性大，实验室安全面临的问题越来越复杂。实验室安全管理涉及"硬件"和"软件"两方面问题，不仅是对仪器设备、安全技术和环境的管理，也是对人的管理。仪器、设备、环境、人的操作等方面都潜藏着诸多微小的安全隐患。师生员工的安全意识、行为习惯也会给实验室安全带来影响。由此可见，实验室安全管理涉及实验室工作的方方面面。

3. 综合性

实验室安全管理是一项系统工程。实验室的安全管理涉及面广、管理难度大、综合性强，不仅涉及实验室内部的管理体系，还包括实验室外部的管理体系，需要各部门参与，层层负责、相互协调、共同合作，全方位、全过程、全链条落实实验室安全责任制，形成齐抓共管的良好氛围。

4. 服务性

管理的本质是服务。实验室安全管理不只是单纯的管理，还应体现它的服务性。随着管理模式的转变，即由经验型管理向科学型管理转变，由行政型管理向服务型管理转变，注重以人为本的理念，争创安全的优质服务，已成为实验室安全管理的重要特征之一。强化服务意识，坚持服务宗旨，提供优质服务，才能真正提高实验室安全管理水平，并取得实效。

6.2 实验室安全事故的危害

加强实验室安全管理就是要建立一个安全的教学和科研环境，降低实验室发生灾害的风险，确保实验人员的健康及安全，从而满足人身安全的基本需要。高校实验室中各种潜在的不安全因素变异性大，危害种类繁多，一旦发生安全事故，将造成人员伤亡、仪器设备损毁、实验停滞，受伤者的家庭及国家、社会蒙受重大损失，甚至还可能产生附带民事诉讼赔偿。实验室安全事故主要有以下几种：

1. 对人身安全的危害

实验室是师生开展实验活动的场所，一个实验室内通常有多名学生在做实验，一旦发生事故，不仅会伤及实验操作人员自身，还可能给周边同学造成伤害，严重时可能危及生命。

2. 对教学科研的危害

实验室通常都承担着繁重的教学和科研任务。实验室一旦发生事故，就会严重影响实验进程，进而影响整个教学和科研进度。许多实验室都存放着教师积累多年的教学和科研资料，一旦发生火灾或爆炸事故，教学资料和科研数据可能受损，从而造成严重影响。

3. 对高校财产的危害

随着国内高校对实验室装备的投入不断加大，实验室的仪器设备不断更新，各种贵重精密仪器设备会逐渐增多。有些仪器少则上万元，多则几十万元，甚至上百万元、上千万元，发生安全事故将造成高校财产的重大损失。

4. 对个人未来的危害

为了预防安全事故的发生，学校制定了严格的安全责任制。如果由于自身原因造成重大安全事故，事故责任人会受到行政和经济处罚，严重的还要受到法律制裁。这将对事故责任人的学习、工作和事业发展造成重大的不利影响。更重要的是，如果自身受到伤害，特别是致伤或致残，将给个人的工作、生活，乃至家庭造成严重影响。

6.3 实验室安全管理现状

当前，高校实验室安全管理情况复杂、任务艰巨、任重道远。由于各高校管理机构的职能划分不同，容易出现部分管理职能重叠现象，或由于协调沟通不充分，导致涉及实验室安全管理的多个职能部门之间不能有效协同，甚至互相推诿，导致出现管理的"真空地带"，使高校实验室安全管理成为校园安全管理的薄弱环节。

1. 安全意识缺乏

由于安全教育的长期缺失，实验室人员普遍安全意识淡薄。从安全事故的原因分析，由于实验室人员麻痹大意，实验前未做好充分准备，不遵守操作流程，无防范措施等造成的实验室事故层出不穷。尽管高校有安全培训，但缺少专门的培训课程，也未将培训制度化。

2. 经费投入欠缺

近年来，随着高校招生人数的扩大，高校实验室用房日趋紧张，生均实验空间达不到相关要求，设施陈旧、线路老化带来的隐患逐渐显现。实验室建筑结构设计不合理也是导致安全事故的重要因素之一。由于学校资金有限，实验室建设经费通常只用于仪器设备、材料试剂及实验室装修等，在实验室安全方面投入较少。这也是导致实验室安全设施不齐全、实验室安全管理滞后的重要因素。

3. 安全管理制度不健全

尽管国内高校已经开始重视实验室安全管理，制定了相应的安全、环保制度，但仍然存在制度落实不到位、缺乏检查监督等问题。实验室安全操作规程不详细，学生个人防护用具佩戴不全，化学试剂和气体钢瓶存放不规范。学生违反操作规程和安全制度的现象时有发生，存在诸多安全隐患。

4. 危险化学品管理不规范

高校实验室在危险化学品的申购、领用、储存、使用等方面做得不够规范。例如，未设置专门存放危险化学品的试剂柜，互为禁忌的化学品未分开存放，未建立危险化学品台账，未遵守危险化学品"五双"制度等。

5. 缺少应急预案及演练

大多数发生过安全事故的高校非常重视事故后的调查处理，但未出现事故的高校多数缺少事故前的隐患排查和应急处置演练。大多数实验室没有意识到应急预案的重要性，应急设施不全、应急预案欠缺是普遍现象，有些高校甚至从未组织过应急演练。

6.4 实验室安全管理措施

无论从实验室的使用功能，还是从实验室的自身发展来看，我们都应该把安全作为实验室管理的基础。"隐患险于明火，防范胜于救灾，责任重于泰山。"做好实验室安全管理就要做到合规化、制度化和可视化，措施包括现场管理、合规化管理、"5S"管理和可视化管理。

1. 现场管理

高校实验室是实践教学、科学研究和技术创新等诸要素的集合，是学校安全管理的"聚焦点"。现场管理是对现场各种要素的管理和对各项管理功能的验证，是贯彻执行相关 SOP（Standard Operating Procedure，标准操作程序），促使各项事务的合规化，包括人、机、料、法、环的合规管理等。实验室现场安全管理是实验室安全管理的重要组成部分，忽视现场安全管理常会导致安全事故的发生。

现场安全管理的主要内容就是通过查找安全隐患，使各项管理功能有序规范化，包括物的受控有序规范化、人的操作与各种行为有序规范化、人体健康环境与生产环境有序规范化。只有各要素有序规范化才能减少管理差错，防止人为失误，降低事故率，使各项工作流畅，才能有效提高工作效率，优化产品质量和增强经济效益。现场安全管理要求每一位同学/参与者"从我做起""从身边做起"，通过对现场"脏、乱、差"的治理，对不安全、不文明的行为进行规劝，以及对各项基础管理工作的加强。现场安全管理不仅能优化大环境，营造良好的安全文化氛围，而且能增强每个人的责任心、荣辱感，从"要我安全"转变为"我要安全"，形成良性循环。

管理欠缺、管理不力和管理错误是导致事故发生的最重要的间接因素。由于管理缺陷造成人的行为失控、机（物）的不稳定状态和环境的不良状态，从而间接导致事故发生。加强现场管理可促进各项基础管理现状的改善，避免和减少因管理不当造成的事故，从而在根本上消除事故的致因，达到实现实验安全的目的。现场安全管理包括以查隐患为主的巡查、违章核实、问卷调查、事故调查、标志梳理、台账和档案等，通过查思想（安全意识与培训教育）、查违章（现象与行为）、查执行（各项管理制度和安全操作规程的执行）、查隐患（重点岗位、化学品等物料、仪器设备、环境、人员、个人防护用具）、查整改（隐患整改及效果）、查事故处理（调查、报告、处理、纠正与预防措施制定及实施跟踪）的现场安全管理来促进和完善各项安全目标的实现。

2. 合规化管理

实现化学化工实验室安全管理的合规化，最理想状态是在实验室所有成员心中形成"我要安全"的内在动力。然而，人人自律很难做到，需要外围监督检查来促进，特别是通过专职部门，如实验室管理处的日常巡检或者由多部门组成联合检查组，对实验室开展日常巡查、专项检查、节假日检查、定期检查、部门互查、分类抽查等"互律"或"他律"形式，促进实验室提高合规化管理水平。

合规化管理首先需要有一套完整的实验室安全管理规章制度，然后从中细化出一些可操作、可量化的检查项目，便于统计、评定、公布、整改和验收。以实验室高风险评定和整改为主要内容的合规化管理，旨在通过对实验室的动态现场管理和对诸多违规项进行评定，可以发现和纠正管理上的缺陷、人的不安全行为、机（物）的不稳定状态、环境不良等安全隐患，避免事故的发生。

3. "5S"管理

"5S"管理法起源于日本，是指在生产现场中对人员、机器、材料、方法等生产要素进行有序而高效的管理。"5S"即整理（Seiri）、整顿（Seiton）、清扫（Seiso）、清洁（Seiketsu）、素养（Shitsuke）5个要素。有的企业根据自身发展的需要，在原来"5S"的基础上又增加了安全（Safety），即形成了"6S"；有的企业再增加了节约（Save），形成了"7S"，但所有这些都是从"5S"衍生而来。"5S"管理的终极目标是在提高研发工作效率、加快项目进度的同时，提高工作质量和减少浪费，并且能完成各项安全目标，企业和组织保持长久的、可持续发展的竞争力。另外，"5S"管理是一种可视化的现场管理，是一种以自我约束为主的内部主动式管理，而在化学化工实验室的现场安全管理工作中，主动态度和自律行为是极其重要的。

（1）整理。整理包括区分物品的用途、区分要与不要的物品、清除多余的东西，现场只保留必需的物品。整理的内容是：改善和增加作业面积；现场无杂物，行道通畅，提高工作效率；减少磕碰的机会，保障安全，提高质量；消除管理上的混放、混料等差错事故；减少过度领存，节约成本；改变作风，改善工作情绪。首先，对实验室摆放的各种物品进行分类，区分什么是实验用到的，什么是实验用不到的；其次，对实验室各个通风柜的内外、操作台的上下、设备的前后、通道的左右及实验室各个死角，都要彻底搜寻和清理，直至现场无不用之物。

（2）整顿。整顿是指必需品依规定定位、分区放置，依规定方法摆放、整齐有序，明确标示、方便取用。不浪费时间寻找物品，提高工作效率和产品质量，保障生产安全。把需要的人、事、物加以定量、定位。通过前一步整理后，对现场需要留下的物品进行科学合理的布置和摆放，以便用最快的速度取得所需之物，在最有效的规章、制度和最简洁的流程下完成作业。物品摆放要有固定的地点和区域，便于寻找，消除因混放而造成的差错；物品摆放地点要科学合理。例如，根据物品使用的频率，经常使用的东西应放在近处，偶尔使用或不常使用的东西放在远处。物品摆放可视化，定量装载的物品应做到过目知数；摆放不同物品的区域采用不同的色彩和标记加以区分。

（3）清扫。清扫是指清除现场的脏污，消除作业区域的物料垃圾。清除"脏污"，保持现场干净、明亮、整齐。自己使用的物品，如仪器、设备、耗材等，要自己清扫，不要依赖他人；对设备的清扫应侧重于对设备的维护保养，清扫设备时应对其进行全面检查和维护，通过更换易损件或耗材来提升仪器的性能，延长其服役年限。若清扫地面时发现可疑物料，应查明原因，并立即改进。

（4）清洁。清洁是将整理、整顿、清扫实施的流程制度化、规范化、常态化，认真维护并坚持整理、整顿、清扫的效果，使其保持最佳状态。通过对整理、整顿、清扫活动的坚持与深入，消除发生安全事故的根源，创造良好的工作环境，使所有人心情愉快地工作。工作环境不仅要整齐，而且要做到清洁卫生，保证员工身体健康，提高员工的劳动热情；不仅物品要清洁，而且员工本身也要做到清洁，如工作服要清洁，个人仪表要整洁；员工不仅要做到形体上的清洁，而且要做到精神上的"清洁"，礼貌待人、尊重他人；要使环境不受污染，进一步消除有害气体、粉尘、噪声等污染源，防止职业病。

（5）素养。每个人都文明礼貌、遵章守纪、依规行事，每个人都有素质、有修养。提升"人的品质"，使每个人对任何工作都认真、投入，不应付、不怠慢。努力提高实验室人员的业务素质和道德修养，使其养成良好的行为习惯。

4. 可视化管理

可视化管理是一种将实验室安全活动涉及的目标、方法、过程、环节中的关键信息转换为可视觉感知信息的管理活动。安全管理可视化是指应用可视化的方式，对实验室安全管理所包括的安全目标管理、安全工器具管理、安全标识管理、消防管理、安全措施管理等内容进行监控、检查、记录、反馈、统计等，目的是消除安全隐患，保证实验室安全运行。

6.5　实验室安全管理体系

构建科学高效的实验室安全管理体系，必须建立和完善实验室安全管理长效机制，塑造正确的安全价值观，营造自我约束、自主管理的安全文化氛围，养成遵章守纪的安全行为习惯。实验室安全管理体系大致可分为组织机构、制度建设、培训机制、督查机制、安全防护设施建设和信息化管理六个方面。

6.5.1　组织机构

建立分工明确的组织机构，是确保实验室管理工作顺利推进的必要条件之一。机构设置和人员配备应统筹兼顾日常管理和技术支持两方面，确保实验室各项安全管理制度的贯彻落实和有效执行。

（1）实验室安全工作领导小组

中共中央、国务院高度重视安全生产工作，学校各级领导必须提高政治站位、强化责任担当、层层压实责任，建立实验室安全管理的制度化、规范化和标准化长效机制。高校实验室的管理架构往往分为三级架构或者四级架构。三级架构由"学校领导——学院——实验室（中心）"组成，四级架构由"学校领导——职能部门——学院——实验室（中心）"组成。三级架构缺少职能部门，也就缺乏了院系与主管校领导间的沟通渠道，使校领导直接面对院系，大量琐碎的具体问题容易使校领导难以应对，从而大大降低了决策效率。四级架构考虑到了职能部门的作用，但是在院系一级还需设置专职安全管理岗位，才能保证整个管理链条的连贯性。目前很多高校在院级都未设置专职安全管理员岗位，而职能部门相应科室又不能直接与学院主管领导对接，易导致安全管理工作落实不彻底、执行不到位。若在学院层面设置安全管理岗位，并给予相应的权限和待遇，构建"校级——职能部门——院级——实验室（中心）"四级垂直管理体系，将责任层层划分且明确到人，确保各项安全管理制度的贯彻落实和执行到位，从而使安全管理工作快速、高效推进。

校级实验室安全工作领导小组通常由分管实验室工作的校领导担任组长，成员为教务处、科技处、保卫处、实验室处等职能部门负责人。领导小组主要负责学校安全工作总体规划的起草与发布、管理制度的制定与实施、安全工作的监督与考核等。院级工作组成员包括学院、系、所等单位分管安全工作的负责人、专职安全管理员、实验楼保安室负责人、学生协防队员等，主要负责本学院实验室安全管理工作的组织和实施，检查各实验室对安全管理制度的落实和执行情况。实验室（中心）工作组成员主要包括实验室主任、实验员及实验参与者等，主要负责本实验室的安全管理工作，包括管理制度的执行、仪器设备的维护、安全风险的评估、安全隐患的排除、实验室台账的记录等。

（2）实验室安全督查组

由于实验室安全涉及学科门类多、对专业知识要求高，学校有必要建立覆盖多学科、跨越多部门的实验室安全管理专家队伍，为实验室安全评估与认证、实验室安全标准制定、实验室建设方案制订、实验室事故鉴定、实验室管理规范起草等提供技术支持。建立由安全工程、环境工程、化学工程等专业的专家和经验丰富的实验室一线管理员组成的实验室安全专家库，从专家库中随机抽取专家组建督察组，在实验室管理处组织下开展安全检查，每次检查采用不定期、不预先通知的方式，尽可能获取每个实验室最真实的安全管理现状，掌握实验室安全的第一手资料。为了保证检查结果的客观性和公正性，并使发现的安全隐患及时得到排除，督察组成员所检查的部门须独立于其本人所在部门。

（3）实验室安全学生协防队

实验室安全管理工作不仅由学校和老师来实施，而且要积极宣传并发动学生参与，发挥学生的积极性和创造性，营造全员参与、全面覆盖、全力以赴的实验室安全管理氛围。在校生特别是在校研究生每天在实验室的时间较长，是实验室安全的受益者，同时也是参与者，组织学生参与实验室安全管理非常必要。学生参加学院组织的实验室安全知识培训，再结合自己所学的专业知识，协助学院安全工作组做好自己所在实验室的安全管理工作。学院抽调部分优秀的研究生骨干组成协防队，深入各实验室开展多角度、全方位、无死角排查，如实记录安全隐患、及时上报检查结果、合理提出整改建议。协防队另外一个职责是在学生中积极宣传和普及安全常识，帮助学生树立安全意识、掌握安全技能，时刻绷紧安全之弦，防患于未然。

6.5.2 制度建设

一个国家的管理靠法律，一个单位的管理靠制度。要实现制度化管理，首先单位的规章制度必须健全，在管理中时时处处都应有制度可依，因此必须加强制度建设，及时查漏补缺，完善管理制度，建立一套完整的制度体系。此外，还应兼顾管理的硬件建设，重视管理方法的科学性和可操作性。完整的制度体系主要包括国家法律法规、地方政策法规、学校制度三个层次。

（1）国家法律法规

国家不断完善相关法律法规，为各单位落实安全管理工作提供法律依据和制度保障。现有主要法律法规如下：

① 与安全管理相关的国家法律有《中华人民共和国安全生产法》《中华人民共和国职业病防治法》《中华人民共和国消防法》《中华人民共和国特种设备安全法》等。

② 与安全管理相关的政策法规有《国务院办公厅关于印发危险化学品安全综合治理方案的通知》《易制毒化学品管理条例》《危险化学品安全管理条例》《民用爆炸物品安全管理条例》《电力安全事故应急处置和调查处理条例》《特种设备安全监察条例》《国家安全生产事故灾难应急预案》等。

（2）地方政策法规

与安全管理相关的地方法规有《江苏省安全生产条例》《江苏省生产安全事故应急预案管理办法(试行)》《江苏省核事故预防和应急管理条例》等。

（3）学校制度

学校制度一般由校级管理制度、院级管理制度、实验室(中心)级管理制度等组成。各级管理制度应根据国家政策法规，结合学科特点，具有适用性和可操作性，并且应根据国家法律法规、地方政策法规的最新版本及时补充和修正，还要结合已发现的漏洞进行修补。我校目前已建立如下制度：《常州大学实验室安全管理规定》《常州大学实验室安全工作规程(试行)》《常州大学实验室安全事故应急处理方案》《常州大学实验室安全责任追究办法》《常州大学钢瓶管理办法》《常州大学危险、易制毒化学品管理办法》《常州大学剧毒化学品安全管理办法》《常州大学实验室安全用电规定》《常州大学危险废物处置专项整治实施方案(试行)》《常州大学危险化学品安全综合治理实施方案(试行)》等。为了进一步完善实验室安全管理规章制度，建议建立对实验室的研究工作进行登记、备案制度，加强对研究课题的安全风险评估，争取在源头上消除安全隐患。

6.5.3 培训机制

任何事物的发生和发展都有规律可循，通过对实验室安全事故的因果性、潜在性、偶然性和必然性分析发现，人的因素占主要地位。实验人员必须牢固树立安全意识、永远保持谨慎心态、持续增加知识积累、熟练掌握实验技巧，才能有效规避安全风险，做到实验安全。在实验室安全事故预防中，人的因素起决定性作用，加强安全知识培训、提高人的安全技能、养成安全行为习惯，是实验室安全管理的重要内容，是实现实验安全的重要措施和保障。

（1）开展专业知识培训

化学化工实验室主要存在火灾、爆炸、触电、辐射、高压、高温等危险源，其中化学反应过程中产生的爆炸或火灾占较大比重，因此，实验人员在实验前必须熟知所用化学品的安全技术说明书、相关试剂间的禁忌关系、正确的实验操作规程，以及所涉及化学反应的潜在风险。因此，对实验人员开展化学化工学科专业知识培训，进一步提升实验操作技能，是促进实验室安全管理水平提升的必要途径。

（2）建立考核准入制度

为了增强学生的实验室安全意识，提高学生处理突发事故的能力，学校应结合实际情况，制定切实可行的实验室安全培训方案，编写适合化学化工学科特点的实验室安全培训教程，并将其纳入学分课程体系。为了便于学生学习，可以建立网上课堂，学生输入学号和密码后便可获得听课许可，学习一定时长后方可参加网上测试，考核通过后取得合格证，学生凭合格证才能进入实验室。

（3）拓宽教育培训形式

除了课堂学习安全知识外，还可组织多种形式的安全培训，例如，组织学生开展消防演练、防灾演习、逃生训练等活动，普及消防知识、增强自救能力。开展安全宣传周、安全知识竞赛以及大学生创新项目等多种形式，对学生的观念、态度、行为等方面进行深层次强化，再结合教育、宣传、奖惩等措施，不断提高学生的安全素养，强化安全意识、养成良好习惯，使其自觉主动地遵守安全规范，确保实验安全。

6.5.4　督查机制

学校应对实验室工作定期开展安全检查，检查内容包括对危险源辨识、风险评价和风险控制措施、人员能力与健康状况、环境、设施和设备、物料、工作流程等。若对工作流程或实验设备做了重大改变，应及时进行安全检查。检查发现的问题应当场向安全管理人员报告，如果查出重大安全隐患，应立即采取补救措施。

（1）建立安全检查制度

建立校、院、实验室（中心）三级安全检查制度，进行定期或不定期的安全检查和抽查。校级检查由实验室建设与管理处牵头发起，由分管实验室安全的校领导带队，检查组由保卫处、实验室建设与管理处等相关管理部门及学院等单位主要负责人，以及校聘安全督察组成。院级检查组由学院分管实验室的院领导、院级专职安全员、实验楼保安室负责人、实验室（中心）主任及本院的校聘安全督察组成。校级安全检查每月组织一次，每次检查都要做好记录，对发现的问题和隐患进行梳理汇总后立即反馈给涉事部门负责人，要求限时整改并及时跟踪进度。校级安全检查还应定期对实验楼的安全设施，例如防雷接地电阻值、电梯、保安室信息显示和报警系统、消防栓和通风系统等进行检查和记录。院级安全检查每周开展一次，发现问题当场整改或拟定整改方案限期整改，将整改不力的实验室列为重点检查对象，形成常态化检查制度，促进安全隐患及时整改。院级安全检查还应定期对实验室、储藏室、危险药品的使用和储存情况进行检查。实验室责任人要严格执行实验室安全管理制度，每天对实验室安全和卫生状况进行巡查，及时整改隐患，做好台账记录。实验室责任人还应对实验室的防护装置、个人防护用具、通风柜、消防器材、电路接地电阻、漏电保护器、电源插座、上水开关、下水地漏等逐一进行检查。

（2）建立责任追究机制

建立安全督查机制的目的是把安全事故扼杀在萌芽状态，防患于未然。对已经发生的安全事故，由实验室安全工作领导小组负责调查原因和责任追究。对造成严重后果和重大社会影响的，追究肇事者、实验室责任人和主管领导的责任，根据情节轻重及责任人对错误的认识态度，给予批评教育、经济赔偿或行政处分，触犯法律的交由司法机关依法处理。若学院责任不明确，将追究第一责任人的责任，并令其限期整改。凡被责令整改的实验室，要制定详细的整改计划和具体的整改措施，并在限定的时间内整改到位，经有关部门检查合格后方可恢复使用。

6.5.5　安全防护设施建设

实验室安全防护设施是实现实验安全的基础和前提。化学化工实验室的规划设计和建设不仅要反映本学科领域的最新进展和前沿趋势，而且要充分考虑实验安全和防护的科学性、前瞻性和先进性。安全防护设施包括实验室通排风设施、仪器设备安全防护装置、个体防护用具、安全设施、火灾监测和防爆、紧急报警系统等。安全防护设施应建立定期检查和维护制度，对已损坏或不能满足要求的设施及时进行维修、升级、改造，对已过期的防护设施及时更新，从而提高实验室安全防护设施的水平。规划建造实验室或改造实验室时，应关注实验室的建筑结构、通道、出口和安全设施等，尽量消除或减少实验室安全隐患。

（1）通排风设施

局部排风的目的是将污染物在其产生的地方就将其排出，从而将实验室内空气污染减到最低。通风柜是最常见的局部排风设施之一，也可使用通风槽、万向抽气罩、原子吸收罩等。对仪器设备散发物的毒性和数量、实验室是否存在易燃物和着火源、气体对敏感仪器和电线的腐蚀、暴露在高温中的气瓶发生爆炸的可能性等进行风险评价，根据评价结果决定是否需要安装局部排风设施。实验人员应按规范操作局部排风设施，同时清楚与自身工作相关的危险源。定期进行检查和维护从通风柜到排风口的整个通排风系统，并做书面记录。排风口、除尘器、过滤器和风扇应接近排风口位置。通风柜的检查、测试和维护应由专业人员实施。

（2）仪器设备安全防护

大型仪器设备由制造商派工程师到现场进行安装，结构简单的小设备可根据制造商的安装指南自行安装。设备制造商应提供详细的安装及操作说明书，且说明书应放置在便于取阅处。设备的安全操作基于正确的安装，相关人员在使用、操作仪器设备前应详细阅读说明书。学校应建立适当的设备报废程序，超过服役期限的仪器设备应及时报废，以减少安全风险。使用人应按照操作规程安全使用仪器设备。无人照看的设备或工作时间外仍在运行的设备必须在保安室备案。所有的维护工作应由具备资质人员实施，且应根据设备制造商提供的说明书和实验室规定的操作规程执行。在开始工作前应告知维护人员关键的健康与安全要求，使其有所准备。开始工作前，维护人员应被告知实验室的危险源，以及维护工作可能对实验室现场人员造成的危险。维护完成后，应对设备进行核查以确保其正常使用。维护过程中应关注对维护人员的安全防范。

（3）个体防护装备

实验室应根据所开展实验的类别和参加实验的人数来配备个体防护装备，并定期检查、维护，确保其状态完好，若已过期或失效，应及时更换。实验室内使用个体防护装备的最低要求是穿实验服和封闭性的鞋子，必要时佩戴护目镜。使用个体防护装备前，应对使用者进行培训。个体防护装备通常有以下几类：

① 服装。实验人员应根据实验穿着适当的防护服，为了避免污染其他非实验区域，实验人员在离开实验室前应脱下防护服和其他防护装备。在一般的实验操作中，建议穿长袖、棉质、能快速解开的实验服。考虑到燃烧产物对人体的二次伤害和静电的危害，不宜选用尼龙或合成纤维材质的防护服。

② 眼、面部防护。当存在对眼睛造成损伤或通过眼睛对人体产生损害的风险时，实验人员应使用眼部防护用具。根据不同类型的损害来源，比如冲击、液体喷溅、异物进入眼睛或辐射损害等，应选用不同的眼、面部防护用具。当存在液体喷溅对眼睛造成损伤或通过眼睛对人体产生损害的风险时，应佩戴专业眼部防护用具(如封闭型眼罩或护目镜)。在任何情况下，佩戴隐形眼镜或其他的光学眼镜都不能代替眼部防护用具。下述情况宜使用面部防护装备(如面罩)：

玻璃器皿放气、充气或加压；倾倒腐蚀性物质；使用超低温液体；进行燃烧操作；存在爆炸或内爆的风险；使用可能对皮肤造成直接损伤的化学品；使用能通过皮肤、眼睛或鼻子等任何渠道迅速被人体吸收的化学品。

尽量使用具有额部防护或颌部防护或两者兼有的面罩。选择防护装备时还应考虑对附近的其他工作人员是否会造成伤害。

③ 护听器。当噪声到达或超过规定上限，达到损伤听力的强度，实验人员应佩戴护听器。

④ 手套。在处理超低温物质、强腐蚀性物质时应使用手套，不可用护肤剂替代手套。

⑤ 安全鞋类。特定的危险源要求使用专门的安全鞋，安全鞋应符合相关标准或规定。

⑥ 呼吸防护。当实验室中存在有害的灰尘、雾、烟和蒸气时，应按相关规定选择并使用合适的呼吸防护用品。

⑦ 安全帽。当存在坠落物或可能对头部产生冲击危险时，应选择符合要求的安全帽。

(4) 安全设备

实验室应配备足够的符合质量指标要求的安全设备，并确保实验室区域所有人员在需要时都能够获得相关的安全设备；安全设备应由具备资质的人员定期进行检查、维护、维修或更换；安全设备在使用前，使用人员应经过相关培训；若未得到院领导的授权，安全设备严禁用作其他用途。所有实验室均应配备足够的灭火器、急救设施和物品及合适的溢出处理桶；使用有害物质的实验室应配置洗眼和紧急喷淋装置。

(5) 火灾监测和防爆

存在发生火灾或爆炸风险的实验室，应安装消防设备和自动火灾报警设备。易燃液体储存间应配置自动监测报警装置、自动灭火系统和防爆装置。消防设施、火灾监测和报警设施应定期检查、维护和保养。确保上述消防设备和自动火灾报警设备的信号正确无误、快速及时地传送到保安室(消防值班室)。

(6) 紧急报警系统

保安室(消防值班室)有权决定启动警报器向所属的实验楼内发出灾害警报，通知所有人员紧急撤离，并维持现场秩序。

6.5.6 信息化管理

教育部"高等学校本科教育质量与教学改革工程"明确提出，要"建设一批基于互联网的国家级示范教学基地和基础课程实验教学示范中心"。近年来，这些示范中心的建设为教育质量提升和人才培养模式改革奠定了基础。信息化是示范性实验教学中心建设的重要内容。实验室信息化管理顺应了国家创新驱动发展战略方针下高等教育策略应变的需要，同时也契合学校培养创新人才必须加强实践教学的客观需求。

随着高等教育规模的扩大和大学生成长环境的改变，传统实验室管理面临重重困难，主要表现在：①实验教学工作覆盖面广，参与人员多，协调管理难，实验室的软硬件设备监管难度大，管理人员对实验过程难以全程监控；②学生人数的大量增加，实验室严重不足，资源利用率低，数据分析汇总难度大，教师统计申报数据的工作量大；③实验教学灵活性大，教学质量评测难度大，大量历史实验数据长期保存不易，参考查询困难；④学生使用实验室和实验器材自主性不足，难以适应开放式实验教学的需要。因此迫切需要信息化技术装备赋能实验室管理。

智能实验室管理平台以提高实验室的管理水平为目标，以实现实验室全面信息化管理为导向，为实验室的综合管理（如实验室建制、人员队伍、实验用房、安全管理、实验室评估、数据上报等）、教学实践创新（如基础实验、教学实验、创新实验、开放实验等）以及仪器设备（如管理、监测、远程控制等）、物资耗材等提供针对性解决方案。实验室智能管理平台包括教学管理、设备管理、环境检测、开放预约、信息发布、门禁管理、安全巡查、数据中心八个模块，具体如下：

（1）教学管理

该模块包括实验室课程库、实验项目库、开课管理、二次排课、大型仪器管理、实验安排、课程查询、资产管理、耗材管理、实验考勤、教学观摩等。根据课程自动生成听课列表，可以通过页面进行教学观摩。

（2）设备管理

该模块通过平台对实验室内设备全面管控，实现一键上课、一键下课。将电源、空调、门锁、投影仪、幕布、功放、音箱、灯光、窗帘、排风、空调、摄像机、大型仪器等设备智能联动，也可以通过控制面板对教室内设备全面管控，批量控制所有或多个实验室内设备，制定计划任务定时控制室内设备，通过课程表提取定时任务进行智能控制等。节约教师上课的准备时间，减少了环境因素对课堂效果的影响。

（3）环境监测

该模块可对教室内部物理环境实时全方位监控。对教室内温度、湿度、空气质量等参数实施监控，并对教室内空调、排风扇、新风机等设备进行自动控制。

（4）开放预约

该模块以"如何预约取决于如何开放"为核心理念，直接根据用户设定的实验室、机房开放预约。通过网络实现房间状态信息的实时更新和网络发布。教师、学生等人员可以通过个人账号登录平台，对各个教室当前状态信息进行查看。通过网络对房间进行预约。根据各个实验室需求，可实现自由预约、群组预约、伙伴预约功能。学生可以通过手机 App 或者浏览器进行预约和实验室申请，在获得管理老师授权后，学生可以使用校园卡在约定时间内自行进入实验室进行实验。

（5）信息发布

该模块可实现从管理者直接到学生的信息发布，尤其是一些紧急通知，直接发送到电子信息屏上，方便快速、精准高效。为管理部门节约人力、物力，将信息及时、有效传递出去，将更多、更优质的信息精准发送。

（6）门禁管理

该模块结合场所智能化管理，对教室进出权限进行管理。与学校现有的校园一卡通数据库进行绑定，利用现有数据库，将学生或教职工持有一卡通卡片信息匹配，后台软件自动记录刷卡人员身份、刷卡时间、地点等信息，并自动生成相应报表。通过权限分配相应的门禁权限，解决钥匙多的麻烦。通过预约系统可在约定的时间内对指定人员进行门禁授权。平台可以查看实验室人员进出的记录，平台可以直接生成师生考勤数据报表，方便进行数据统计，提高了实验室工作人员的安全性。

（7）安全巡查

管理人员可以通过该模块线上巡查实验室各种设备仪器状态、室内环境数据（灯光、风扇、空调、电源、门窗等）极大提高了管理效率。通过安全巡查功能直接查看室内图像。系统可直接把所有实验室划分为在用实验室和异常实验室，管理员巡检更为直观，也可以对实验室进行手动安全确认。

（8）数据中心

该模块可以统计实验中心相关数据，如实验室、面积、实验项目、设备、资产、用户等总量。对实验室的使用情况、大型仪器设备利用率、实验人数、生时数、教师工作量、实验预约情况进行统计和分析。

6.6 实验室安全风险评估

化学实验室安全评估可以有效地提升化学实验室安全水平，预防事故的发生。风险评估是检查在实验过程中是否存在可能对人身造成伤害的可能性。确认之后，评估者需对风险做出评价，然后决定应采用何种方法规避伤害。具体的安全风险评估工作，则是由实验室主管领导委派各学生导师、管理者及不同领域的专家对环境安全或行为安全做出风险评估。高校实验室所开展的实验大多为探索性的前沿研究，在安全方面存在更大的不确定性，因此，对实验安全风险的评估显得尤为重要。实践证明，实验室安全评估可提高操作人员的安全意识、明确实验过程中的安全隐患，大幅降低实验过程中产生职业伤害和工艺伤害的可能性。

6.6.1 实验室安全风险的来源

引发实验室安全事故的客观因素和主观因素均是实验室安全隐患。化学化工实验室日常运行中，或多或少存在着安全隐患，很多时候较小的安全隐患是引发大安全事故的导火索和直接诱因。诱发化学化工实验室安全事故风险的来源大致有以下三种：

（1）实验室自身属性风险

化学学科是一门实验科学，科研人员在对未知科研领域的不断探索中，许多未知因素难以预见，只能在客观上对实验操作的安全进行预判和控制。因此，蕴含各类可能导致研究主体和客体损毁的风险，包括对研究者和实验室其他非研究者的生命和健康损害、对研究设施造成破坏、对研究场所周边环境的损害等。化学化工实验过程中可能产生新物质，其危害性需逐步被发现和证实。某些实验过程中可能在瞬间释放巨大能量、有毒有害物质的喷溅、物质燃烧等事件，实验具有不确定性，风险往往也不可预知。

（2）基本安全保障设施的缺陷

目前，有相当数量老旧的化学化工实验室缺少基本安全保障设施，如消防设施（烟感报警系统、应急照明系统、逃生指示标识等）、通风系统、危险气体监测与报警系统、应急喷淋与洗眼装置等，存在较大的安全风险。需要加大经费投入，对老旧设施进行改造升级，不断完善安全管理设施与装备，降低实验室安全风险。部分高校在新建实验室大楼时，虽然考虑到上述问题，但由于对实验室设计缺少统筹规划、对实验室功能定位不明确，再加上投入资金不足、建设部门不够重视等原因，导致新建实验室仍存在一定的安全隐患。需要及时发现、补救，减少风险。

（3）实验人员主观安全意识懈怠

由于实验室比工厂规模小，试剂用量少，万一发生事故所造成的破坏性也较小，实验室管理者和实验人员通常对实验室安全掉以轻心。此外，由于实验室未发生过安全事故，或虽发生过事故但损失不大，或事故未牵涉到自己，许多实验人员主观上对实验室安全不重视，思想上存在麻痹。上述因素极大地造成了化学化工实验室存在安全风险的可能性。因此，开展实验室安全风险评估，对安全开展教学和科研活动、保障师生生命健康和学校财产安全非常必要。

6.6.2 实验室安全风险评估内容

进行实验室安全风险评估可以全面了解实验室存在的各类风险，并采取相应的措施进行预防和控制，以降低事故发生的概率和严重程度。通过安全风险评估，可以及时发现并解决实验室中存在的安全隐患，提高实验室的安全管理水平。实验室安全风险评估工作包括：

（1）实验设备和仪器的安全性评估：包括设备是否符合安全标准、是否存在损坏和老化等情况，以及设备操作是否存在安全隐患。

（2）实验材料和化学品的安全性评估：评估实验材料和化学品的性质、储存方式、使用方法是否符合安全要求，是否存在易燃、易爆、有毒等风险。

（3）实验室的物理环境评估：评估实验室的通风、照明、电气设施等是否符合安全规范，是否存在漏电、短路等安全隐患。

（4）实验操作流程的安全性评估：评估实验操作流程是否合理、安全，是否存在操作不当、操作疏忽等因素导致的安全风险。

（5）实验人员的安全培训评估：评估实验人员是否接受过相关的安全技能培训。

6.6.3 实验室安全风险评估方法与措施

实验室安全风险评估方法主要有：①安全检查。定期对实验室进行安全检查，发现并解决存在的安全隐患。②安全数据分析。对实验室历史事故数据进行统计和分析，找出事故发生的规律和原因，为安全风险评估提供依据。③安全评估工具。可以使用一些安全评估工具（如安全检查表、安全评估问卷等）对实验室的各个方面进行评估和分析。

实验室安全风险评估措施主要有：①安全设备和装置，为实验室配置符合安全标准的设备和装置，如消防设备、安全柜等，提供安全保障。②安全操作规程，制定实验室安全操作规程，并进行培训和宣传，确保实验人员掌握正确的实验操作方法。③安全培训和教育，定期组织安全培训和教育活动，提高实验人员的安全意识和安全技能。④安全监督和管理，建立健全的实验室安全管理制度，加强对实验室的安全监督和管理，及时发现和解决安全隐患。

6.6.4 实验过程安全评估

开设化学化工实验的目的之一是培养学生的动手能力，因此，除虚拟仿真实验外，大多数实验以人工操作为主，均存在不安全的因素。据统计，安全隐患无外乎是研发过程中危险化学品的泄漏和能量的不当释放。其原因有设备仪器因素（玻璃设备破损，仪器的温度、压力、流量、转速失控或周边环境影响等），也有人员的操作因素（实验方案设计不合理或操作不规范)。除了上述两个因素，周边环境有时候也可能造成影响。

为了防患于未然，借鉴化工产业的危险与可操作性分析(Hazard and operablity analysis, HAZOP)，启动前安全检查(Pre-start-up safety review，PSSR)等，根据实验室的具体情况，设计化学化工实验室实验安全评估的定性方法，涵盖操作人员、仪器设备、试剂原料、操作方法、实验环境等基本要素，以化学品安全技术说明书(Material safety data sheet，MSDS)、化学试剂禁忌表、实验操作方案为基础进行过程危害辨识，对实验的危险性进行评估。

评估前应准备好实验所需试剂、助剂的 MSDS 及其禁忌表，实验方案及用到的仪器设备。依据相关试剂的 MSDS、禁忌表、实验方案和实验设备，结合评估团队的理论、经验进行综合，找出实验全过程可能存在的安全隐患。评估过程分以下四步实施：

(1)根据实验所用试剂的 MSDS，确定实验过程须佩戴的个人防护用具及投料操作注意事项。

(2)根据 MSDS 所描述的试剂属性(酸性/碱性、氧化性/还原性等)制作禁忌表，防止不同阶段(实验准备、临时存放、操作)的安全隐患。

(3)根据实验方案和 MSDS，对实验中需使用的仪器设备和具体操作进行评估，找出安全隐患，提出改善措施或注意事项。

(4)总结和反馈。评估结束后，评估团队及时就过程中的经验进行总结，共性问题及时通报，促进安全隐患早日整改。

实验室安全评估用到的表格有《节点目录》《化学实验安全说明书与个人防护》《原料禁忌》《实验方案评估》《设备、设施适用性》《实验安全评估总结表》，分别见表 6-1~表 6-6。

表 6-1　节点目录

实验名称	
评估清单	
评估节点编号	节点描述
1	MSDS 与个人防护用品
2	试剂禁忌表
3	实验方案评估
4	设备、设施的适用评估
5	评估总结
评估日期	
评估团队成员	
备注	

表 6-2　化学实验安全说明书与个人防护

实验安全表	
节点编号	1
节点名称	MSDS & Proper PPE
节点描述	根据试剂、助剂的 MSDS，确定个人防护用品
操作描述	
评估时间	

实验安全表				
项目名称				
试剂	属性	安全隐患	安全防护	建议措施

表 6-3　原料禁忌

实验安全表	
节点编号	2
节点名称	MSDS
节点描述	根据试剂、助剂的 MSDS，制作试剂、助剂禁忌表
操作描述	
评估时间	
项目名称	

试剂禁忌表				
试剂	1	2	3	4
1	—	√	×	√
2	√	—		
3	×		—	
4	√			—
说明	① 根据禁忌表，试剂临时存放应遵从禁忌表要求，以消除安全隐患； ② 防止试剂的交叉污染； ③ 禁忌试剂接触会有安全隐患，操作时要关注； ④ √表示相容，×表示不相容。			

表 6-4　实验方案评估

实验安全表	
节点编号	3
节点名称	实验方案
节点描述	讨论实验方案的操作方式、顺序、控制参数等，找出可能的安全隐患和改进建议
操作描述	
评估时间	
项目名称	

操作	隐患	原因	后果	建议
投料				
反应				
后处理				

表 6-5　设备、设施适用性

实验安全表				
节点编号	4			
节点名称	设备、设施的适用性			
节点描述	方案所用设备、设施是否安全、有效，如有偏差，有何后果，如何补救			
操作描述				
评估时间				
项目名称				
设备名称	隐患	原因	可能后果	建议措施

表 6-6　实验安全评估总结表

实验安全表	
节点编号	5
节点名称	总结
节点描述	
评估时间	
项目名称	

 【思考题】

1. 简述实验室安全管理的定义和特点。
2. 简述实验室安全风险评估的流程。
3. 实验室安全管理的措施有哪些？
4. 实验室安全管理体系包括哪几部分？各自的功能是什么？

附录 1　易制爆危险化学品名录(2021 年版)

序号	品　　名	别名	CAS 号	主要的燃爆危险性分类
1 酸类				
1.1	硝酸		7697-37-2	氧化性液体,类别 3
1.2	发烟硝酸		52583-42-3	氧化性液体,类别 1
1.3	高氯酸[浓度>72%]	过氯酸	7601-90-3	氧化性液体,类别 1
	高氯酸[浓度 50%~72%]			氧化性液体,类别 1
	高氯酸[浓度≤50%]			氧化性液体,类别 2
2 硝酸盐类				
2.1	硝酸钠		7631-99-4	氧化性固体,类别 3
2.2	硝酸钾		7757-79-1	氧化性固体,类别 3
2.3	硝酸铯		7789-18-6	氧化性固体,类别 3
2.4	硝酸镁		10377-60-3	氧化性固体,类别 3
2.5	硝酸钙		10124-37-5	氧化性固体,类别 3
2.6	硝酸锶		10042-76-9	氧化性固体,类别 3
2.7	硝酸钡		10022-31-8	氧化性固体,类别 2
2.8	硝酸镍	二硝酸镍	13138-45-9	氧化性固体,类别 2
2.9	硝酸银		7761-88-8	氧化性固体,类别 2
2.10	硝酸锌		7779-88-6	氧化性固体,类别 2
2.11	硝酸铅		10099-74-8	氧化性固体,类别 2
3 氯酸盐类				
3.1	氯酸钠		7775-09-9	氧化性固体,类别 1
	氯酸钠溶液			氧化性液体,类别 3*
3.2	氯酸钾		3811-04-9	氧化性固体,类别 1
	氯酸钾溶液			氧化性液体,类别 3*
3.3	氯酸铵		10192-29-7	爆炸物,不稳定爆炸物
4 高氯酸盐类				
4.1	高氯酸锂	过氯酸锂	7791-03-9	氧化性固体,类别 2
4.2	高氯酸钠	过氯酸钠	7601-89-0	氧化性固体,类别 1
4.3	高氯酸钾	过氯酸钾	7778-74-7	氧化性固体,类别 1
4.4	高氯酸铵	过氯酸铵	7790-98-9	爆炸物,1.1 项 氧化性固体,类别 1
5 重铬酸盐类				
5.1	重铬酸锂		13843-81-7	氧化性固体,类别 2

序号	品　名	别名	CAS号	主要的燃爆危险性分类
5.2	重铬酸钠	红矾钠	10588-01-9	氧化性固体，类别2
5.3	重铬酸钾	红矾钾	7778-50-9	氧化性固体，类别2
5.4	重铬酸铵	红矾铵	7789-09-5	氧化性固体，类别2*

6　过氧化物和超氧化物类

序号	品　名	别名	CAS号	主要的燃爆危险性分类
6.1	过氧化氢溶液（含量>8%）	双氧水	7722-84-1	（1）含量≥60%　氧化性液体，类别1 （2）20%≤含量<60%　氧化性液体，类别2 （3）8%<含量<20%　氧化性液体，类别3
6.2	过氧化锂	二氧化锂	12031-80-0	氧化性固体，类别2
6.3	过氧化钠	双氧化钠；二氧化钠	1313-60-6	氧化性固体，类别1
6.4	过氧化钾	二氧化钾	17014-71-0	氧化性固体，类别1
6.5	过氧化镁	二氧化镁	1335-26-8	氧化性液体，类别2
6.6	过氧化钙	二氧化钙	1305-79-9	氧化性固体，类别2
6.7	过氧化锶	二氧化锶	1314-18-7	氧化性固体，类别2
6.8	过氧化钡	二氧化钡	1304-29-6	氧化性固体，类别2
6.9	过氧化锌	二氧化锌	1314-22-3	氧化性固体，类别2
6.10	过氧化脲	过氧化氢尿素；过氧化氢脲	124-43-6	氧化性固体，类别3
6.11	过乙酸[含量≤16%，含水≥39%，含乙酸≥15%，含过氧化氢≤24%，含有稳定剂]	过醋酸；过氧乙酸；乙酰过氧化氢	79-21-0	有机过氧化物，F型
6.11	过乙酸[含量≤43%，含水≥5%，含乙酸≥35%，含过氧化氢≤6%，含有稳定剂]		79-21-0	易燃液体，类别3 有机过氧化物，D型
6.12	过氧化二异丙苯[52%<含量≤100%]	二枯基过氧化物；硫化剂DCP	80-43-3	有机过氧化物，F型
6.13	过氧化氢苯甲酰	过苯甲酸	93-59-4	有机过氧化物，C型
6.14	超氧化钠		12034-12-7	氧化性固体，类别1
6.15	超氧化钾		12030-88-5	氧化性固体，类别1

7　易燃物还原剂类

序号	品　名	别名	CAS号	主要的燃爆危险性分类
7.1	锂	金属锂	7439-93-2	遇水放出易燃气体的物质和混合物，类别1
7.2	钠	金属钠	7440-23-5	遇水放出易燃气体的物质和混合物，类别1
7.3	钾	金属钾	7440-09-7	遇水放出易燃气体的物质和混合物，类别1
7.4	镁		7439-95-4	（1）粉末：自热物质和混合物，类别1 遇水放出易燃气体的物质和混合物，类别2 （2）丸状、旋屑或带状：易燃固体，类别2

序号	品　名	别名	CAS号	主要的燃爆危险性分类
7.5	镁铝粉	镁铝合金粉		遇水放出易燃气体的物质和混合物，类别2 自热物质和混合物，类别1
7.6	铝粉		7429-90-5	（1）有涂层：易燃固体，类别1 （2）无涂层：遇水放出易燃气体的物质和混合物，类别2
7.7	硅铝 硅铝粉		57485-31-1	遇水放出易燃气体的物质和混合物，类别3
7.8	硫黄	硫	7704-34-9	易燃固体，类别2
7.9	锌尘		7440-66-6	自热物质和混合物，类别1；遇水放出易燃气体的物质和混合物，类别1
	锌粉			自热物质和混合物，类别1；遇水放出易燃气体的物质和混合物，类别1
	锌灰			遇水放出易燃气体的物质和混合物，类别3
7.10	金属锆		7440-67-7	易燃固体，类别2
	金属锆粉	锆粉		自热固体，类别1，遇水放出易燃气体的物质和混合物，类别1
7.11	六亚甲基四胺	六甲撑四胺；乌洛托品	100-97-0	易燃固体，类别2
7.12	1,2-乙二胺	1,2-二氨基乙烷；乙撑二胺	107-15-3	易燃液体，类别3
7.13	一甲胺［无水］	氨基甲烷；甲胺	74-89-5	易燃气体，类别1
	一甲胺溶液	氨基甲烷溶液；甲胺溶液		易燃液体，类别1
7.14	硼氢化锂	氢硼化锂	16949-15-8	遇水放出易燃气体的物质和混合物，类别1
7.15	硼氢化钠	氢硼化钠	16940-66-2	遇水放出易燃气体的物质和混合物，类别1
7.16	硼氢化钾	氢硼化钾	13762-51-1	遇水放出易燃气体的物质和混合物，类别1

8 硝基化合物类

序号	品　名	别名	CAS号	主要的燃爆危险性分类
8.1	硝基甲烷		75-52-5	易燃液体，类别3
8.2	硝基乙烷		79-24-3	易燃液体，类别3
8.3	2,4-二硝基甲苯		121-14-2	
8.4	2,6-二硝基甲苯		606-20-2	
8.5	1,5-二硝基萘		605-71-0	易燃固体，类别1
8.6	1,8-二硝基萘		602-38-0	易燃固体，类别1
8.7	二硝基苯酚 ［干的或含水<15%］		25550-58-7	爆炸物，1.1项
	二硝基苯酚溶液			
8.8	2,4-二硝基苯酚 ［含水≥15%］	1-羟基-2,4-二硝基苯	51-28-5	易燃固体，类别1

序号	品　　名	别名	CAS 号	主要的燃爆危险性分类
8.9	2,5-二硝基苯酚[含水≥15%]		329-71-5	易燃固体，类别1
8.10	2,6-二硝基苯酚[含水≥15%]		573-56-8	易燃固体，类别1
8.11	2,4-二硝基苯酚钠		1011-73-0	爆炸物，1.3项
9　其他				
9.1	硝化纤维素[干的或含水(或乙醇)<25%]	硝化棉	9004-70-0	爆炸物，1.1项
	硝化纤维素[含氮≤12.6%，含乙醇≥25%]			易燃固体，类别1
	硝化纤维素[含氮≤12.6%]			易燃固体，类别1
	硝化纤维素[含水≥25%]			易燃固体，类别1
	硝化纤维素[含乙醇≥25%]			爆炸物，1.3项
	硝化纤维素[未改型的，或增塑的，含增塑剂<18%]			爆炸物，1.1项
	硝化纤维素溶液[含氮量≤12.6%，含硝化纤维素≤55%]	硝化棉溶液		易燃液体，类别2
9.2	4,6-二硝基-2-氨基苯酚钠	苦氨酸钠	831-52-7	爆炸物，1.3项
9.3	高锰酸钾	过锰酸钾；灰锰氧	7722-64-7	氧化性固体，类别2
9.4	高锰酸钠	过锰酸钠	10101-50-5	氧化性固体，类别2
9.5	硝酸胍	硝酸亚氨脲	506-93-4	氧化性固体，类别3
9.6	水合肼	水合联氨	10217-52-4	
9.7	2,2-双(羟甲基)1,3-丙二醇	季戊四醇、四羟甲基甲烷	115-77-5	

注：1. 各栏目的含义：

"序号"：《易制爆危险化学品名录》(2021 年版)中化学品的顺序号。

"品名"：根据《化学命名原则》(1980)确定的名称。

"别名"：除"品名"以外的其他名称，包括通用名、俗名等。

"CAS 号"：Chemical Abstract Service 的缩写，是美国化学文摘社对化学品的唯一登记号，是检索化学物质有关信息资料最常用的编号。

"主要的燃爆危险性分类"：根据《化学品分类和标签规范》系列标准(GB 30000.2—2013～GB 30000.29—2013)等国家标准，对某种化学品燃烧爆炸危险性进行的分类。

2. 除列明的条目外，无机盐类同时包括无水和含有结晶水的化合物。

3. 混合物之外无含量说明的条目，是指该条目的工业产品或者纯度高于工业产品的化学品。

4. 标记"＊"的类别，是指在有充分依据的条件下，该化学品可以采用更严格的类别。

附录2 易制毒危险化学品目录(2021版)

		第一类		
序号	名　　称	CAS 号	版本	备注
1	1-苯基-2-丙酮	103-79-7	445 号令版	
2	3,4-亚甲基二氧苯基-2-丙酮	4676-39-5	445 号令版	
3	胡椒醛	120-57-0	445 号令版	
4	黄樟素	94-59-7	445 号令版	
5	黄樟油	8006-80-2	445 号令版	
6	异黄樟素	120-58-1	445 号令版	
7	N-乙酰邻氨基苯酸	89-52-1	445 号令版	
8	邻氨基苯甲酸	118-92-3	445 号令版	
9	麦角酸 *		445 号令版	
10	麦角胺 *		445 号令版	
11	麦角新碱 *		445 号令版	
12	麻黄素、伪麻黄素、消旋麻黄素、去甲麻黄素、甲基麻黄素、麻黄浸膏、麻黄浸膏粉等麻黄素类物质 *		445 号令版	
13	羟亚胺及其盐类(如盐酸羟亚胺等)	90717-16-1	2008 年 8 月 1 日收录	
14	邻氯苯基环戊酮	6740-85-8	2012 年 9 月 15 日收录	
15	1-苯基-2-溴-1-丙酮	2114-00-3	2014 年 4 月 10 日收录	
16	3-氧-2-苯基丁腈	4468-48-8	2014 年 4 月 10 日收录	
17	N-苯乙基-4-哌啶酮		2017 年 11 月 6 日收录	
18	4-苯胺基-N-苯乙基哌啶		2017 年 11 月 6 日收录	
19	N-甲基-1-苯基 1-氯-2-丙胺		2017 年 11 月 6 日收录	
		第二类		
1	苯乙酸	103-82-2	445 号令版	
2	醋酸酐	108-24-7	445 号令版	
3	三氯甲烷	67-66-3	445 号令版	
4	乙醚	60-29-7	445 号令版	
5	哌啶	110-89-4	445 号令版	
6	溴素	7726-95-6	2017 年 11 月 6 日收录	
7	1-苯基-1-丙酮	93-55-0	2017 年 11 月 6 日收录	
8	α-苯乙酰乙酸甲酯		2021 年 5 月 18 日收录	新增
9	α-乙酰乙酰苯胺		2021 年 5 月 18 日收录	新增

第二类

序号	名　　称	CAS 号	版本	备注
10	3,4-亚甲基二氧苯基-2-丙酮缩水甘油酸		2021 年 5 月 18 日收录	新增
11	3,4-亚甲基二氧苯基-2-丙酮缩水甘油酯		2021 年 5 月 18 日收录	新增

第三类

1	甲苯	108-88-3	445 号令版	
2	丙酮	67-64-1	445 号令版	
3	甲基乙基酮	78-93-3	445 号令版	
4	高锰酸钾	7722-64-7	445 号令版	
5	硫酸	7664-93-9	445 号令版	
6	盐酸	7647-01-0	445 号令版	
7	苯乙腈	140-29-4	2021 年 5 月 18 日收录	新增
8	γ-丁内酯	96-48-0	2021 年 5 月 18 日收录	新增

注：1. 第一类、第二类所列物质可能存在的盐类，也纳入管制。

2. 带有"＊"标记的品种为第一类中的药品类易制毒化学品，第一类中的药品类易制毒化学品包括原料药及其单方制剂。

3. 高锰酸钾既属于易制毒化学品也属于易制爆化学品。

参 考 文 献

[1] 北京大学化学与分子工程学院实验室安全技术教学组. 化学实验室安全知识教程[M]. 北京：北京大学出版社，2012.

[2] 朱莉娜，孙晓志，弓保津，等. 高校实验室安全基础[M]. 天津：天津大学出版社，2014.

[3] 黄志斌，唐亚文. 高等学校化学化工实验室安全教程[M]. 南京：南京大学出版社，2015.

[4] 敖天其，廖林川. 实验室安全与环境保护[M]. 成都：四川大学出版社，2014.

[5] 许景期，许书烟. 高校实验室管理与安全[M]. 厦门：厦门大学出版社，2016.

[6] 滕利荣，孟庆繁. 高校教学实验室管理[M]. 北京：科学出版社，2008.

[7] 李五一. 高等学校实验室安全概论[M]. 杭州：浙江摄影出版社，2006.

[8] 彭莺. 实验室管理与安全[M]. 贵阳：贵州人民出版社，2006.

[9] 李婷婷，武子敬. 实验室化学安全基础[M]. 成都：电子科技大学出版社，2016.

[10] 陈若愚，朱建飞. 无机与分析化学实验[M]. 第二版. 北京：化学工业出版社，2010.

[11] 和彦苓. 实验室安全与管理[M]. 第二版. 北京：人民卫生出版社，2014.

[12] 李玉贤，纪宝玉，王磊. 化学实验室安全操作技术与防护[M]. 北京：中国中医药出版社，2020.

[13] 滕巧巧，姜艳. 有机化学实验[M]. 第三版. 北京：化学工业出版社，2020.

[14] 罗士平. 物理化学实验[M]. 第二版. 北京：化学工业出版社，2010.

[15] 赵华绒，方文军，王国平. 化学实验室安全与环保手册[M]. 北京：化学工业出版社，2013.

[16] 赵龙涛. 化学化工实验：基础·综合·设计[M]. 北京：化学工业出版社，2013.

[17] 孟凡昌. 分析化学教程[M]. 武汉：武汉大学出版社，2009.

[18] 柯以侃，周心如，王崇臣，等. 化验员基本操作与实验技术[M]. 北京：化学工业出版社，2008.

[19] 方惠群，于俊生，史坚. 仪器分析[M]. 北京：科学出版社，2002.

[20] 汪秋安，范华芳，廖头根. 有机化学实验室技术手册[M]. 北京：化学工业出版社，2012.

[21] 张金艳，王亚飞. 大学化学综合实验技术[M]. 北京：中国农业出版社，2017.

[22] 李妙葵，贾瑜，高翔，等编著. 大学有机化学实验[M]. 上海：复旦大学出版社，2006.

[23] 乐清华. 化学工程与工艺专业实验[M]. 第二版. 北京：化学工业出版社，2008.

[24] 成春春，赵启文，张爱华. 化工专业实验[M]. 北京：化学工业出版社，2021.

[25] 王保国. 化工过程综合实验[M]. 北京：清华大学出版社，2004.

[26] 王俊文，张忠林. 化工基础与创新实验[M]. 北京：国防工业出版社，2014.

[27] 郭绪强. 化工实验综合教程[M]. 北京：中国石化出版社，2017.

[28] 方惠群，于俊生，史坚. 仪器分析[M]. 北京：科学出版社，2002.

[29] 刘密新，罗国安，张新荣. 仪器分析[M]. 北京：清华大学出版社，2002.

[30] 白玲，石国荣，罗盛旭. 仪器分析实验[M]. 北京：化学工业出版社，2010.

[31] 苏克曼，张济新. 仪器分析实验[M]. 第二版. 北京：高等教育出版社，2005.

[32] 常建华，董绮功. 波谱原理及解析[M]. 第二版. 北京：科学出版社，2006.

[33] 胡征. 现代实验室建设与管理指南[M]. 天津：天津科技翻译出版有限公司，2014.

［34］张斌. 实验室质量管理体系建立与运作指南［M］. 北京：中国标准出版社，2006.

［35］陈卫华. 实验室安全风险控制与管理［M］. 北京：化学工业出版社，2017.

［36］顾小焱. 化学实验室安全管理［M］. 北京：科学技术文献出版社，2017.

［37］向东. 实验室管理创新与研究［M］. 武汉：中国地质大学出版社，2009.

［38］敖天其，金永东. 实验室建设与管理工作研究［M］. 成都：四川大学出版社，2021.

［39］陈朗滨，王廷和. 现代实验室管理［M］. 北京：冶金工业出版社，1999.